配合普通高等教育国家级规划教材使用

现代测量学实习指导

赵夫来　杨玉海　龚有亮　编著

测绘出版社

·北京·

内 容 简 介

本书是《现代测量学（第二版）》的配套教材，是根据测绘专业本科培养计划和课程标准编写的。

全书共分三个单元：第一单元为课堂实习，包括角度观测、距离测量、四等水准测量、GPS 静态控制测量、邻带坐标换算、全站仪通讯编程等 18 个实习科目；第二单元为大比例尺数字测图综合实习，包括大比例尺数字测图技术设计、图根导线测量、全站仪数据采集、GPS RTK 数据采集、数字测图内业编辑、数字测图成果质量检查等 7 个实习科目；第三单元为数字测图软件功能介绍，主要介绍数字测图软件的基本图形功能及应用功能。

本书可作为高等院校本科的测绘工程、土木工程、城市规划等专业的测量实践教学用书，也可作为从事测量工作的相关工程技术人员的参考书。

图书在版编目(CIP)数据

现代测量学实习指导/赵夫来，杨玉海，龚有亮编著. —北京：测绘出版社，2017.1(2018.1 重印)
ISBN 978-7-5030-4010-8

Ⅰ. ①现…　Ⅱ. ①赵…　②杨…　③龚…　Ⅲ. ①测量学—高等学校—教学参考资料　Ⅳ. ①P2

中国版本图书馆 CIP 数据核字(2016)第 290823 号

责任编辑 李　莹　　**封面设计** 李　伟　　**责任校对** 孙立新　　**责任印制** 陈　超

出版发行 测绘出版社
电　　话 010－83543956(发行部)　010－68531609(门市部)　010－68531363(编辑部)
地　　址 北京市西城区三里河路 50 号
邮政编码 100045
电子邮箱 smp@sinomaps.com
网　　址 www.chinasmp.com
印　　刷 北京京华虎彩印刷有限公司
经　　销 新华书店
成品规格 184mm×260mm
印　　张 13.25
字　　数 339 千字
版　　次 2017 年 1 月第 1 版
印　　次 2018 年 1 月第 2 次印刷
印　　数 1001－2500
定　　价 39.00 元

书　　号 ISBN 978-7-5030-4010-8
本书如有印装质量问题，请与我社门市部联系调换。

前　言

本书是《现代测量学（第二版）》（2016年由测绘出版社出版）的配套教材，是根据测绘专业本科培养计划和课程标准编写的，不仅可以作为现代测量学课程的辅助教材，还可以作为测绘和其他相关专业技术及工程人员的工程参考书。

实践性教学是教学过程的重要环节，对于加深理解课堂教学内容，培养学生理论与实践相结合的能力，发现问题、分析问题、解决问题的能力，独立作业和相互协作的能力，养成“真实、准确、细致、及时”的业务作风和不怕吃苦的精神，从而提高学生的综合素质有着不可替代的作用。本书作为《现代测量学（第二版）》的配套实习指导教材，在内容上紧密结合主讲教材，详细全面、先进实用，在组织形式上坚持理论服务实践、可操作的指导思想，将每个实习科目细化为教学目的及要求、教学准备、教学过程、注意事项、成果、建议或体会等条目。

本书分三个单元。第一单元为课堂实习，主要配合课堂教学组织实施，包括方向法水平角和垂直角观测、距离测量、四等水准测量、GPS静态控制测量、高斯投影正反算及邻带坐标换算、单一导线近似平差计算、全站仪通讯编程等18个实习科目，其中带*号的1.18节和1.19节为延伸内容；第二单元为大比例尺数字测图综合实习，是在课堂教学完成后，集中时间到综合实习场进行训练的实习，包括大比例尺数字测图技术设计、图根导线布设、图根控制测量、全站仪测记法数字测图数据采集、南方S82T GPS RTK数据采集、数字测图内业编辑、数字测图成果质量检查等7个实习科目；第三单元为数字测图软件功能介绍，主要介绍由作者单位信息工程大学地理空间信息学院自主研发的数字测图软件基本图形功能及应用功能。本书涉及的仪器主要有J6级光学经纬仪、S3微倾水准仪、南方S82T GPS接收机、尼康DTM 352全站仪、南方NTS-352及NTS-360全站仪、徕卡TC402及TC702全站仪、拓普康GPT-3100N全站仪等。

本书由赵夫来、杨玉海、龚有亮编著。其中赵夫来编写第一单元的1.1、1.2、1.3、1.4、1.5、1.8、1.11、1.12、1.18、1.19节和第二单元的2.1、2.3、2.4节，杨玉海编写第一单元的1.7、1.14、1.15节和第二单元的2.2、2.6、2.7、2.8节以及第三单元，龚有亮编写第一单元的1.6、1.9、1.10、1.13、1.16、1.17节，第二单元的2.5节由作者共同编写，全书由赵夫来统稿。

信息工程大学地理空间信息学院测量工程教研室全体同志和国内有关专家、同行对本书的编写提出了许多宝贵意见和建议，在此深表谢意。

最后，感谢信息工程大学地理空间信息学院教学科研办公室对本书编写和出版的大力支持，感谢测绘出版社为本书出版所给予的指导和帮助。

由于作者水平有限，书中难免有不足之处，欢迎广大读者批评指正。

目　录

第一单元　课堂实习

1.1　概　述

课堂实习是现代测量学课堂教学的重要组成部分，对全面了解仪器的构成和原理，熟练掌握各类仪器的基本操作，以及理解现代测量学的基本概念、基本原理和基本方法有不可替代的作用。课堂实习能够培养学生吃苦耐劳精神、团结协作精神，锻炼学生组织协调能力。

1.1.1　基本要求

课堂实习涉及的教学内容和仪器设备很多，要求可能不尽相同，但必须遵循以下基本要求。

（1）各实习科目的时间安排由指导老师视情况而定，一般安排在课后，不占用课堂教学学时。

（2）实习前要认真学习实习指导书和相关资料，对实习目的、教学准备、教学过程及成果要求做到心中有数，避免盲目被动、机械操作。

（3）实习过程中注意人身和仪器安全，防止各类事故发生。严格按照仪器使用要求进行操作，爱护仪器，轻拿轻放。如仪器发生异常，应做好记录并及时向指导老师报告，严禁私自处理。

（4）各小组一般设组长和安全员各一名，组长负总责，要合理安排，做到轮流操作、全面锻炼，不能片面追求实习进度，安全员负责仪器器材准备和检查验收。

（5）每个同学应认真负责，服从指导老师和组长的安排，组员间应密切配合、团结协作，确保按时提交合格实习成果。

（6）各种观测计算一律按照相关规定使用铅笔进行记录和填写，字迹要工整清晰。

（7）严格要求质量，超限或违反操作记录规程的视为不合格成果，必须返工。

（8）实习任务完成后，要认真清点仪器器材，并处理干净方可入库，如有丢失损坏要逐一登记报仪器管理人员，按有关规定处理。

1.1.2　仪器使用的一般要求

测量仪器的使用要严格按照仪器使用规定进行，坚决杜绝野蛮行为和侥幸心理。仪器使用一般包括搬运、安装、观测、迁站、装箱等过程。

1. 仪器的搬运

（1）搬运仪器前认真检查背带和提手是否牢靠，仪器箱是否锁好，脚架是否扎牢。

（2）如果使用车辆短途运输须专人负责，防止剧烈震动和碰撞；如果长途运输，仪器必须装入专用运输箱。

（3）轻拿轻放，要把仪器平放在平整、稳定的地面或其他载体上，防止仪器滑动摔坏。

2. 仪器的安装

（1）架设脚架时，脚架三条腿的长度和张开的角度要适中。一般要把脚架腿的尖端踩入地面，如果地面光滑，要采取安全措施，防止脚架滑动。

（2）打开仪器箱后，首先看清仪器在箱中的摆放位置和姿态，然后再取出仪器，方便观测完毕后把仪器正确放入箱中。

（3）取出仪器时，应双手抓住照准部两侧的支架或一手抓支架一手抓基座，然后小心地放在三脚架上，一手握住仪器支架或基座部分，另一只手将中心连接螺旋拧入基座底板的连接孔内，松紧要适中。

（4）仪器取出后，应及时将仪器箱盖好，把仪器箱和其他物品集中放置在仪器附近。

（5）仪器架好后，无论使用与否，必须有人看护，以防车辆或其他人员碰撞而发生意外。如果在道路边上架设仪器，须在来车方向距仪器适当位置摆放警示标志。

3. 使用仪器观测

（1）使用仪器前，首先将基座螺旋和各微动螺旋调整到中间部位，以便于后续使用。

（2）转动仪器时，先松开制动螺丝，再平稳转动仪器。操作仪器的动作要慢，当感到有阻力时需查明原因再做下一步动作，切忌用力过猛。

（3）需要精确瞄准目标时，待概略瞄准后先拧紧制动螺丝，再用微动螺旋。拧紧螺丝时，松紧要适中，微动螺旋切勿旋至尽头，以防螺丝脱落或损坏螺纹。

（4）使用仪器时取下的镜头盖要放到仪器箱内，测量完毕要及时把镜头盖盖好。

（5）严禁用望远镜瞄准太阳，以免灼伤眼睛和仪器。

（6）观测时避免骑脚架腿，精确瞄准目标后读数时不要用手扶仪器，养成良好的观测习惯。

（7）读数时声音要清晰，节奏感要强，等确认记簿者复述无误后再进行下一步操作。

（8）仪器使用过程中出现任何异常现象，都要做好记录，及时报告。

4. 迁站与装箱

（1）除水准仪外，迁站时仪器必须装入仪器箱内。

（2）在进行水准测量时，若地面比较平坦，可将仪器与三脚架一同搬迁，搬迁的方法是将脚架的三条腿收拢，一手扶住仪器，另一只手握住三脚架腿将其夹在腋下。

（3）迁站时要清点所有物品，防止丢失。

（4）测量完毕仪器装箱前先关闭电源，盖上镜头盖，松开各制动螺丝，将基座螺旋拧到中间部位，然后一手抓住仪器，一手将中心螺旋松开，再用双手抓住仪器装入箱内，并轻微拧紧制动螺丝。

（5）对照清单检查仪器箱内各种附件是否齐全，确认仪器放置位置及姿态正确后再盖上箱盖并锁上门扣。

1.1.3 记簿的一般要求

手簿是野外测量成果的集中体现，手簿记载的正确性、规范性及完整性是野外测量成果的基本保证，因此记簿必须遵循下述基本要求。

（1）记簿者要在仪器附近，若遇刮风，记簿者要在观测者的下风口，保证能听清观测者读出的数据。

（2）观测者读出数据后，记簿者要将数据复诵一遍，防止读错、听错和记错。

（3）记簿必须用专用铅笔（根据气温选用软硬适中的铅笔），字迹清晰工整，不得潦草，各项附属信息填写要正确完整。

（4）所有数据严禁就字改字，严禁用橡皮擦除。如有错误需要改正，应将错误数字用水平线划掉，然后在错误数字上方记录正确数字。

（5）观测数据修改或观测成果废弃不要的，均应在附注栏注明原因，如测错、记错、超限等。

（6）不许连环更改。例如，角度测量中的盘左、盘右读数，水准测量中的黑红面读数等，均不能同时更改。

（7）必须将观测数据直接记录在手簿中，严禁转抄。

（8）要按照时间顺序连续使用手簿，不得将后观测数据记录在先观测数据的前面，不得空页，不得撕页。

（9）一个测站上所有数据记录、计算完毕并且符合限差要求，方可迁站。

（10）观测手簿要保持干净整洁，不得在手簿上书写规定以外的内容。

1.2 J6级光学经纬仪的认识与使用

1.2.1 教学目的及要求

(1) 了解J6级光学经纬仪各部件名称及作用。

(2) 掌握经纬仪对中、整平及调焦的方法。

(3) 掌握J6级光学经纬仪的读数方法。

(4) 每2名学生为一个作业小组，计划2学时。

1.2.2 教学准备

1. 仪器及器材

每2名学生为一个作业小组，每组需准备的仪器器材：

(1) J6级光学经纬仪1套。

(2) 3H铅笔1支。

(3) 红蓝铅笔1支。

2. 场地

由指导教师指定室外训练场，要求地面平坦、粗糙，便于架设仪器。

1.2.3 教学过程

1. 认识仪器

松开脚架腿伸缩固定螺丝，视地面情况将脚架腿伸至合适长度并固定螺丝，将三个脚架腿均匀分开，脚尖扎于地面，目估脚架头大概水平且与胸部同高，沿脚架腿方向轻踩脚架，使其稳固牢靠地置于地面。打开仪器箱，双手握住仪器支架将仪器从箱中取出置于脚架头上，然后一手握住仪器支架，另一手拧紧连接螺丝，初步完成仪器安置。

初步了解仪器主要部件的名称及作用，并熟悉其使用方法。需掌握的主要部件及功能包括：水平度盘、垂直度盘、水平制动及微动、垂直制动及微动、读数窗、望远镜、物镜调焦、目镜调焦、十字丝、照准部管水准器、度盘照明反光镜等。

2. 垂球法整置仪器

经纬仪整置包括对中、整平及调焦三项内容。练习该内容前每组先用红蓝铅笔在地面做一个十字标志。

1) 对中

第一步：概略对中。在初步完成仪器安置的基础上，将垂球挂在脚架中心螺旋下方的小钩上，稳定之后，检查垂球尖与地面标志中心的偏离程度。若偏差较大，应适当移动脚架，并注意保持移动之后脚架面仍概略水平。

第二步：精确对中。当偏差不大时（约2 cm以内），拧松中心固定螺旋，缓慢使仪器在脚架面上平移（尽量不要旋转仪器），垂球尖静止时精确对准标志中心（偏差小于5 mm），拧紧中心固定螺旋，对中完成。

2）整平

第一步：概略整平。一般先用圆气泡使仪器概略整平。根据圆气泡偏离的方向，依次调节相应方向的基座螺旋，使圆气泡居中。

第二步：精确整平。一般用照准部管水准器精确整平仪器。通常是先让管水准器平行于某两个基座螺旋的连线，调整这两个基座螺旋，使气泡居中（偏离不超过1格）；然后转动照准部90°，使管水准器垂直于这两个基座螺旋连线，此时，只调整第三个基座螺旋，使气泡居中。如此反复2～3次，仪器在互相垂直的两个方向上均达到气泡居中，即达到了精确整平。

3）调焦

调焦包括目镜调焦和物镜调焦。物镜调焦的目的是使照准目标经物镜所成的实像落在十字丝板上，目镜调焦的目的是使十字丝连同目标的像（即观测目标）一起位于人眼的明视距离处，使目标的像和十字丝在视场内都很清晰，以利于精确照准目标。

第一步：目镜调焦。将望远镜对向天空或白墙，转动目镜调焦环，使十字丝最清晰（最黑）。由于各人眼睛明视距离不同，目镜调焦因人而异。

第二步：物镜调焦。转动物镜调焦螺旋，使当前观测目标成像最清晰。

3. 光学法整置仪器

光学法整置仪器时调焦的方法与垂球法相同，对中与整平仪器的操作步骤如下。

第一步：将脚架腿伸开，长短适中，保持脚架面概略水平，平移脚架同时从光学对点器中观察地面情况，当地面标志点出现在视场中央附近时，停止移动，缓慢踩实脚架。

第二步：旋转基座螺旋并从光学对点器中观察地面标志点的移动情况，使对点器的十字中心（或圆圈中心）对准地面标志点，此时圆水准器一般不居中。

第三步：松开脚架腿固定螺丝，适当调整三个脚架腿的长度，使圆水准器居中。

第四步：调整基座螺旋精确整平仪器。

第五步：松开中心螺旋平移基座精确对中。

第六步：重复上述过程2～3次，直至对中和整平同时满足。

4. 读数

J6级光学经纬仪的读数窗口分两部分，一般上半部为水平角读数区，下半部为垂直角读数区。有的仪器还装有度盘影像变换器，通过调节度盘影像变换器，可以使读数窗口仅显示水平角读数区或显示全部。水平角和垂直角的读数方法相同。

第一步：调整读数窗亮度。瞄准目标后，打开度盘照明反光镜，调节反光镜的角度及方向使读数窗亮度适中。

第二步：读数窗调焦。调节度盘读数显微镜的目镜调焦螺旋，看清读数窗内测微分划和度盘分划（若不能同时成像清晰，说明仪器存在视差，需由专业仪器维修人员进行维修）。

第三步：读数。首先读取位于测微尺0～60格之间的度盘分划值（若度盘分划线没有位于测微尺0～60格之间或出现两条分划线，说明仪器光路存在“行差”，需由专业仪器维修人员进行维修）。如图1.2.1所示，水平度盘的213分划线落在测微尺0～60之间，则该方向水平角度的读数即为213°；再顺着测微尺读取0分划线至度盘分划线间的整格数，即为分；然后以0.1格的精度，估读不足一小格的部分，并乘以6化为秒。如图1.2.1中的水平角和垂直角读数分别为：

水平角读数：213°01′24″。

垂直角读数：95°55′30″。

1.2.4 注意事项

（1）将仪器安置到三脚架上或取下时，要一手先握住仪器，另一手进行操作，以防仪器脱落。

（2）将仪器安置到三脚架上后，操作人员不允许离开仪器。将仪器放入仪器箱前要把各制动螺丝松开，把仪器放到仪器箱内必须及时锁住仪器箱，注意养成良好的作业习惯。

（3）在整置仪器之前首先把基座螺旋调整至中间部位，在整平过程中，不要把基座螺旋调得过高，以防螺丝脱落。

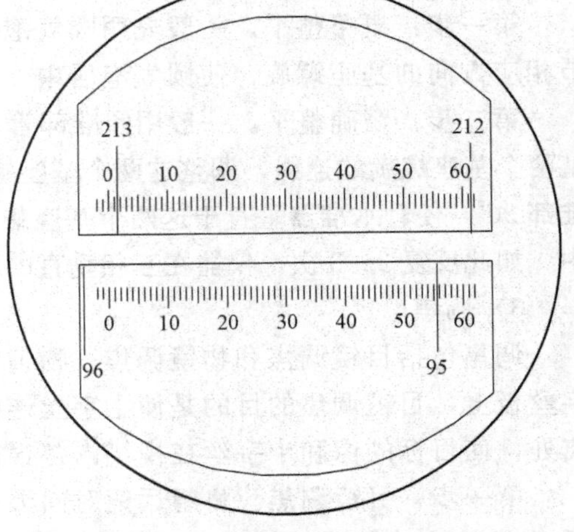

图 1.2.1 J6 级光学经纬仪读数

（4）转动仪器前首先把水平制动和垂直制动松开。

（5）望远镜的物镜调焦要正确，防止出现十字丝视差。

（6）有的仪器上设置有垂直度盘影像变换器，可隐藏或显示垂直角读数。

1.2.5 成 果

1. 认识仪器

序号	部件名称	功能	熟悉程度	备注
1	水平制动及微动			
2	垂直制动及微动			
3	物镜调焦			
4	目镜调焦			
5	照准部管水准器			
6	度盘照明反光镜			
7	十字丝			
8	度盘读数显微镜			
9	垂直度盘指标水准器			
10	水平度盘			
11	垂直度盘			
⋮				

2. 仪器整置及读数

序号	项目	熟练程度/用时	备注
1	垂球法对中、整平		
2	光学法对中、整平		
3	照准目标及水平角读数		
4	照准目标及垂直角读数		

1.2.6　建议或体会

1.3 方向法水平角和垂直角观测

1.3.1 教学目的及要求

（1）掌握观测水平角和垂直角的基本方法。

（2）进一步理解水平角和垂直角的概念。

（3）认识观测限差及其意义。

（4）每2名学生为一个作业小组，每名学生完成4个方向两测回的水平角观测与计算和2个方向两测回的垂直角观测与计算，计划4学时。

1.3.2 教学准备

1. 仪器及器材

每2名学生为一个作业小组，每组需准备的仪器器材：

（1）J6级光学经纬仪1套。

（2）3H铅笔1支。

（3）水平角垂直角观测手簿1本。

（4）单面刀片或小刀1把。

（5）红蓝铅笔1支。

（6）砂纸1块。

（7）记录夹1个。

（8）2米钢卷尺1把。

2. 场地

由指导教师指定室外训练场。要求场地开阔，周围有至少4个适合水平角和垂直角观测的目标。

1.3.3 教学过程

1. 方向观测法水平角观测

在测站上整置好经纬仪，确定四个观测目标后即可进行水平角观测。

第一步：安置度盘。在所有观测目标中选取一个相对稳定、远近适中、能精确照准的目标作为基准方向，即零方向。在盘左（照准目标后垂直度盘位于望远镜左侧）位置用十字丝纵丝精确照准零方向，将水平度盘读数安置为0°02′00″左右。

第二步：检查零方向的照准情况，若有偏差，再次精确照准，读取零方向的水平角观测值并记簿。

第三步：沿顺时针方向依次照准其他各方向，读取相应水平角读数并记簿。

第四步：归零。待第四个方向观测完毕后继续沿顺时针方向再次观测零方向，至此完成半测回观测，俗称上半测回。

第五步：下半测回。变换为盘右位置，从零方向开始沿逆时针方向依次观测各目标并归零，至此完成下半测回观测。上半测回和下半测回合称一测回。

第六步：第二测回。将零方向的水平度盘读数安置为90°02′00″左右，其他操作步骤和第一测回完全相同。

4个方向的水平角观测记录样式如表1.3.1所示。

表1.3.1　水平角观测手簿（J6级）

仪器号码：0203434　　　　　　观测者：章　平

观测日期：2015.08.12　　　　记簿者：李东方

观测方向	盘左读数 /(° ′ ″)	盘右读数 /(° ′ ″)	半测回方向值 /(° ′ ″)	一测回方向值 /(° ′ ″)	方向中数 /(° ′ ″)	附注
第一测回	33	36				
1　马头山	0　02　36	180　02　36	0　00　00 00	0　00　00 00	0　00　00	
2　N5	70　23　36	250　23　42	70　21　03 06	70　21　04 20　46	70　20　55	
3　N7	228　19　24	48　19　30	228　16　51 54	228　16　52 44	228　16　48	
4　黄山	254　17　54	74　17　54	254　15　21 18	254　15　20 14	254　15　17	
1　马头山	0　02　30	180　02　36				
第二测回	15	12				
1　马头山	90　03　12	270　03　12	0　00　00 00	0　00　00		
2　N5	160　24　06	340　23　54	70　20　51 42	70　20　46		
3　N7	318　20　00	138　19　54	228　16　45 42	228 16　44		
4　黄山	344　18　30	164　18　24	254　15　15 12	254　15 14		
1　马头山	90　03　18	270　03　12				

2. 中丝观测法垂直角观测

在测站上整置好经纬仪，确定两个观测目标后即可进行垂直角观测。

第一步：盘左用十字丝横丝的单丝切目标顶部，调整垂直度盘指标水准器螺丝使气泡居中（即两个半圆形气泡的弧顶对齐，对于具有垂直度盘自动归零装置的仪器如 Theo 020 经纬仪等省略该步骤），读取垂直角读数并记簿。

第二步：采用同样方法用盘右读取垂直角读数并记簿，至此完成垂直角一测回的观测。

第三步：重复以上工作，完成第二测回的观测。

第四步：采用同样方法完成另一个目标的垂直角观测。

垂直角观测记录样式如表 1.3.2 所示。

表 1.3.2 垂直角观测手簿（J6 级）

测站	觇点	读数		指标差 /(″)	垂直角 /(° ′ ″)	仪器高 /m	觇标高 /m
		盘左 /(° ′ ″)	盘右 /(° ′ ″)				
南山	N1	88 05 24	271 54 54	+ 0 09	+1 54 45	1.425	1.528
		88 05 30	271 54 42	+ 0 06	+1 54 36		
					+1 54 40		
	九华山	89 40 06	270 19 54	+ 0 00	+0 19 54		1.741
		89 40 06	270 20 00	+ 0 03	+0 19 57		
					+0 19 56		

1.3.4 限差要求

《城市测量规范》（CJJ/T 8—2011）是测绘工作的理论和法规依据之一，它对不同等级的测量任务及测量仪器都作出了详细规定和要求。作为教学练习，结合《城市测量规范》（CJJ/T 8—2011）和 J6 级仪器的实际情况，本科目对水平角和垂直角观测的限差规定如表 1.3.3 所示。

表 1.3.3 角度观测限差要求

序号	项目	限差/(″)
1	水平角半测回归零差	24
2	水平角同一方向各测回互差	24
3	垂直角指标差互差	25

1.3.5 注意事项

(1) 原始记录（点名、读数）不得涂改、转抄。

（2）不允许连环涂改。

（3）照准目标时，尽量用十字丝中心附近切目标。

（4）水平角观测中，只需在每测回的上半测回安置度盘一次。

（5）在半测回方向值计算过程中，若被减数小于减数时，先加 360°。

（6）指标差和垂直角无论正负均应冠以正负号。

（7）在垂直角观测中，注意要用十字丝中丝的单丝切目标顶。

（8）垂直角观测时必须量取仪器高（精确至毫米），否则视为无效成果。

（9）手簿项目填写要齐全，不留空页，不撕页。

（10）每组两名学生要轮流操作，每人独立完成观测、记簿及计算工作。

1.3.6 成　果

1. 水平角观测记录表

仪器号码：　　　　　　　　　　　　　　　　观测者：

观测日期：　　　　　　　　　　　　　　　　记簿者：

观测方向	盘左读数 /(° ′ ″)	盘右读数 /(° ′ ″)	半测回方向值 /(° ′ ″)	一测回方向值 /(° ′ ″)	方向中数 /(° ′ ″)	附注
第一测回						
第二测回						

2. 垂直角观测记录表

测站	觇点	读数		指标差 /(″)	垂直角 /(° ′ ″)	仪器高 /m	觇标高 /m
		盘左 /(° ′ ″)	盘右 /(° ′ ″)				

1.3.7 建议或体会

1.4　J6 级光学经纬仪的检验与校正

1.4.1　教学目的及要求

（1）理解经纬仪各主要轴线之间应满足的几何条件。

（2）掌握经纬仪检验与校正的基本方法。

（3）要求理论指导实践，在理解基本原理的基础上完成本科目。

（4）每 2 名学生为一个作业小组，计划 2 学时。

1.4.2　教学准备

1. 仪器及器材

每 2 名学生为一个作业小组，每组需准备的仪器器材：

（1）J6 级光学经纬仪 1 套。

（2）改针、小螺丝刀各 1 把。

（3）A4 纸 1 张。

（4）直尺 1 把。

（5）透明胶带 1 卷。

（6）3H 铅笔 1 支。

2. 场地

由指导教师指定室外训练场，要求场地一侧有竖直平整的墙面。

1.4.3　教学过程

1. 一般检视

检查三脚架是否牢稳；检查仪器外观是否有擦痕；检查照准部和望远镜转动是否灵活；检查制动和微动螺旋是否有效；检查望远镜调焦是否正常；检查读数窗是否明亮清晰；对照仪器箱内清单检查各附件是否齐全；检查仪器箱外部提手、背带、锁扣等是否牢固可靠。

2. 照准部管水准器水准轴与垂直轴正交性检验与校正

1）检验

第一步：在指定场地整置仪器，将仪器尽量整平。

第二步：旋转照准部，使照准部管水准器与任意两个基座螺旋连线平行，调整这两个基座螺旋，使气泡居中。

第三步：将照准部旋转 180°，检查气泡居中情况，若气泡偏离大于 1 格，需进行校正。

2）校正

第一步：在前述检验第三步的基础上，用基座螺旋改正气泡偏移格值的一半。

第二步：用改针拨动管水准器一端的校正螺丝，上、下两个校正螺丝要先松后紧，直至气泡居中。

第三步：反复进行，直到满足条件为止。

3. 十字丝纵丝与横轴正交性检验与校正

1）检验

第一步：在正对墙面 15 m 左右的地方整置仪器，然后在与仪器大概同高的地方粘贴一张 A4 纸，用铅笔在纸上做一点状目标。

第二步：用十字丝纵丝靠近中心的一端照准纸上的点状目标，固定照准部和望远镜，然后用垂直微动螺旋使望远镜徐徐转动。

第三步：在望远镜俯仰过程中，如果目标点偏离纵丝，则说明纵丝与横轴不正交，需要进行校正。

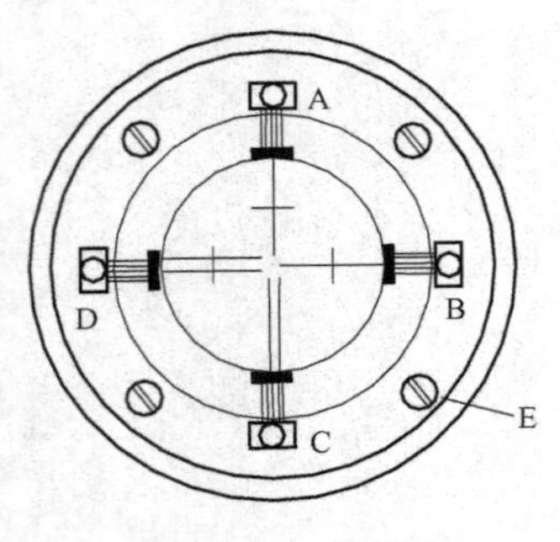

图 1.4.1 十字丝

2）校正

第一步：在前述检验第三步的基础上，打开十字丝环的护盖，拧松如图 1.4.1 中所示的 4 个校正螺旋 E。

第二步：轻轻地转动十字丝环，使偏离的纵丝压住目标点为止。

第三步：反复进行，直至上下转动望远镜时，目标不偏离十字丝纵丝为止。

第四步：拧紧 4 个校正螺旋，装上十字丝环的护盖。

4. 照准轴与横轴正交性检验与校正

1）检验

第一步：在正对墙面 15 m 左右的地方整置仪器，然后在与仪器大概同高的地方粘贴一张 A4 纸，用铅笔在纸上做一点状目标 P。

第二步：盘左，用十字丝纵丝照准 P 点，读取水平角读数 L。

第三步：盘右，用十字丝纵丝照准 P 点，读取水平角读数 R。

第四步：利用公式 $C=\frac{1}{2}(R-L\pm 180°)$ 计算照准轴误差。

第五步：如果 $C>30''$，则需要进行校正。

2）校正

第一步：在检验的基础上不动仪器，用水平微动螺旋安置盘右的正确读数（$R-C$）。

第二步：打开十字丝环护盖，拧松如图 1.4.1 所示的垂直方向上两个校正螺丝中的任一个（A 或 C）。

第三步：将水平方向上两个校正螺丝一松一紧（注意先松后紧），直到十字丝纵丝精确照准 P 点。

第四步：反复进行，直至满足要求为止。

第五步：拧紧第二步中松开的校正螺旋，装上十字丝环护盖。

5. 横轴与竖轴正交性检验与校正

1）检验

第一步：在正对墙面 15 m 左右的地方整置仪器，首先在墙上高处（垂直角不小于 20°）寻找一点状目标 P，然后在 P 点正下方与仪器大概同高的地方粘贴一张

A4 纸。

第二步：盘左，用望远镜的纵丝照准 P 点，固定照准部，放平望远镜，在纸上标志出十字丝中心位置，得 P_1点。

第三步：盘右，用望远镜的纵丝照准 P 点，固定照准部，放平望远镜，在纸上标志出十字丝中心位置，得 P_2点。

第四步：利用公式 $\tan i=\frac{\Delta}{2S}\cot\alpha$ 计算横轴误差 i 的大小。式中，Δ 是 P_1、P_2之间的水平长度，S 是仪器到墙面之间的距离，α 是墙上方 P 点的垂直角。

第五步：如果横轴误差 $i>20''$，则需要校正。

2）校正

由专业仪器维修人员在室内完成。

6. 垂直度盘指标差的检验与校正

1）检验

第一步：用垂直角测量方法对目标 P 进行一测回的垂直角测量，并计算指标差。

第二步：若指标差 $i>1'$，则需要进行校正。

2）校正

第一步：在检验的基础上不动仪器，用垂直微动螺旋安置盘右的正确读数（$R-i$）。

第二步：打开十字丝环护盖，拧松如图 1.4.1 所示水平方向上两个校正螺丝中的任一个（B 或 D）。

第三步：将垂直方向上两个校正螺丝一松一紧（注意先松后紧），直到十字丝横丝精确照准 P 点。

第四步：反复进行，直至满足要求为止。

第五步：拧紧第二步中松开的校正螺旋，装上十字丝环护盖。

另外，对于装有指标水准器的仪器也可以用下述方法和步骤进行校正。

第一步：在检验的基础上不动仪器，通过旋转指标水准器微动螺旋安置盘右的正确读数（$R-i$）。

第二步：拧下垂直度盘水准器一端的护盖，用改针松紧其上、下两校正螺丝，使气泡居中。

第三步：反复进行，直至满足要求为止。

第四步：装上第二步中拧下的护盖。

1.4.4　注意事项

（1）本科目要在理解经纬仪主要轴线正确几何关系的基础上进行。

（2）检验要认真，校正要慎重。仪器出现任何异常情况要及时报告指导教师。

（3）校正顺序不能颠倒，否则后面的校正会破坏前面的校正结果。

（4）在第 2、4、6 项的校正中，注意把握“一松一紧，先松后紧”的要领。

（5）每项校正结束后，各校正螺丝要拧至稍紧状态。

（6）有些内容的检验和校正方法不是唯一的，如采用其他方法须在实习成果中注明。

1.4.5 成果

1. 一般检视

检验项目	检验结果	备注
三脚架的牢稳性		
仪器外观是否有擦痕		
照准部和望远镜转动是否灵活		
制动和微动螺旋是否有效		
望远镜调焦是否正常		
读数窗是否明亮清晰		
对照仪器箱内清单检查各附件是否齐全		
仪器箱外部提手、背带、锁扣等是否牢固可靠		
⋮		

2. 照准部管水准器水准轴与垂直轴正交性检验与校正

检验次数	1	2	3	4
气泡偏差格值				

3. 十字丝纵丝与横轴正交性检验与校正

检验次数	偏差情况
1	
2	
3	

4. 照准轴与横轴正交性检验与校正

	第一次	第二次	第三次
盘左读数			
盘右读数			
$C=\frac{1}{2}(R-L\pm 180°)$			
安置盘右读数（$R-C$）			
检查盘左读数			

5. **横轴与竖轴正交性检验**

P 点的垂直角 α		横轴误差 $i=$
仪器到墙面之间的距离 S		
P_1、P_2之间的水平长度 Δ		

6. **垂直度盘指标差的检验与校正**

检校次数	盘左读数（L）	盘右读数（R）	指标差（i）	盘右安置读数（$R-i$）
1				
2				
3				

1.4.6 建议或体会

1.5 距离测量

1.5.1 教学目的及要求

（1）进一步理解视距测量的原理。

（2）初步掌握视距测量的方法。

（3）掌握电磁波测距的方法。

（4）掌握测定棱镜加常数的基本方法。

（5）每 4 名学生为一个作业小组，计划 1 学时。

1.5.2 教学准备

1. 仪器及器材

每 4 名学生为一个作业小组，每组需准备的仪器器材：

（1）全站仪 1 套。

（2）与全站仪配套的脚架 3 个。

（3）视距标尺 1 根。

（4）棱镜 2 套。

（5）木桩 3 个或红蓝铅笔 1 支。

2. 场地

由指导教师指定室外训练场。

1.5.3 教学过程

1. 视距测量

第一步：在地面做 3 个标志，分别用 1、2 和 3 表示，相互间距 50 m 左右。

第二步：认识标尺，重点是区分标尺的最小分划（一般是 1 cm）。

第三步：在 1 号地面标志点架设全站仪。

第四步：在 2 号地面标志点上竖立标尺。要根据仪器的成像情况（正像或倒像）选用正像标尺或倒像标尺。

第五步：分别读取十字丝上下丝在标尺上的读数 l_1 和 l_2，其中米位、分米位和厘米位直接读取，毫米位为估读位。利用上下丝的读数计算上下丝在标尺上对应的间隔 $l=|l_1-l_2|$。

第六步：仪器不动读取垂直角盘左读数 L（事先观测计算该仪器的垂直角指标差 i），据此计算对应的垂直角 $\alpha=90°-L+i$。

第七步：计算视距水平距离 $D=kl\cos^2\alpha$

第八步：用同样的方法测量并计算仪器到 3 号地面标志点的水平距离。

2. 电磁波测距

第一步：在 1 号地面标志点整置全站仪。

第二步：在 2 号地面标志点上整置棱镜。

第三步：用全站仪照准棱镜中心，按测距键测量并记录仪器到 2 号地面标志点的水平距离。

第四步：用同样的方法测量并计算仪器到 3 号地面标志点的距离。

3. **测定棱镜加常数**

第一步：如图 1.5.1 所示，在一平坦地面上选 50 m 左右的一段直线 AC，其中在 A 点架设全站仪，在 C 点用脚架安置棱镜。

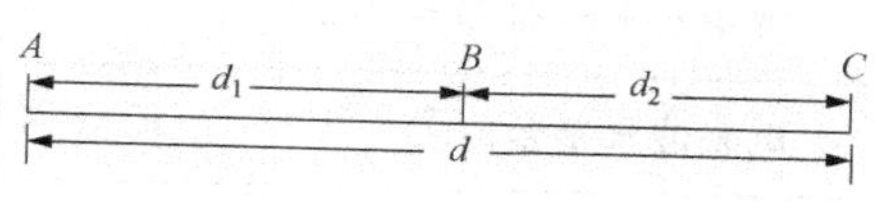

图 1.5.1　三段法棱镜加常数测定

第二步：在全站仪的系统设置中将棱镜的加常数安置为 0。用十字丝中心瞄准 C 点棱镜中心测量并记录 AC 之间的距离 d 。

第三步：固定照准部，纵转望远镜。在 AC 的中点附近 B 点整置另外一个同型号的棱镜，相对全站仪方向左右移动该棱镜，使其中心刚好落在十字丝纵丝方向上。

第四步：测量并记录 AB 之间的距离 d_1。

第五步：不动基座，将全站仪迁至 B 点脚架上，测量并记录 BC 之间的距离 d_2。

第六步：用公式 $C = d - d_2 - d_1$ 计算棱镜的加常数。

第七步：在全站仪的系统设置中修正棱镜的加常数。

第八步：修正棱镜加常数后用同样方法再次测定棱镜加常数，检查其是否接近于 0。

1.5.4　注意事项

(1) 视距测量时，倒像仪器用倒像标尺，正像仪器用正像标尺。

(2) 在视距计算公式中要注意各项数据的单位要一致，最终距离一般以米为单位。

(3) 全站仪测距时同时显示斜距和平距，不要混淆。

(4) 在测定全站仪加常数实验中，定线的本质是让三点在同一铅垂面内，因此不必调整目标的高低。

(5) 测定棱镜的加常数前，一般先将仪器中的棱镜加常数安置为 0。如果测定前没有安置为 0，则测定的常数并不是真正的加常数，安置时要在原来安置数的基础上修正，而不能直接安置测定得到的数。

(6) 实际工作中要首先测定棱镜的加常数。

1.5.5　成　果

1. **距离测量**

	距离 1	距离 2	距离 3	备注
上丝读数 l_1				
下丝读数 l_2				
上下丝间隔 $l = \vert l_1 - l_2 \vert$				
垂直角盘左读数 L				
垂直角 $\alpha = 90° - L + i$				

续表

	距离 1	距离 2	距离 3	备注
视距水平距离 $D=kl\cos^2\alpha$				
电磁波水平距离 $\overline{D}$				
距离差 $\Delta d = D-\overline{D}$				
相对误差 $\frac{\Delta d}{\overline{D}}$				

2. 棱镜加常数

	AC 的距离 d	AB 的距离 d_1	BC 的距离 d_2	加常数 $C=d-d_2-d_1$
第一次测定				
第二次测定				

1.5.6 建议或体会

1.6 全站仪的认识与使用

1.6.1 教学目的及要求

（1）了解全站仪各部件名称及作用。

（2）掌握全站仪的基本操作。

（3）了解全站仪主要参数的安置。

（4）每2名学生为一个作业小组，计划2学时。

1.6.2 教学准备

1. 仪器及器材

每2名学生为一个作业小组，每组需准备的仪器器材：

（1）全站仪1台。

（2）棱镜1套。

（3）脚架2个。

2. 场地

数字测图综合实验室或室外训练场。

1.6.3 教学过程

1. 南方NTS-360系列全站仪

1）主要部件及功能

南方NTS-360全站仪的主要部件及其功能如图1.6.1所示。

2）开关机和充电

按POWER键打开电源，仪器显示型号、仪器号、版本号等信息，若插入SD卡，还会对SD卡进行检测，之后进入测量模式。已开机情况下，按POWER键3秒，关闭电源。

仪器使用NB-25型镍氢充电电池，电量显示分为4个等级，符号分别是▮、▮、▮、▯，当出现第三个符号时应尽快结束测量并充电，当第四个符号闪烁显示时，几分钟内电量就会耗尽并且仪器将自动关机。必须先关掉仪器电源才能取下电池充电，否则仪器易损坏。电池充电应使用本仪器专配的NC-20A充电器，充电器上的指示灯为橙色时表示正在充电，指示灯为绿色时表示充电完毕。

3）键盘功能与信息显示

仪器前后两面各有一块面板，面板上有液晶显示屏和各种按键，具体分布如图1.6.2所示。显示屏可显示6行，通常前5行显示测量数据，最后一行显示随测量模式变化的按键功能。各种按键的功能见表1.6.1，显示屏上的常见符号及其含义见表1.6.2。

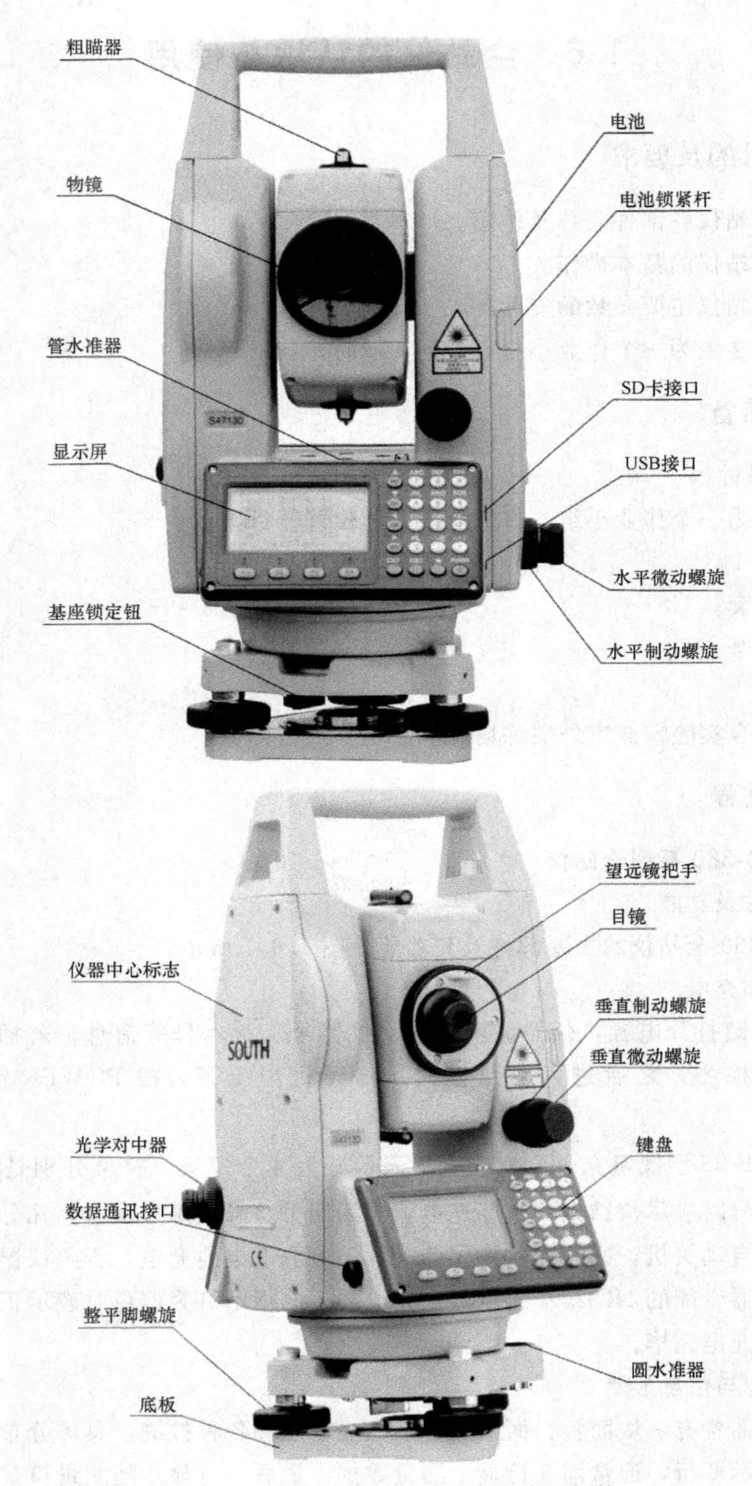

图 1.6.1 南方 NTS-360 全站仪的主要部件

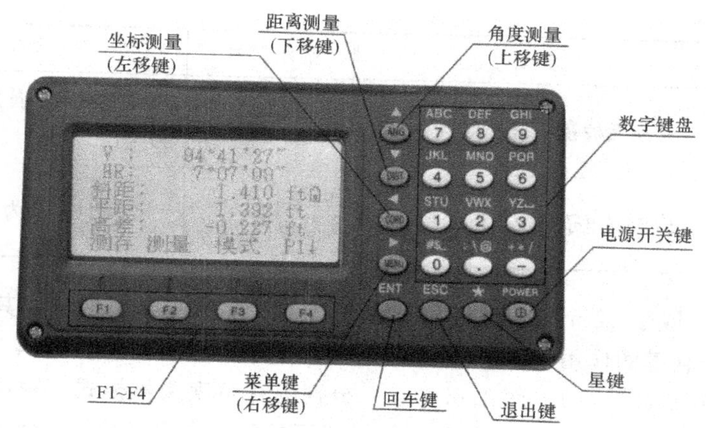

图 1.6.2　南方 NTS-360 全站仪的面板

表 1.6.1　南方 NTS-360 全站仪按键及其功能

按键	名称	功能
ANG	角度测量键	进入角度测量模式（▲光标上移或向上选取选择项）
DIST	距离测量键	进入距离测量模式（▼光标下移或向下选取选择项）
CORD	坐标测量键	进入坐标测量模式（◀光标左移）
MENU	菜单键	进入菜单模式（▶光标右移）
ENT	回车键	确认数据输入或存入该行数据并换行
ESC	退出键	取消前一操作，返回到前一个显示屏或前一个模式
POWER	电源键	控制电源的开/关
F1～F4	软键	功能参见所显示的信息
0～9	数字键	输入数字和字母或选取菜单项
·和 －	符号键	输入符号、小数点、正负号
★	星键	用于仪器若干常用功能的操作

表 1.6.2　南方 NTS-360 全站仪显示屏主要的显示符号及其含义

显示符号	含义	显示符号	含义
HR	水平角（右角）	SD	倾斜距离
HL	水平角（左角）	VD	高差
V	垂直角	N	北坐标
V%	垂直角（坡度形式）	E	东坐标
HD	水平距离	Z	高程

续表

显示符号	含义	显示符号	含义
NP/P	切换无棱镜/棱镜模式	M、ft、fi	长度以米、英尺或英尺加英寸为单位
*	EDM（电子测距）正在进行	P1↓、P2↓、P3↓	翻页（当前为第 1、2、3 页）

在按键当中，除了 12 个白色按键用于输入数字、字母等字符之外，其他按键有特殊作用。F1～F4 四个软键的作用十分灵活，随着测量模式和菜单显示的不同，其功能随时变化，图 1.6.3（a）、图 1.6.3（b）、图 1.6.3（c）分别为在角度测量模式、距离测量模式和坐标测量模式下屏幕显示的具体内容，每种测量模式下的显示内容又分别包含两页或三页，三种测量模式下软键的功能描述见表 1.6.3、表 1.6.4 和表 1.6.5。

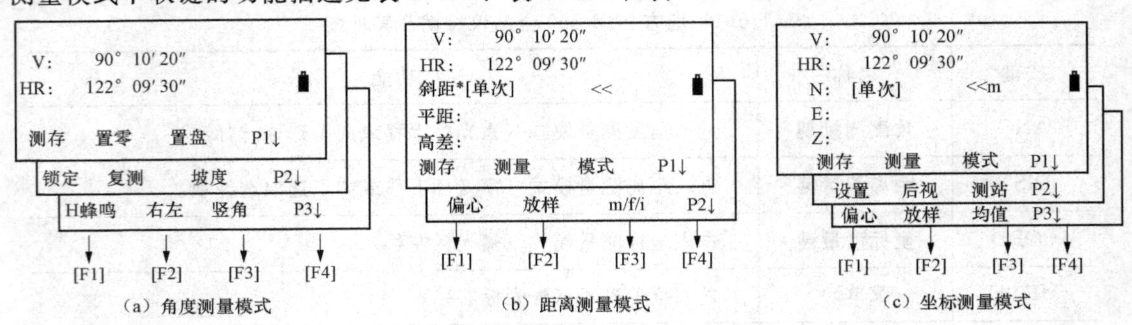

图 1.6.3 南方 NTS-360 全站仪的三种测量模式

表 1.6.3 南方 NTS-360 全站仪角度测量模式下软键的功能

页数	软键	显示符号	功能
1	F1	测存	启动角度测量，将测量数据记录到相对应的文件中（测量文件和坐标文件在数据采集功能中选定）
	F2	置零	水平角置为 0°00′00″
	F3	置盘	通过键盘输入数字设置水平角
	F4	P1↓	显示第 2 页软键功能
2	F1	锁定	锁定水平角读数
	F2	复测	角度重复测量
	F3	坡度	垂直角百分比坡度显示
	F4	P2↓	显示第 3 页软键功能
3	F1	H 蜂鸣	仪器转动到水平角 0°、90°、180°、270°是否蜂鸣的设置
	F2	右左	水平角右角/左角的转换
	F3	竖角	垂直角显示格式（高度角/天顶距）的切换
	F4	P3↓	显示第 1 页软键功能

表 1.6.4　南方 NTS-360 全站仪距离测量模式下软键的功能

页数	软键	显示符号	功能
1	F1	测存	启动距离测量，将测量数据记录到相对应的文件中（测量文件和坐标文件在数据采集功能中选定）
	F2	测量	启动距离测量
	F3	模式	设置测距模式单次精测/*N* 次精测/重复精测/跟踪的转换
	F4	P1↓	显示第 2 页软键功能
2	F1	偏心	偏心测量模式
	F2	放样	距离放样模式
	F3	m/f/i	设置距离单位米/英尺/英尺・英寸
	F4	P2↓	显示第 1 页软键功能

表 1.6.5　南方 NTS-360 全站仪坐标测量模式下软键的功能

页数	软键	显示符号	功能
1	F1	测存	启动坐标测量，将测量数据记录到相对应的文件中（测量文件和坐标文件在数据采集功能中选定）
	F2	测量	启动坐标测量
	F3	模式	设置测距模式单次精测/*N* 次精测/重复精测/跟踪的转换
	F4	P1↓	显示第 2 页软键功能
2	F1	设置	设置目标高和仪器高
	F2	后视	设置后视点的坐标
	F3	测站	输入测站点坐标
	F4	P2↓	显示第 3 页软键功能
3	F1	偏心	偏心测量模式
	F2	放样	坐标放样模式
	F3	均值	设置 *N* 次精测的次数
	F4	P3↓	显示第 1 页软键功能

星键是一个特殊的按键，按下★键后，屏幕显示如图 1.6.4 所示，在该模式下可以设置多种参数和选项，具体项目列于表 1.6.6。

表 1.6.6　南方 NTS-360 全站仪星键模式下可设置的功能

项目	按键	功能
反射体	▶	设置反射目标的类型。按下▶键一次，反射目标便在棱镜、免棱镜、反射片之间转换
对比度	◀或▶	调节液晶显示对比度

续表

项目	按键	功能
照明	F1	打开或关闭背景光
补偿	F2	进入补偿设置页面，以图形和数字形式显示垂直轴在照准轴和横轴方向的倾斜角度，可以设置倾斜补偿功能为单轴、双轴或关闭
指向	F3	打开或关闭可见红色激光束
参数	F4	对温度、气压、棱镜常数和 PPM 值进行设置，显示回光信号的强弱

反射体：[反射片]→
对比度： 2
照明 补偿 指向 参数

图 1.6.4 星键模式

4）角度测量

在角度测量模式下，仪器随时显示水平角（HR）和垂直角（V）的数值，只要正确照准目标点并记录读数就可以完成角度测量。角度测量中常用的设置介绍如下。

（1）倾斜改正设置。

当启动倾斜传感器时，仪器自动计算由于整平不严格而需对垂直角和水平角施加的改正数。倾斜补偿器的有效补偿范围是±3′，当补偿超限时，仪器会显示补偿器页面，需要整平之后才允许继续观测。在星键模式下按 F2 键进入补偿器页面，仪器以图形和数字形式显示垂直轴在照准轴和横轴方向的倾斜角度，可以设置双轴补偿、单轴补偿或关闭补偿。通常情况下应启用补偿功能，但当仪器处于不稳定状态或在有风天气，为避免因抖动引起的补偿器超出工作范围，仪器提示错误信息而中断测量，可以关闭补偿功能。

（2）水平角左角、右角的切换。

仪器测量水平角时，水平角的计数方向可以设置为向左（逆时针）旋转增大，或向右（顺时针）旋转增大，在角度测量模式第 3 页按 F2 键可以切换左角、右角模式，设为左角时水平角的符号为“HL”，设为右角时水平角的符号是“HR”，大多数测量工作使用右角模式。

（3）配置水平度盘读数。

①水平角读数置零。

在角度测量模式第 1 页，照准目标点，按 F2 键，显示图 1.6.5（a）所示页面，按 F4 键水平角被置为 0°00′00″。

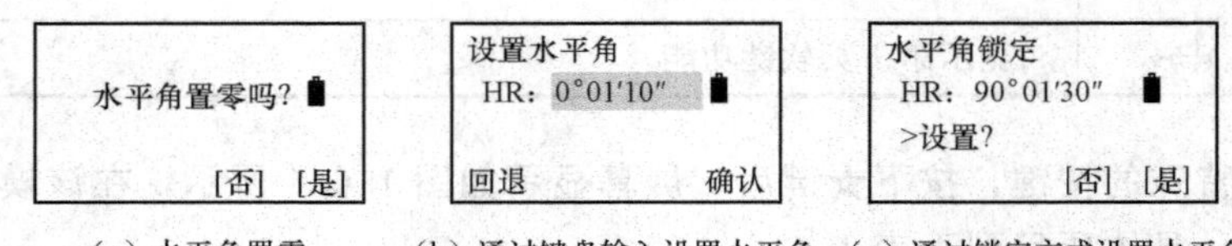

图 1.6.5 配置水平度盘读数

②通过键盘输入设置水平角读数。

在角度测量模式第 1 页，照准目标点，按 F3 键进入图 1.6.5(b) 所示页面，通过键盘输入所需的水平角读数（度、分、秒之间用“.”分隔，如 0°01′10″要输入“0.01.10”），按 F4 键确认。

③通过锁定方式设置水平角读数。

在角度测量模式第 2 页，利用水平微动螺旋转到所要设置的水平角（例如 90°01′30″），按 F1 键锁定水平角，显示图 1.6.5(c) 所示页面，照准目标点，按 F4 键完成水平角设置，屏幕返回到测角模式。

（4）垂直角显示格式的切换。

①天顶距和高度角的切换。

仪器测量垂直角时，垂直角的显示格式可以设置为天顶距或高度角，设为天顶距时垂直角读数的起算方向为天顶方向，设为高度角时垂直角读数的起算方向是水平面，在角度测量模式第 3 页按 F3 键可以在天顶距和高度角之间进行切换，一般采用天顶距格式。需要注意的是，无论哪一种格式，垂直角的符号始终显示为“V”，因此需要仔细分辨，防止误操作，当望远镜大致水平并采用天顶距格式时，盘左和盘右垂直角的读数分别在 90°和 270°左右。

②角度和坡度的切换。

垂直角能够以角度和坡度两种形式进行显示，在角度测量模式第 2 页按 F3 键可以在角度和坡度之间进行切换。

5）距离测量

在距离测量模式下，显示屏的 1～2 行显示垂直角和水平角，3～5 行显示斜距、平距和高差，最后一行显示软键功能。切换到距离测量模式后，仪器立即启动距离测量，测量完成后将显示斜距、平距和高差。在距离测量模式第 1 页，按 F2 键可再次启动距离测量，按 F1 键启动距离测量并存储测量结果，测量过程中可以按 ESC 键终止测量。距离测量中常用的设置介绍如下。

（1）设置测量模式。

全站仪提供单次精测、*N* 次精测、重复精测、跟踪测量四种测量模式，用户可根据需要进行选择。在距离测量模式第 1 页按 F3 键，测距模式便在四种模式之间切换。测距进行过程中，屏幕会显示“＊”号，不同测距模式下会显示“单次”“3 次”（设测量次数为 3 次)、“重复”“跟踪”等提示信息。地形测量中一般使用单次精测模式。

（2）设置反射体。

在星键模式下，反复按 MENU（▶）键，反射体在棱镜、无棱镜和反射片之间循环切换。在距离测量模式下，3 种反射体显示的符号分别为：、、。

（3）设置气象参数和棱镜常数。

在星键模式下，按 F4（参数）键，进入图 1.6.6 所示页面，在该页面输入温度、气压、棱镜常数，并且可以查看测距回光信号的强度。

NTS 系列全站仪标准气象条件为气压 1 013 hPa 和温度 20℃，该条件下气象改正值为 0。大气改正的计算公式为 $\Delta S=278.44-0.294\ 922P/(1+0.003\ 661T)$。式中，改正系数 ΔS 取以 10^{-6} 为单位时的值，气压 P 以 hPa 为单位，温度 T 以℃为单位。如果分别设置温度和气压，仪器会自动计算改正系数的 PPM 值，如图 1.6.6 所示；也可以根据公式自行计算改正系数，在“PPM 值”后直接输入，然后按 F4 键确认。

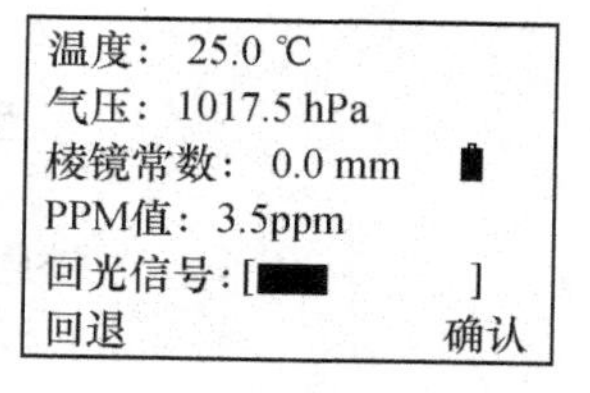

图 1.6.6　设置气象参数和棱镜常数

(4) 大气折光和地球曲率改正。

仪器在进行平距测量和高差测量时，可对大气折光和地球曲率的影响进行自动改正。经改正后的平距为

$$D = S \cdot \left[\cos\alpha + \frac{\sin\alpha \cdot S \cdot \cos\alpha(K-2)}{2R_e}\right]$$

经改正后的高差为

$$H = S \cdot \left[\sin\alpha + \frac{\cos\alpha \cdot S \cdot \cos\alpha(1-K)}{2R_e}\right]$$

若不进行两差改正，则计算平距和高差的公式为

$$D = S\cos\alpha$$

和

$$H = S\sin\alpha$$

式中：S 为斜距；α 为垂直角；K 为大气折光系数，值有 0.14 和 0.2 可选；R_e为地球曲率半径，值为 6 370 km。若要改变 K 值，需要在主菜单→参数设置→其他设置→两差改正中进行修改。

2. 拓普康 GPT-3100N 系列全站仪

1) 主要部件及功能

拓普康 GPT-3100N 系列全站仪的主要部件及其功能如图 1.6.7 和图 1.6.8 所示。

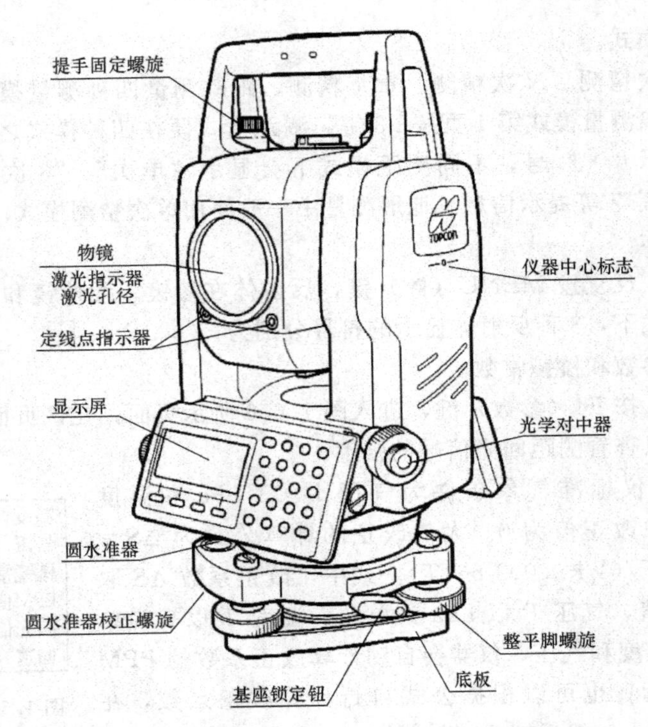

图 1.6.7 拓普康 GPT-3100N 全站仪的主要部件（一）

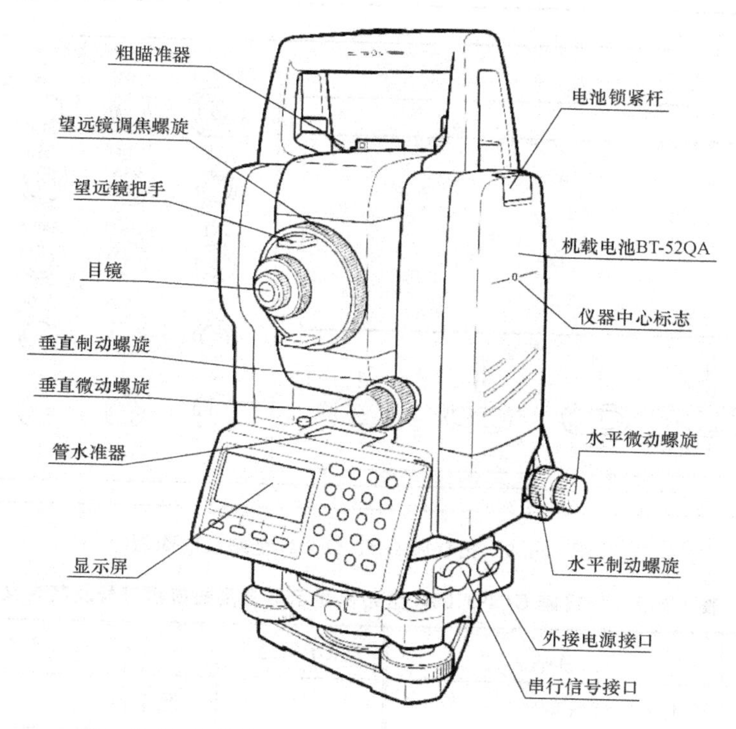

图 1.6.8　拓普康 GPT-3100N 全站仪的主要部件（二）

2）开关机和充电

按 POWER 键开机，屏幕显示仪器型号，之后进入测量模式。开机状态下，长按 POWER 键关机。

本机使用 BT-52QA 型镍氢充电电池，可供仪器测角、测距工作约 5 小时。从仪器上取下电池前，应确认仪器已经关机。将配套的 BC-27 型充电器接到电源插座上，将电池与充电器连接，充电器上的红灯闪烁，进入预备充电状态；一旦预备充电结束，自动切换到快速充电状态，此时充电器上红灯长亮；充电时间约 1.8 小时，充电结束后绿灯长亮。

如果电池在还有剩余电量的情况下充电，会缩短电池的工作时间。此时，电池的电压可以通过刷新予以复原，从而改善工作时间。在完成预备充电之后，按下充电器上的刷新开关，充电器上的黄灯长亮，电池开始放电，放电结束后将自动开始充电，充足电的电池放电时间约需 8 小时。

3）主要显示符号及按键功能介绍

仪器两面各有一块面板，面板上有显示屏和各种按键，具体分布如图 1.6.9 所示。显示屏采用点阵式液晶显示（LCD），可显示 4 行，每行 20 个字符，通常前三行显示测量数据，最后一行显示随测量模式变化的按键功能。

表 1.6.7 中列出了一些主要的显示符号及其含义。

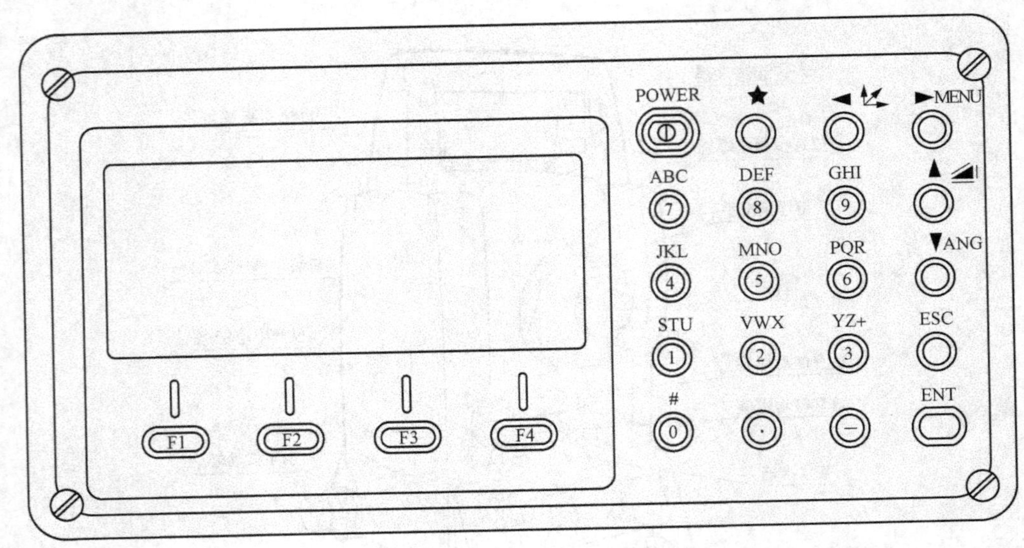

图 1.6.9 拓普康 GPT-3100N 全站仪的面板

表 1.6.7 拓普康 GPT-3100N 全站仪显示屏主要的显示符号及其含义

显示符号	含义	显示符号	含义
HR	水平角（右角）	N	北坐标
HL	水平角（左角）	E	东坐标
V	垂直角	Z	高程
V%	垂直角（坡度形式）	NP/P	切换无棱镜/棱镜模式
HD	水平距离	*	EDM（电子测距）正在进行
SD	倾斜距离	m 或 f	长度、坐标以米或英尺为单位
VD	高差	P1↓、P2↓、P3↓	翻页（当前为第 1、2、3 页）

在按键当中，除了 12 个键用于输入数字、字母、下划线、“#”、小数点、负号之外，其他按键有特殊作用，其名称和功能列于表 1.6.8。

表 1.6.8 拓普康 GPT-3100N 全站仪各种按键的功能

按键	名称	功能
POWER	电源键	电源开关
ANG	角度测量键	进入角度测量模式
	距离测量键	进入距离测量模式
	坐标测量键	进入坐标测量模式

续表

按键	名称	功能
ESC	退出键	退回到前一个显示屏或前一个模式
ENT	回车键	数据输入结束并认可时按此键
★	星键	用于仪器若干常用功能的操作
MENU	菜单键	在菜单模式和正常测量模式之间进行切换
F1～F4	软键（功能键）	功能参见所显示的信息
▲▼◀▶	光标键	在输入数据或选择菜单项时移动光标

F1～F4 四个软键的作用十分灵活，随着测量模式和菜单显示的不同，其功能随时变化，角度测量模式、距离测量模式和坐标测量模式下屏幕显示的具体内容如图 1.6.10 所示，每种测量模式下的显示内容又分别包含三页，三种测量模式下软键的功能描述见表 1.6.9、表 1.6.10 和表 1.6.11。

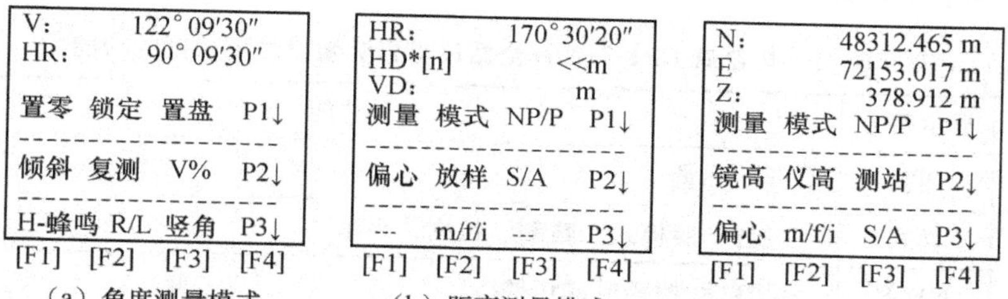

V:　122°09′30″
HR:　90°09′30″
置零　锁定　置盘　P1↓
倾斜　复测　V%　P2↓
H-蜂鸣　R/L　竖角　P3↓
[F1]　[F2]　[F3]　[F4]

（a）角度测量模式

HR:　170°30′20″
HD*[n]　<<m
VD:　m
测量　模式　NP/P　P1↓
偏心　放样　S/A　P2↓
---　m/f/i　---　P3↓
[F1]　[F2]　[F3]　[F4]

（b）距离测量模式

N:　48312.465 m
E　72153.017 m
Z:　378.912 m
测量　模式　NP/P　P1↓
镜高　仪高　测站　P2↓
偏心　m/f/i　S/A　P3↓
[F1]　[F2]　[F3]　[F4]

（c）坐标测量模式

图 1.6.10　拓普康 GPT-3100N 全站仪的三种测量模式

表 1.6.9　拓普康 GPT-3100N 全站仪角度测量模式下软键的功能

页数	软键	显示符号	功能
1	F1	置零	水平角置为 0°00′00″
	F2	锁定	锁定水平角读数
	F3	置盘	通过键盘输入数字设置水平角
	F4	P1↓	显示下一页（第 2 页）软键功能
2	F1	倾斜	设置倾斜改正开关
	F2	复测	角度重复测量模式
	F3	V%	垂直角百分比坡度显示
	F4	P2↓	显示下一页（第 3 页）软键功能
3	F1	H-蜂鸣	设置仪器转动到水平角 90°整倍数时是否发出蜂鸣声
	F2	R/L	水平角右计数/左计数方向的转换
	F3	竖角	垂直角显示格式（高度角/天顶距）的切换
	F4	P3↓	显示下一页（第 1 页）软键功能

表 1.6.10 拓普康 GPT-3100N 全站仪距离测量模式下软键的功能

页数	软键	显示符号	功能
1	F1	测量	启动测量
	F2	模式	设置测距模式：精测、粗测、跟踪
	F3	NP/P	无棱镜/棱镜模式切换
	F4	P1↓	显示下一页（第 2 页）软键功能
2	F1	偏心	偏心测量模式
	F2	放样	放样测量模式
	F3	S/A	设置音响模式、测距气象参数、棱镜常数等
	F4	P2↓	显示下一页（第 3 页）软键功能
3	F2	m/f/i	米、英尺、英尺·英寸单位的变换
	F4	P3↓	显示下一页（第 1 页）软键功能

表 1.6.11 拓普康 GPT-3100N 全站仪坐标测量模式下软键的功能

页数	软键	显示符号	功能
1	F1	测量	开始测量
	F2	模式	设置测距模式：精测、粗测、跟踪
	F3	NP/P	无棱镜/棱镜模式切换
	F4	P1↓	显示下一页（第 2 页）软键功能
2	F1	镜高	输入棱镜高
	F2	仪高	输入仪器高
	F3	测站	输入测站点坐标
	F4	P2↓	显示下一页（第 3 页）软键功能
3	F1	偏心	偏心测量模式
	F2	m/f/i	米、英尺、英尺·英寸单位的变换
	F3	S/A	设置音响模式、测距气象参数、棱镜常数等
	F4	P3↓	显示下一页（第 1 页）软键功能

星键是一个特殊的按键，在测量模式下按一下星键或连续按两次星键，会分别显示图 1.6.11所示的两种不同界面，配合光标键和四个软键，可以对多种常用的参数和选项进行设置，具体的设置项目列于表 1.6.12。

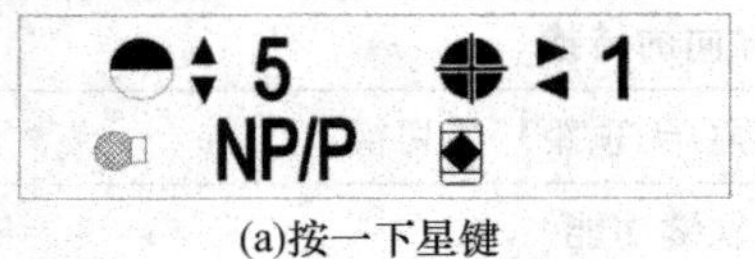

(a)按一下星键

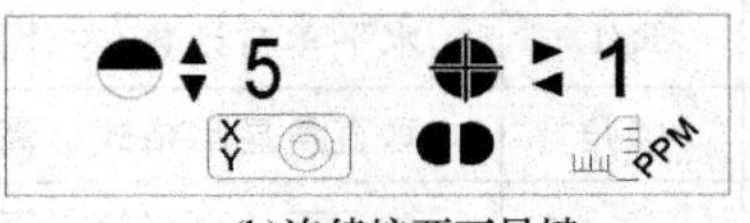

(b)连续按两下星键

图 1.6.11 拓普康 GPT-3100N 全站仪星键模式下显示的界面

表 1.6.12　拓普康 GPT-3100N 全站仪星键模式下可设置的功能

符号	键	功能
	▲或▼	调节显示屏对比度（0～9 级）
	◀或▶	调节十字丝照明亮度（1～9 级），十字丝照明与显示屏背景光是联通的
	F1	显示屏背景光开/关
NP/P	F2	无棱镜/棱镜模式切换
	F3	激光指示器打开/闪烁/关闭
X Y	F2	倾斜改正开/关，若打开则显示垂直轴的倾斜值，并改正角度观测值
	F3	定线点指示器开/关
PPM	F4	显示电子测距（EDM）回光强度，设置测距气象参数和棱镜常数

4）角度测量

在角度测量模式下，仪器随时显示水平角（HR）和垂直角（V）的数值，只要正确照准目标点并记录读数就可以完成角度测量。角度测量中常用的设置介绍如下。

（1）倾斜改正设置。

仪器内部装有倾斜传感器，能够探测出垂直轴偏离铅垂线方向的角度，该值被分解为 X（前后，即照准轴方向）和 Y（左右，即水平轴方向）两个方向，仪器会计算该偏差对水平角和垂直角读数的影响并进行自动改正，从而实现角度自动补偿，提高测角精度。倾斜补偿器的有效补偿范围是±3′，当超出这一范围时，仪器会显示“倾斜超限”的提示，需要整平之后才允许继续观测。

如图 1.6.12 所示，在角度测量模式第 2 页按 F1 键，进入倾斜传感器页面，按 F1 键设置为单轴补偿（只对垂直轴在 X 方向的倾斜进行改正），按 F2 键设置为双轴补偿，按 F3 键关闭倾斜改正，设置完成后按 ESC 键退出。以上设置关机后不被保留，要想设置为开机后即自动打开或关闭倾斜补偿功能，需要在初始设置中进行。

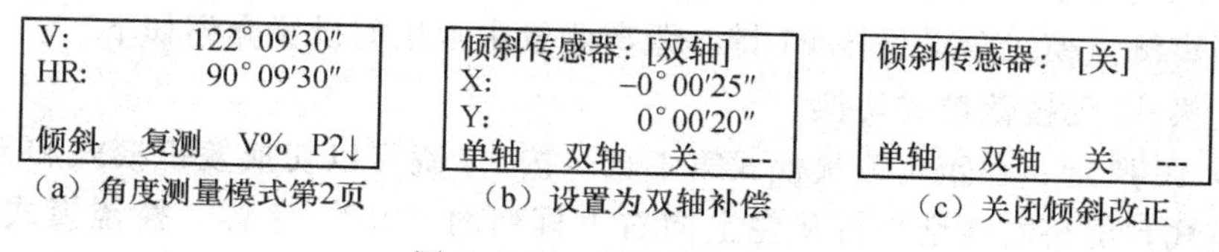

（a）角度测量模式第2页　（b）设置为双轴补偿　（c）关闭倾斜改正

图 1.6.12　设置倾斜改正

当仪器处于不稳定状态或在有风天气，垂直角和水平角的显示是不稳定的，在这种情况下可以关闭自动倾斜补偿功能。

（2）水平角左角/右角的切换。

仪器测量水平角时，水平角的计数方向可以设置为向左（逆时针）旋转增大，或向右（顺时针）旋转增大，在角度测量模式第 3 页按 F2 键可以切换左角/右角模式，设为左角时水平角的符号为“HL”，设为右角时水平角的符号是“HR”，大多数测量工作使用右角模式。

（3）配置水平度盘读数。

①将水平角读数配置为 0°00′00″。

如图 1.6.13 所示，照准目标后，在角度测量模式第 1 页按 F1 进行置零，按 F3 键确认。

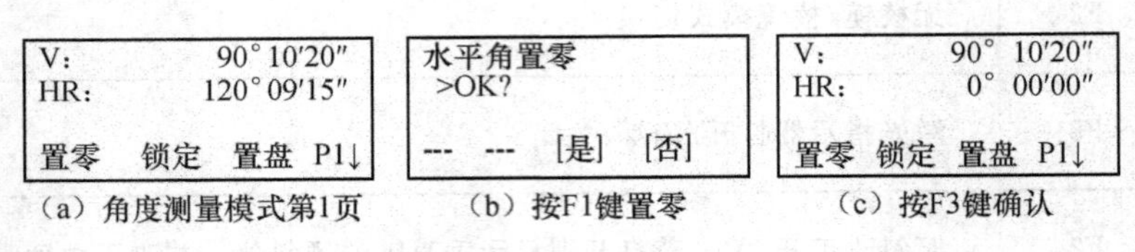

（a）角度测量模式第1页　（b）按F1键置零　（c）按F3键确认

图 1.6.13　水平角置零

②将水平角读数配置为任意读数。

如图 1.6.14 所示，照准目标后，在角度测量模式第 1 页按 F3 键进入置盘界面，再按 F1 键，输入所需要的水平角读数（例如“90.0120”），最后按 F4 键完成配置。

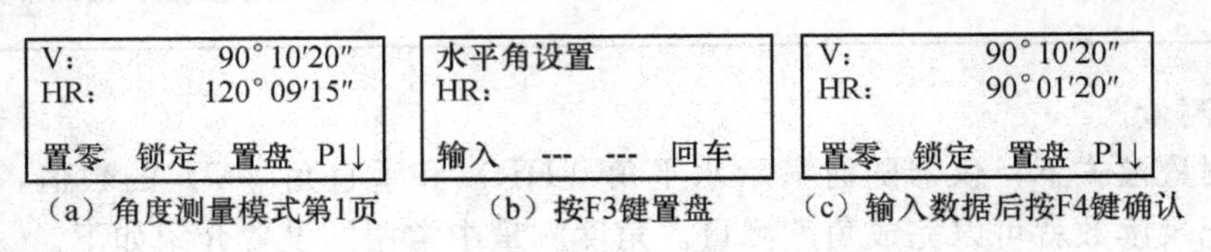

（a）角度测量模式第1页　（b）按F3键置盘　（c）输入数据后按F4键确认

图 1.6.14　将水平角读数配置为任意读数

（4）垂直角显示格式的切换。

仪器测量垂直角时，垂直角的显示格式可以设置为天顶距或高度角，设为天顶距时垂直角读数的起算方向为天顶方向，设为高度角时垂直角读数的起算方向是水平面，在角度测量模式第 3 页按 F3 键可以切换垂直角显示格式，一般采用天顶距格式。需要注意的是，无论哪一种格式，垂直角的符号始终显示为“V”，因此需要仔细分辨，防止误操作，当望远镜大致水平并采用天顶距格式时，盘左和盘右垂直角的读数分别在 90°和 270°左右。

5）距离测量

在距离测量模式下，显示屏的前三行分别显示水平角、距离和高差，最后一行显示软键功能。切换到距离测量模式后，仪器立即启动距离测量，完成测量后会显示结果。再次启动测量需要在距离测量模式第 1 页按 F1 键。距离测量中常用的设置介绍如下。

（1）棱镜模式/无棱镜模式切换。

如图 1.6.15 所示，在距离测量模式第 1 页，按 F3 键可以切换棱镜模式和无棱镜模式，若为无棱镜模式，屏幕右侧会出现从左上向右下排列的“NP”字样，棱镜模式下没有该符号。该设置也可以利用星键来进行。

（2）棱镜常数设置。

在进行距离测量之前，必须正确设置棱镜常数，棱镜常数分为有棱镜和无棱镜两种，需

HR:	120°30′44″
HD*[1]	132.121 m
VD:	−5.886 m
测量 模式	NP/P P1↓

(a) 距离测量模式第1页

HR:	120°30′44″
HD*[1]	132.121 m N P
VD:	−5.886 m
测量 模式	NP/P P1↓

(b) 按F3键切换为无棱镜模式

图 1.6.15 棱镜模式/无棱镜模式切换

要分别进行设置。如图 1.6.16(a) 所示，在距离测量模式第 2 页按 F3 键，进入图 1.6.16(b) 所示页面，这时仪器会发出鸣响并显示回光信号强度，该页中 PSM 对应的数值是当前的有棱镜常数，NPM 对应的数值是当前的无棱镜常数。再按 F1 键进入如图 1.6.16(c) 所示的棱镜常数设置页面，根据测量使用的棱镜类型对常数值进行更改。拓普康的棱镜常数为 0，若使用其他厂家生产的棱镜，应在使用之前设置正确的常数，输入常数后按 F4 键确认。

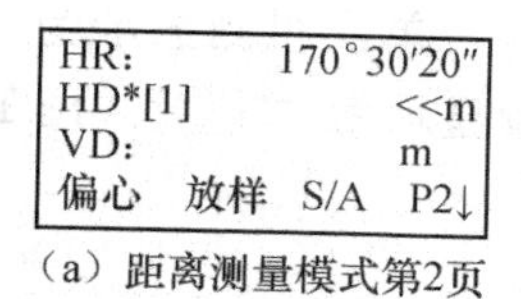

(a) 距离测量模式第2页

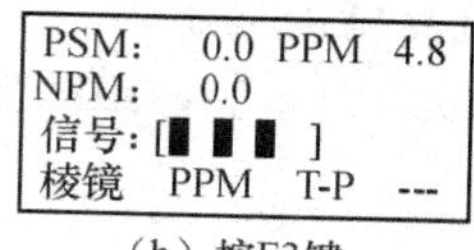

(b) 按F3键

棱镜常数设置
有棱镜= 0.0 mm
无棱镜: 0.0 mm
--- --- [CLR] [ENT]

(c) 设置棱镜常数

图 1.6.16 棱镜常数设置

(3) 气象参数设置。

光线在空气中的传播速度并非常数，而是随气温和气压变化。准确测定测量时的气象参数并输入仪器，仪器会自动对测距结果实施大气改正。本仪器的标准大气状态为温度 15℃，气压 1 013.25hPa，此时的大气改正为 0。大气改正量的计算公式为

$$K_a = \left[279.85 - 79.585 \times \frac{p}{273.15 + t}\right] \times 10^{-6}$$

设未加大气改正的距离为 L_1，则改正后的距离为 $L_2 = (1 + K_a)L_1$。

设置气象参数有两种等效的方式，一种是在图 1.6.16(b) 页面中按 F3 键进入图 1.6.17(a)页面，输入正确的温度和气压；另一种是先用公式算出大气改正量，然后在图 1.6.16(b)页面中按 F2 键进入图 1.6.17(b) 的页面，直接输入大气改正量的 PPM 数值。

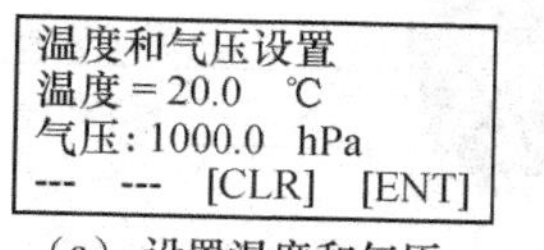

(a) 设置温度和气压

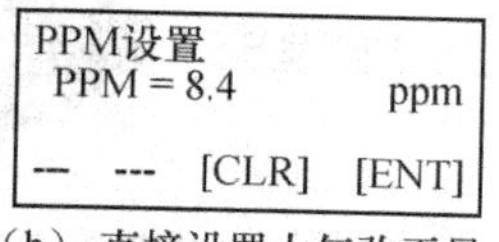

(b) 直接设置大气改正量

图 1.6.17 气象参数设置

(4) 距离测量模式的设置。

从测角模式进入测距模式之后，仪器会立即按照设定的测距模式进行测距。测距模式分为精测、跟踪、粗测三种：精测为正常测量模式，精度高但速度较慢，一般地形控制测量和碎部点采集过程均采用此模式；粗测模式用时较短，但精度较低，测量结果只显示到厘米位；跟踪测量模式是一种连续测量模式，精度也比较低，通常用于测量动态移动的目标或放样测量。如图 1.6.18 所示，在距离测量模式第 1 页按 F2 键，进入测距模式设置页面，可以

按 F1、F2 或 F3 键切换到相应的测距模式。

(a) 距离测量模式第1页	(b) 按F2键设置测距模式	(c) 正在进行单次精确测距
HR: 120°30′44″	HR: 120°30′44″	HR: 120°30′44″
HD 132.121 m	HD 132.121 m	HD*[1] –<m
VD: –5.886 m	VD: –5.886 m	VD:
测量 模式 NP/P P1↓	精测 跟踪 粗测 P1↓	测量 模式 NP/P P1↓

图 1.6.18 测距模式的设置

精测和粗测都可以设置为 N 次测量和重复测量。N 次测量是指仪器对一段距离测量 N 次之后，计算并显示其平均值，N 可以设置为 1～99 次，仪器出厂时设置为 1，即单次测量；若切换为重复测量，仪器会连续不断测距，直到用户切换成 N 次测量或退出测距模式。在测距（精测或粗测）进行过程中，按 F1 键可以实现 N 次测量与重复测量的切换。在测距进行过程中，不同的测距模式会在“HD”符号后显示不同的标志，例如：单次精测显示为“*[1]”，2 次精测显示为“*[2]”，重复精测显示为“*[r]”，单次粗测显示为“*[1c]”，2 次粗测显示为“*[2c]”，重复粗测显示为“*[cr]”，跟踪测量显示为“*[t]”。图 1.6.18(c) 显示仪器正在进行单次精测。

3. 尼康 DTM 352 全站仪

1) 主要部件及功能

尼康 DTM 352 全站仪的主要部件及其功能如图 1.6.19 所示。

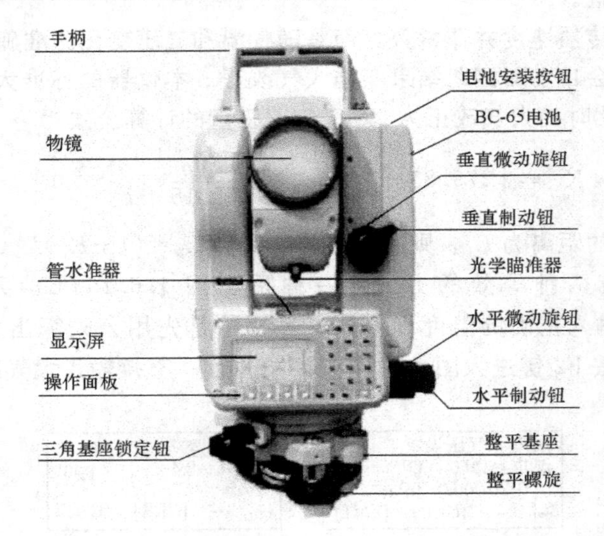

图 1.6.19 尼康 DTM 352 主要部件及功能

2) 开关机及电池

按 PWR 键，打开仪器，显示“上下转动望远镜”以及“温度”“气压”，如图 1.6.20 所示。

用▲/▼键和 ENT 键可以改变“温度”“气压”的数值。

在盘左位置上下转动望远镜后进入基本测量界面，如图 1.6.21 所示。

按 PWR 键然后按 ENT 键即可关机。

用随机配置的充电器进行充电时指示灯亮起，充电完毕时指示灯熄灭。

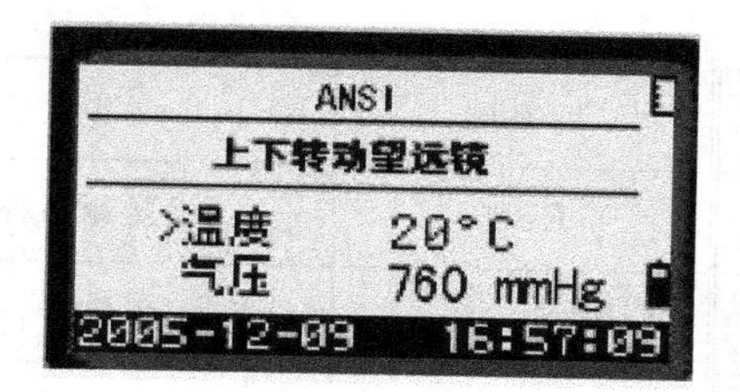

图 1.6.20　开机信息图

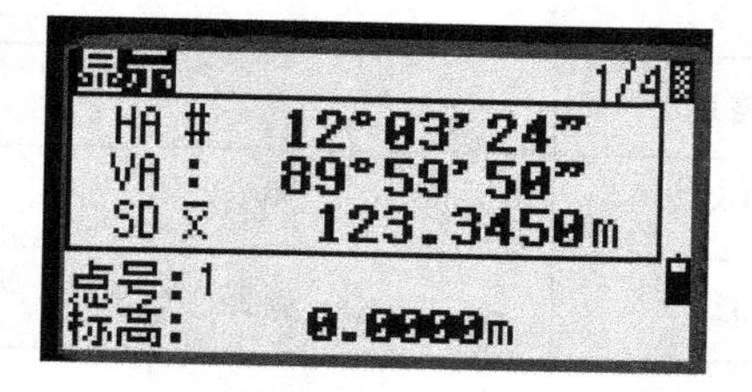

图 1.6.21　基本测量界面

由于记忆效应的影响，在电池电力没有耗尽的情况下充电，会严重缩短电池的工作时间，所以充电前需要先放电，把电源插头插在交流电源座上，充电器另一头插在电池的充电接口上，打开放电开关，放电指示灯亮起，当放电完毕，放电指示灯熄灭，充电模式自动启动。

3）常见缩写

仪器常见缩略名词对照如表 1.6.13 所示。

表 1.6.13　尼康 DTM 352 常用缩略对照

缩略词	含义	缩略词	含义
ANG	测角	ARC	弧
AZ	方位角	BM	水准点
BMS	水准测量	BUBBLE	气泡
BS	后视	CC	计算坐标
CO	记录说明	COD（CD）	代码
Coge	坐标几何计算	COORD	坐标
CP	控制点	C&R	地球曲率/大气折光改正
DAT	数据	DEG	度
DSP	显示	ENT	输入
HA	水平角	HD	平距
HOT	热键	HT	目标高
HI	仪器高	ITEM	项
JOB	项目	LIST	列表
MENU	菜单	MODE	模式
MSR	测量	O/S	偏心
PWR	电源	RAW	原始数据
REC	记录	STACK	堆栈
PT	点	PRG	程序
RDM	遥测距离	RE	后交点

续表

缩略词	含义	缩略词	含义
STN	测站	RBM	遥测高程
SD	斜距	S-O	放样
SO	放样	S-Pln	倾斜平面
SS	碎部点	ST	测站点
TGT	目标点	VA	垂直角
VD	垂距	USR	用户（键）
V—Pln	垂直平面		

4）角度测量

基本测量屏共 4 页，分别用“1/4”“2/4”“3/4”“4/4”标识，用 DSP 键或▲/▼键循环翻页，如图 1.6.22 所示。

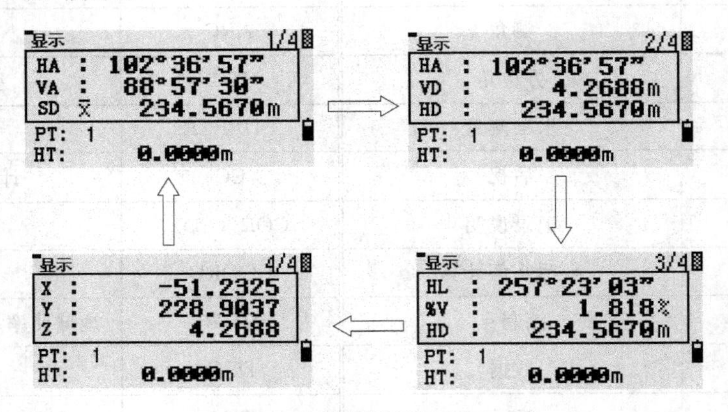

图 1.6.22 基本测量屏翻页显示

只要基本测量屏翻至角度页面，仪器随时显示水平角（HR）和垂直角（V）的数值，只要正确照准目标点并记录读数就可以完成角度测量。角度测量前一般需要进行如下设置。

（1）倾斜改正设置。

按“▭”键调出电子气泡，按◀/▶键可以打开或关闭竖轴在横轴方向的倾斜补偿功能，按▲/▼键可以打开或关闭竖轴在视准轴方向的倾斜补偿功能。关表示关闭补偿器，OVER 表示仪器整平精度超出补偿范围(3′30″)，如图 1.6.23 所示。

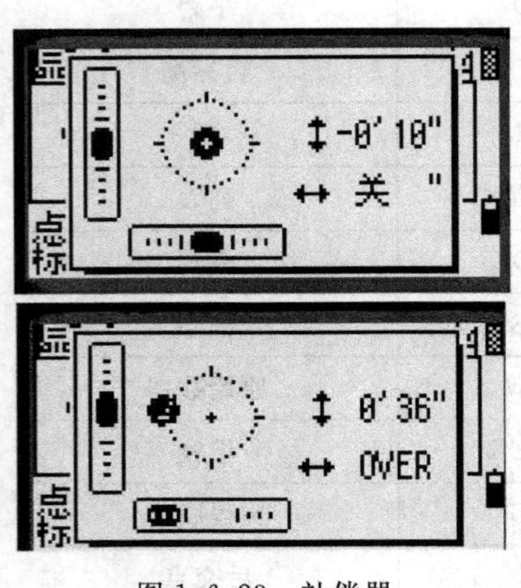

图 1.6.23 补偿器

尼康 DTM 352 经纬仪显示窗口中 HA 等名称后面显示“#”而不显示“:”是关闭补偿器引起的。按

“▭”键进入电子气泡窗口，按◀/▶键打开补偿器（显示数字即为开）即可。

（2）角度设置。

如果要对角度的方向进行设置，按键盘上的菜单键，选择【角度】进入如图 1.6.24 所示界面。用导航键进行如下设置：

VA 为零：天顶角；

HA：方位角。

图 1.6.24　角度设置

（3）配置水平度盘读数。

按 ANG 键显示【角度】菜单，如图 1.6.25 所示。按数字键选择相应的菜单项或直接把光标移动到指定项目上按回车键。

置零：把水平度盘设置为 0°00′00″。

输入：手工输入需要的水平度盘值。按 60 进制度分秒输入，小数点前为度，小数点后为分和秒，各占两位。如 12.0324 表示 12°03′24″。

5）测距

把基本测量屏翻至距离页面，用望远镜十字丝照准棱镜的中心，按 MSR1 键或 MSR2 键即可进行距离测量。测量结果如图 1.6.22 所示，其中 SD 表示斜距，HD 表示平距。

距离测量前一般需要进行如下设置。

（1）气象参数设置。

按 HOT 键进入如图 1.6.26 所示界面，选择【温度-气压】即可进行温度和气压等气象参数设置。

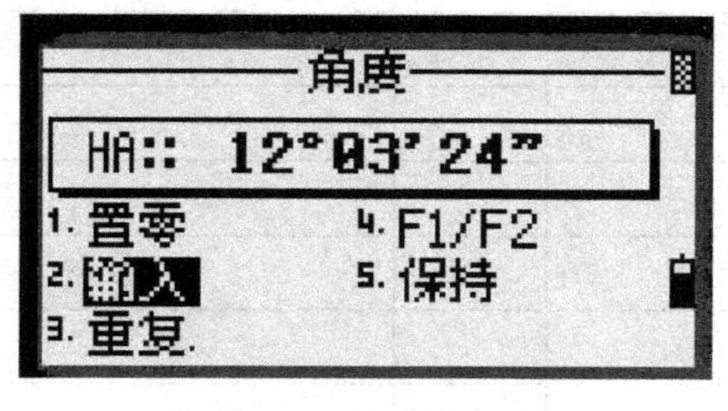

图 1.6.25　配置水平度盘

图 1.6.26　【热键】界面

（2）测量键设置。

按住 MSR1 键或 MSR2 键一秒钟，即可进入测量键设置，如图 1.6.27 所示。用▲/▼键选择设置项。

目标：棱镜/反射片，用◀/▶箭头键选择“棱镜”。

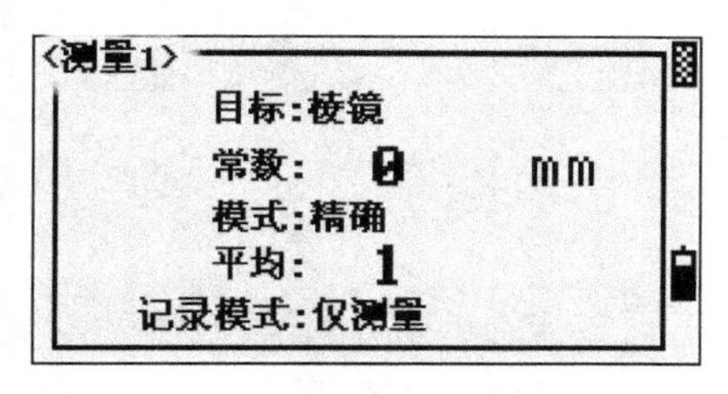

图 1.6.27　测量键设置

常数：－999～999，输入事先测定的棱镜常数（常数测定方法见 1.5 节）。

模式：精确/正常，用◀/▶箭头键选择“精确”。

平均：0～99，用数字键盘输入“1”。

1.6.4　注意事项

（1）在仪器使用过程中，装卸电池时必须先关闭电源。

（2）水平角测量时分右角和左角模式两种，一般设置为右角模式。

（3）垂直角显示一般设置为天顶角。

（4）当距离显示精度不够时，注意检查测距精度设置是否正确。

（5）当仪器测距不正常时，注意检查是否用十字丝中心照准棱镜、反射器选择是否正确、有棱镜/无棱镜测距模式选择是否正确。

1.6.5 成 果

将仪器当前的基本设置填入下表。

序号	功能	选择	备注
1	水平角的测角模式（左角/右角）		
2	垂直角显示模式（天顶距/高度角/倾斜角坡度）		
3	角度单位		
4	距离单位		
5	倾斜补偿器（开/关）		
6	反射器类型		
7	测距精度设置（精测/粗测/跟踪）		
8	棱镜常数		
9	气象常数		
10	数据存储模式		
11	通讯参数		
⋮			

1.6.6 建议或体会

1.7　全站仪通讯编程

1.7.1　教学目的及要求

(1) 了解 Visual Studio 6.0 集成开发平台和 MSComm 串行通讯控件的使用。
(2) 巩固和提高编程动手能力。
(3) 掌握使用 C++语言开发全站仪通讯程序的一般过程。
(4) 每名学生独立完成编程，计划 4 学时。

1.7.2　教学准备

1. 仪器及器材

(1) 每人 1 台计算机（安装有 Visual Studio 6.0 集成开发平台）。
(2) 每 3 人 1 台拓普康全站仪、1 根数据传输线。

2. 场地

计算机机房。

1.7.3　教学过程

1. 认识 VC 6.0 集成开发平台

如图 1.7.1 所示，从 Microsoft Visual Studio 6.0 的程序组中运行 Microsoft Visual C++6.0（简称 VC 6.0），启动 VC 6.0 的开发环境。

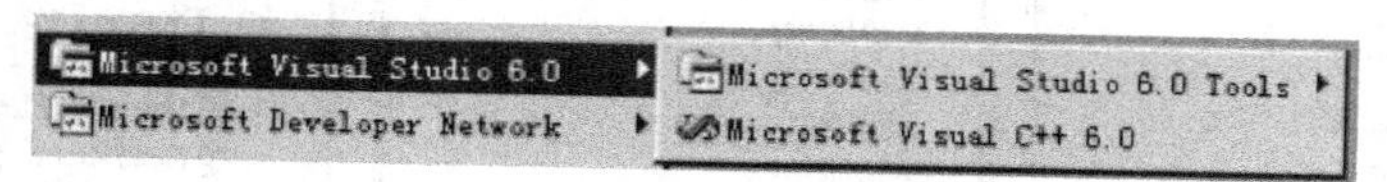

图 1.7.1　Microsoft Visual Studio 6.0 程序组

首次进入 VC 6.0 时，窗口中几乎为空白。当打开一个工程时 VC 6.0 典型界面如图 1.7.2 所示。

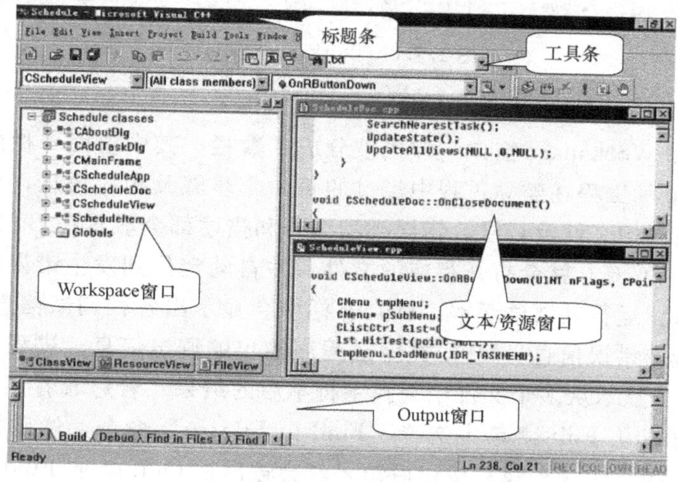

图 1.7.2　VC 6.0 典型界面

在图 1.7.2 中，最上面是标题条、菜单和工具栏，左边的树视图是 Workspace 窗口，右边是多个文档窗口，显示有正在编辑的文本文件（或资源），下边是 Output 窗口和状态条。除了主菜单和工具栏外，VC 6.0 开发环境还提供了大量的上下文关联菜单，用鼠标右键单击窗口中很多地方都会弹出一个关联菜单，里面包含有与被单击项目相关的各种命令。

1）Workspace 窗口

Workspace 是在编程过程中使用最多的停靠式窗口之一，Workspace 窗口显示了当前工作区中各个工程的类、资源和文件信息。新建或打开一个工作区后，Workspace 窗口就会出现三个树视图：ClassView（类视图）、ResourceView（资源视图）和 FileView（文件视图），如图 1.7.3 所示。ClassView 里面显示了当前工作区中所有工程定义的 C++类、全局函数和全局变量，展开每一个类后，可以看到该类的所有成员函数和成员变量，如果双击类的名字，VC 6.0 会自动打开定义这个类的文件，并把文档窗口定位到该类的定义处，如果双击类的成员或者全局函数及变量，文档窗口则会定位到相应函数或变量的定义处。ResourceView显示了每个工程中定义的各种资源，包括快捷键、位图、对话框、图标、菜单、字符串资源、工具栏和版本信息，如果双击一个资源项目，VC 6.0 就会进入资源编辑状态，打开相应的资源，并根据资源的类型自动显示出 Graphics、Color、Dialog、Controls 等停靠式窗口。FileView 显示了隶属于每个工程的所有文件。主要有 C/C++源文件、头文件和资源文件等。在 FileView 中双击源程序等文本文件时，VC 6.0 会自动为该文件打开一个文档窗口，双击资源文件时，VC 6.0 也会自动打开其中包含的资源。

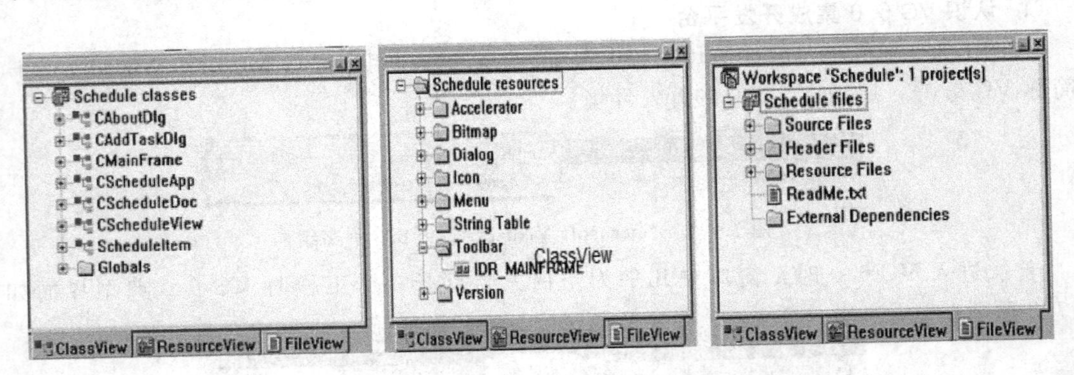

图 1.7.3 Workspace 窗口

2）Output 窗口

Output 窗口和 Workspace 窗口一样也被分成了数栏，其中前面 4 栏最常用。在建立工程时，Build 栏将显示工程在建立过程中经过的每一个步骤及相应信息，如果出现编译连接错误，那么发生错误的文件及行号、错误类型编号和描述都会显示在 Build 栏中，用鼠标双击一条编译错误，VC 6.0 就会打开相应的文件，并自动定位到发生错误的那一条语句。工程通过编译连接后，运行其调试版本，Debug 栏中会显示出各种调试信息，包括 DLL 装载情况、运行时警告及错误信息、MFC 类库或程序输出的调试信息、进程中止代码等。两个 Find in Files 栏用于显示从多个文件中查找字符串后的结果，若想看看某个函数或变量出现在哪些文件中，可以从 Edit 菜单中选择“Find in Files…”命令，然后指定要查找的字符串、文件类型及路径，按【查找】按钮后结果就会输出在 Output 的 Find in Files 栏中。

3）菜单

开发环境具有十分丰富的菜单命令，并且会自动根据当前编辑的状态设置某些命令为有效或无效，或者切换显示一个不同的菜单。如果某个菜单命令前面带有一个图标，表示它在工具栏中有对应的按钮。在编辑文本文件时，菜单共有9项。File菜单列出了与文件操作有关的命令；Edit菜单列出了与编辑有关的命令；View菜单可以调出很多具有特殊用途的对话框，或者把当前文档窗口切换成全屏幕显示方式；Insert菜单用于向工程中插入新的类、资源和Form型对话框，或者把文件作为文字插入到当前正在编辑的文本文件中；Project菜单列出了与工程有关的命令，包括设置活动工程，向工程中添加文件、部件或ActiveX控件，修改工程的设置等；Build菜单用于建立工程，并启动调试器来运行已生成的可执行文件；Tools菜单不仅列出了很多有用的工具，如Source Browser、外接工具、宏等，另外还可以对VC 6.0开发环境的各项设置进行调整；Windows菜单列出了调整各个子窗口的状态与排列方式的命令，以及当前打开的所有文档窗口；Help菜单列出了与获取帮助相关的命令。此外，进入调试状态后，Build菜单会被Debug菜单取代，后者列出了各种调试命令。在编辑对话框、图标等资源时，还会出现Layout和Image等菜单。

4）文本编辑器

VC 6.0拥有一个专门为C/C++程序员设计的文本编辑器，功能很强大，智能化程度也非常高，如图1.7.4所示。文本窗口的标题条显示正在编辑的文件名，如果文件名后面带有一个星号，表示该文件做过修改后还未存盘，如果文本窗口处于最大化状态，VC 6.0主窗口的标题条也会以相同方式来反映当前文档是否已经存盘。与Word类似，文本窗口的滚动条旁边也有两个分割条，拖动它们可以把文本窗口分成最多4个子窗口，用于显示同一个文件的不同部分，其中水平的两个子窗口是垂直联动的，而垂直的两个子窗口是水平联动的。除了分割条外，Windows菜单中的New Window命令还可为同一文件打开多个窗口视图，并且在任何一个窗口中做的修改会立刻反映到其他窗口之中。文本窗口中可编辑区域的左边有一个灰色的竖条，其用途是显示临时书签（蓝色方块）、断点（红色圆点）和调试过程中的下一条要执行的语句（黄色箭头）。文本编辑器支持两种类型的书签。一种是临时书签，从Edit工具栏中单击左边的小蓝旗图标后，文本编辑器就会在当前输入焦点处设立一个临时书签，临时书签在关闭工作区之后就失效了；另一种是永久书签，从Edit菜单中选取Bookmarks命令后，可以在当前输入焦点处设定一个永久书签，并为它取一个名字，永久书签在下次打开工作区时仍然有效。无论是临时书签还是永久书签，都可以通过单击Edit工具栏中的两个浏览书签按钮来实现快速定位。文本编辑器使用不同的颜色来标识程序中的不同内容，绿色部分为注释，蓝色部分为C/C++定义的关键字，其他内容为黑色。

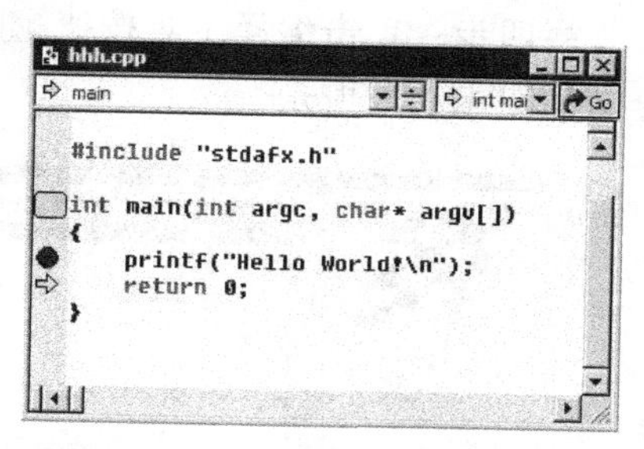

图1.7.4　VC 6.0文本编辑器

2. 利用向导创建MFC对话框应用程序

第一步：启动应用程序向导AppWizard。从File菜单中选择New命令，就会弹出如图1.7.5所示的对话框。在Projects一页中列出多种类型的工程，其中有三种工程有AppWizard，其他一些工程有相应的向导。选择“MFC AppWizard（exe)”，输入工程名“ComTest”和目录，单击

OK 按钮。

第二步：在向导第一步中，选择基于对话框的应用程序类型 Dialog based，单击 Next 按钮，如图 1.7.6 所示。

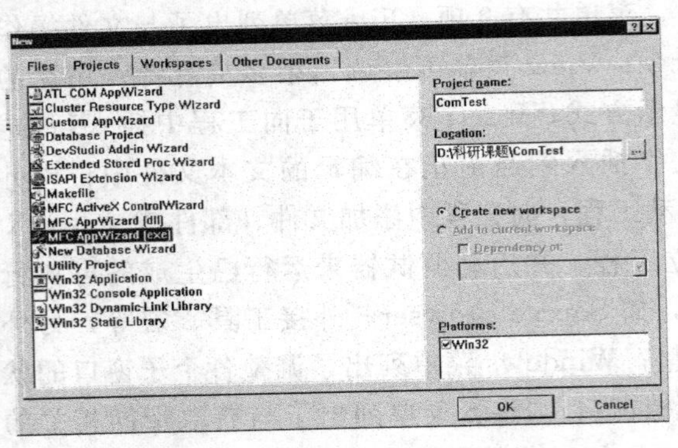

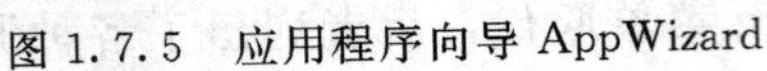
图 1.7.5 应用程序向导 AppWizard

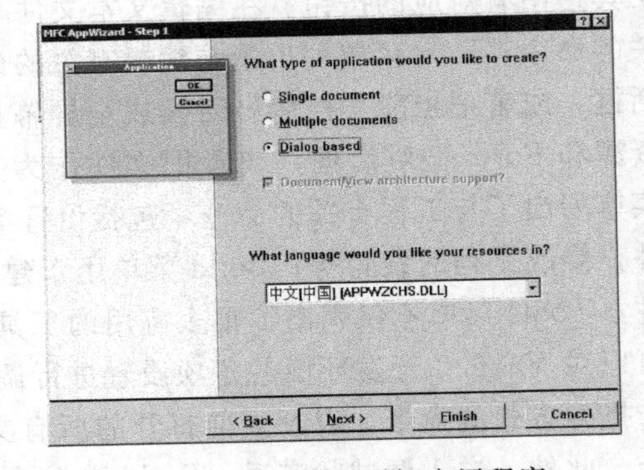

图 1.7.6 创建对话框应用程序

第三步：继续单击 Next 按钮可进行向导二、三步，从中可修改对话框界面特性和 MFC 动态库使用方式等。在此保持默认值，直接单击 Finish 按钮完成对话框应用程序生成，向导显示生成的类，如图 1.7.7 所示。

第四步：单击编译工具按钮 生成执行程序，再单击运行工具按钮 ！，显示程序运行界面如图 1.7.8 所示。

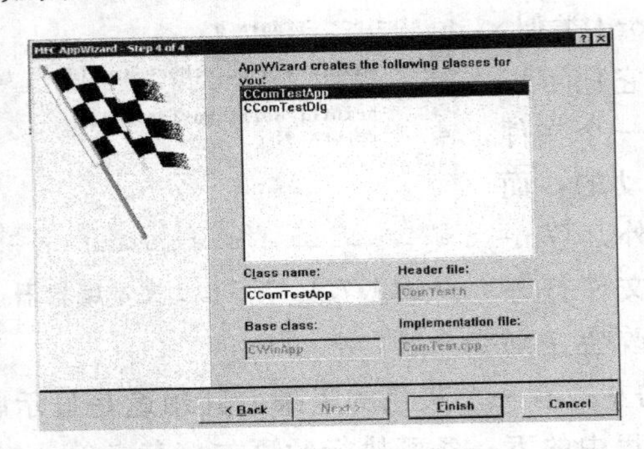

图 1.7.7 向导生成类

图 1.7.8 程序运行效果

3. 添加发送命令函数和接收数据编辑框

第一步：修改窗口大小和命令按钮标题。打开 Workspace→Resource→Dialog→IDD_TEXTCOM_DIALOG 资源，调整窗口大小，拖拽【确定】和【取消】按钮到合适位置。光标放在【确定】按钮上，在右键快捷菜单中，选择特性 Properties 菜单，修改按钮标题 Caption 为“发送命令”，如图 1.7.9 所示。

第二步：添加发送命令函数。将光标放在【确定】按钮上，在右键快捷菜单中，选择类向导 ClassWizard 菜单，在弹出的类向导对话框中，如图 1.7.10 所示，选中 IDOK、BN_CLICKED，单击 Add_Function 按钮，向导将自动为【发送命令】按钮添加相应函数 CTestComDlg::OnOK()，删除其中的对话框默认处理函数 CDialog::OnOK()，在其中添加如下代码。

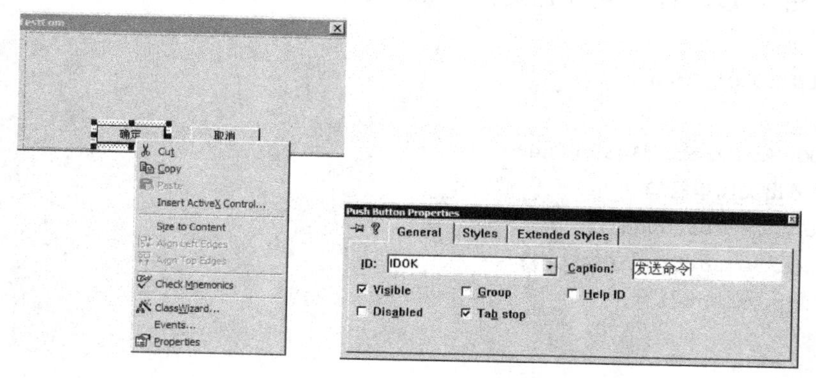

图 1.7.9　修改按钮属性

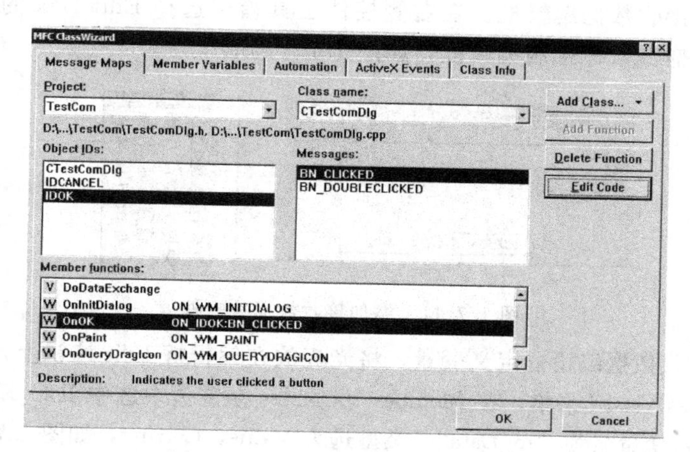

图 1.7.10　为控件添加处理函数

```
void CTestComDlg::OnOK()
{
        // TODO: Add extra validation here
    //清空接收编辑框数据,更新窗口显示
    m_Data="";
    UpdateData(FALSE);
    //定义命令变量,构造测角命令字符串
    CString sCmd;
    VARIANT wi;
    wi.vt=VT_BSTR;
    sCmd="C067\x03\r\n";
    wi.bstrVal=sCmd.AllocSysString();
    //发送命令
    m_com.SetOutput(wi);

}
```

用同样方法为【取消】按钮添加函数 OnCancel()，并添加关闭串口代码如下。

```
void CTestComDlg::OnCancel()
{
    // TODO: Add extra cleanup here
    //程序退出关闭串行口
    if(m_com.GetPortOpen())
        m_com.SetPortOpen(FALSE);
    CDialog::OnCancel();
}
```

第三步：添加接收数据编辑框。在右侧控件工具箱中选择 Edit Box 的按钮后，在对话框资源界面中单击拖拽鼠标绘制编辑框，如图 1.7.11 所示。

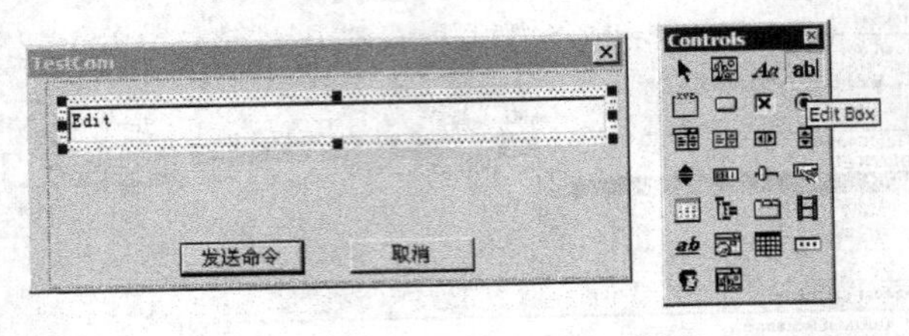

图 1.7.11　添加接收数据编辑框

第四步：为接收数据编辑框定义变量。将光标放在编辑框 Edit 按钮上，在右键快捷菜单中，选择 MFC ClassWizard 菜单，在 Member Variables 标签页中选中 IDC_EDIT1，单击 Add_Variable 按钮，输入变量名为“m_Data”，类型选为 Value，Cstring，如图 1.7.12 所示。

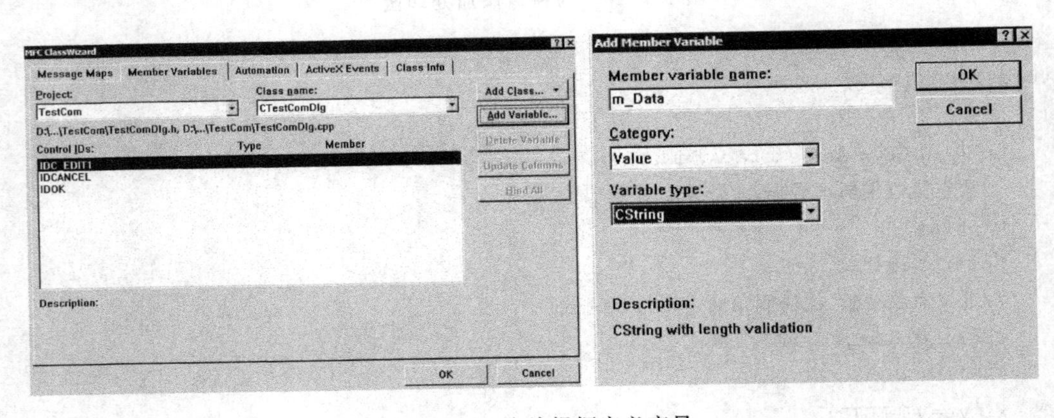

图 1.7.12　为编辑框定义变量

4. 添加 MSComm 控件及串行事件映射函数

第一步：在工程中插入 MSComm 控件。打开 Project→Add To Project→Components and Controls→Registered Activex Controls 菜单，选择控件“Microsoft Communications Control，version 6.0”插入到当前的工程中。这样就将类 CMSComm 的相关文件 mscomm.cpp 和 mscomm.h 一并加入到了工程中，如图 1.7.13 所示。在控件工具中出现电

话机图标，可以像其他控件一样使用。

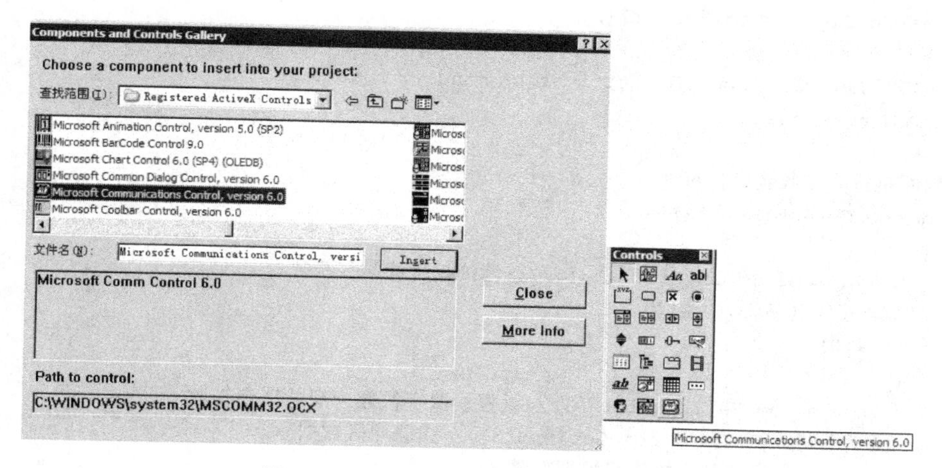

图 1.7.13　在工程中插入 Mscomm 控件

第二步：添加 MSComm 控件及变量。按照添加编辑框相同的方法，在对话框资源中添加 MSComm 控件，并为其添加变量 m_com。注意变量类型为 Control，CMSComm。完成后控件显示如图 1.7.14 所示。

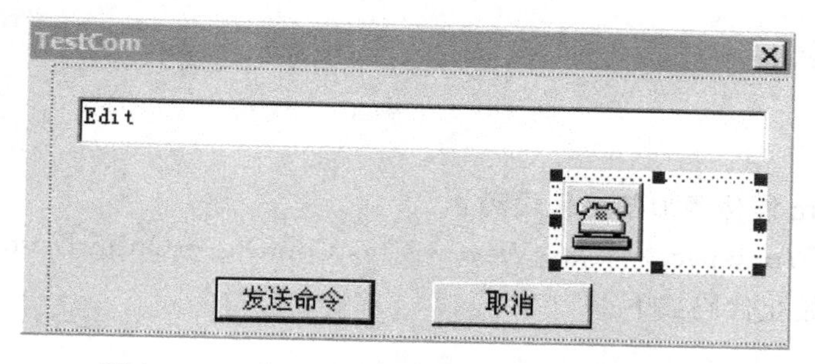

图 1.7.14　将对话框资源中添加 MSComm 控件

第三步：为 MSComm 控件添加事件映射函数。如图 1.7.15 所示，光标置于 MSComm 控件上，单击右键选择快捷菜单 MFC ClassWizard，在弹出的类向导对话框中，为控件添加事件映射函数 OnCommMscomm1()。单击 Edit Code 按钮为其添加如下代码。

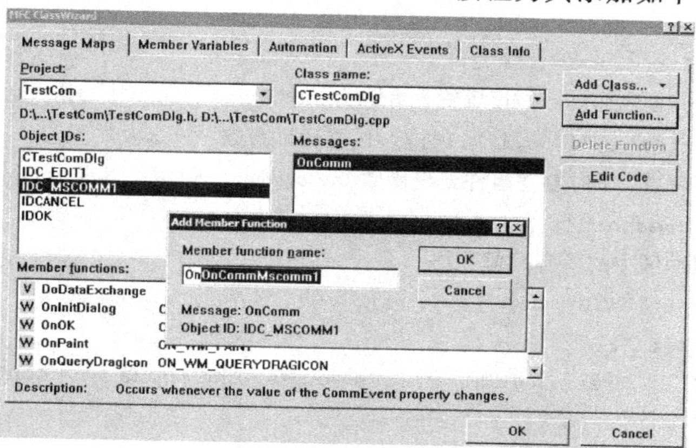

图 1.7.15　为串行控件添加事件处理函数

```
void CTestComDlg::OnCommMscomm1()
{
    // TODO: Add your control notification handler code here
    VARIANT vResponse;
    int k;
    //判断是否为接收到字符事件
    if(m_com.GetCommEvent()==2)
       {
        k=m_com.GetInBufferCount();//查询接收缓冲区字符数
        //若接收到字符,则读取。
        if(k>0)
        {
               m_com.SetInputLen(k);//设置读取字符数为缓冲区字符数
               vResponse=m_com.GetInput();//读缓冲区数据
               //数据复制到接收编辑框变量
               for(int i=0;i<k;i++)m_Data+=((char*)vResponse.parray->pvData)[i];
               //判断数据是否传输完,即接收到换行符,是则更新窗口显示。
               if(m_Data.Find('\n')>=0)
                                       UpdateData(FALSE);

        }
      }
}
```

5. 为 MSComm 控件添加初始化代码

定位到函数 Workspace→ClassView→CtestComDlg→OnInitDialog（）尾部，添加 MSComm 控件初始化代码如下。

```
    ……………………………………………
    // TODO: Add extra initialization here
    m_com.SetCommPort(1);//设置 COM1 端口
    //若串口已关闭打开串口
    if(!m_com.GetPortOpen())
         m_com.SetPortOpen(TRUE);
    m_com.SetInputMode(1);//设置输入方式为二进制
    m_com.SetSettings("4800,E,7,1");//设置通讯参数
    //设置接收字符数≥1时触发事件处理函数 OnCommMscomm1()
    m_com.SetRThreshold(1);
    //设置读取缓冲区中的所有残留数据
    m_com.SetInputLen(0);
    m_com.GetInput();
    return TRUE;   // return TRUE  unless you set the focus to a control
}
```

6. **编译运行**

第一步：将全站仪与计算机 COM1 端口连接起来，若连接为非 COM1 端口，则注意修改初始化代码中的端口号。按照全站仪操作说明设置通讯参数为：波特率 4 800，数据位 7，校验位 E，停止位 1。

第二步：单击编译工具按钮生成执行程序，再单击工具按钮 ! 启动程序。单击【发送命令】按钮，全站仪将进行测量并将数据传输到计算机，显示在编辑框中，运行效果如图 1.7.16 所示。

图 1.7.16　测试运行效果

1.7.4　成　果

(1) 利用 Visual Studio 6.0 集成开发平台和 MSComm 控件实现全站仪数据通讯编程过程。

(2) 在界面上加入水平角、垂直角和边长显示框，并编写各数据项提取和显示代码，上交工程源代码文件和运行效果图。

1.7.5　建议或体会

1.8 单一导线近似平差计算

1.8.1 教学目的及要求

(1) 掌握双定向附合导线的计算方法。

(2) 通过计算进一步理解单一导线的基本形式与计算原理。

(3) 理解方位角闭合差和导线全长相对闭合差的作用及意义。

(4) 各项计算数据记载要清楚完整、书写规范。

(5) 每名学生单独完成，计划 2 学时。

1.8.2 教学准备

每名学生单独完成，需准备的仪器器材：

(1) 具备函数功能的计算器 1 台。

(2) 铅笔、橡皮若干。

1.8.3 教学过程

第一步：在计算表格相应位置绘制导线略图。

第二步：如图 1.8.1 所示，在表格第 1 列、第 2 列、第 5 列、第 10 列和第 11 列相应位置分别填写点名、转折角、导线边长、已知点纵坐标和横坐标。

导线计算表

计算者：张大伟　　　　检查者：吴东明

点名	转折角β /(° ′ ″)	V_β /(″)	方位角α /(° ′ ″)	边长S /m	纵坐标增量/m		横坐标增量/m		纵坐标X /m	纵坐标Y /m
					ΔX	$V_{\Delta X}$	ΔY	$V_{\Delta Y}$		
M									3 846 086.972	38 465 347.924
			160 35 42							
A	80 04 52	+02							3 845 667.079	38 465 495.833
			60 40 36	281.457	+137.840	+0.002	+245.394	−0.003		
$P1$	247 27 32	+02							3 845 804.921	38 465 741.224
			128 08 10	269.974	−166.717	+0.002	+212.347	−0.003		
$P2$	91 12 43	+02							3 845 638.206	38 465 953.568
			39 20 55	315.345	+243.857	+0.002	+199.940	−0.004		
$P3$	255 03 51	+02							3 845 882.065	38 466 153.504
			114 24 48	392.121	−162.070	+0.002	+357.060	−0.004		
B	219 58 55	+02							3 845 719.997	38 466 510.560
			154 23 45							
N									3 845 346.442	38 466 689.571
Σ				1 258.897	+52.910		+1 014.741			

$f_\beta = -10$　　$f_S = 0.016$

$f_X = -0.008$　　$K = \frac{1}{78037}$

$f_Y = +0.014$

导线略图

图 1.8.1 单一导线的计算

第三步：按导线前进方向分别计算导线的起始边坐标方位角 α_{I} 和闭合边坐标方位角 α_{II}，并填写在表格第 4 列相应位置，如图 1.8.1 中第 4 列的"160 35 42"和"154 23 45"。

第四步：按下式计算坐标方位角闭合差 f_β 并填写在表格下方

$$f_\beta=\sum\beta+(\alpha_{\mathrm{I}}-\alpha_{\mathrm{II}})\pm n\cdot 180°$$

根据导线精度要求计算方位角闭合差限差。如果不超限，继续计算；否则检查前面计算或返工直至满足要求。

第五步：按下式计算各转折角改正数 $v_{\beta i}$ 并填写在表格第 3 列相应位置

$$v_{\beta i}=-\mathrm{int}\left(\frac{f_\beta}{n}\right)$$

式中，n 是转折角的个数。当改正数有余数时，一般把余数分配给与短边相关的观测角。

第六步：按下式计算各导线边的坐标方位角并填写在表格第 4 列相应位置

$$\alpha_i=\alpha_{i-1}+\beta_i+v_{\beta i}\pm 180°$$

第七步：用下式计算导线边的纵坐标增量 Δx_i 和横坐标增量 Δy_i，并填写在表格的第 6 列和第 8 列相应位置

$$\left.\begin{aligned}\Delta x_i&=D_i\cos\alpha_i\\ \Delta y_i&=D_i\sin\alpha_i\end{aligned}\right\}$$

第八步：计算坐标闭合差

$$\left.\begin{aligned}f_x&=\sum\Delta x_i+(X_A-X_B)\\ f_y&=\sum\Delta y_i+(Y_A-Y_B)\end{aligned}\right\}$$

计算导线全长闭合差

$$f_D=\sqrt{f_x^2+f_y^2}$$

计算导线全长相对闭合差（一般将分子换算为 1 的分数形式）

$$K=\frac{f_D}{\sum D}$$

检查导线全长相对闭合差是否满足限差要求。如果不超限，继续计算；否则检查前面计算或返工直至满足要求。

第九步：按照下式分别计算各导线边的纵坐标增量改正量 $v_{\Delta xi}$ 和横坐标增量改正量 $v_{\Delta yi}$，并填写表中第 7 列和第 9 列相应位置处

$$\left.\begin{aligned}v_{\Delta xi}&=-\frac{f_x}{\sum D}D_i\\ v_{\Delta yi}&=-\frac{f_y}{\sum D}D_i\end{aligned}\right\}$$

第十步：按照下式分别计算各导线点的纵坐标 X_i 和横坐标 Y_i，并填写在表格的第 10 列和第 11 列相应位置

$$\left.\begin{aligned}X_i&=X_{i-1}+\Delta x_i+v_{\Delta xi}\\ Y_i&=Y_{i-1}+\Delta y_i+v_{\Delta yi}\end{aligned}\right\}$$

1.8.4　注意事项

（1）首先要明确导线的前进方向。各导线边的方位角都是沿导线前进方向的方位角，水

平角是沿导线前进方向的左折角。

（2）方位角闭合差和导线全长相对闭合差是两个衡量导线观测和计算是否合格的重要指标，计算表中要明确体现。

（3）水平角改正数之和与方位角闭合差的绝对值相等，符号相反。这是检验角度改正计算正确与否的标准。

（4）坐标增量改正数之和与对应的坐标闭合差的绝对值相等，符号相反。如出现小的差值，应该通过调整四舍五入使其满足该项条件。

（5）导线点坐标的小数位数要与已知点坐标的小数位数一致。

1.8.5 成　果

导线计算表

计算者：　　　　　　　　　　　　　　　　　　　　检查者：

点名	转折角 β /(° ′ ″)	V_β /(″)	方位角 α /(° ′ ″)	边长S /m	纵坐标增量/m		横坐标增量/m		纵坐标 X /m	横坐标 Y /m
					Δ_X	$V_{\Delta X}$	Δ_Y	$V_{\Delta Y}$		
Σ										

$f_\beta=$	$f_S=$	导线略图
$f_X=$	$K=$	
$f_Y=$		

1.8.6 建议或体会

1.9　用 Excel 计算支导线

1.9.1　教学目的及要求

(1) 深刻理解坐标正算、坐标反算、方位角传递公式的作用和意义。

(2) 掌握支导线计算的原理与步骤。

(3) 学会与测量数据处理相关的 Excel 函数及其他常用功能。

(4) 每名学生单独完成，计划 2 学时。

1.9.2　教学准备

1. 仪器及器材

每人 1 台计算机（安装 Excel 2003 或更高版本软件）。

2. 场地

机房或教室。

1.9.3　教学过程

1. 坐标反算

坐标反算是根据两个已知点的高斯平面坐标，计算两点间的距离和坐标方位角。方位角以度、分、秒为单位，其计算过程如下。

第一步：设计表格。在 Excel 表格的前三行，按照图 1.9.1 所示的格式设计表头，使各项目列宽合适，文字居中。

	A	B	C	D	E	F	G	H	I	J	K	L	M
1	坐标反算												
2	边名	起点		终点		坐标增量		距离	坐标方位角				
3		X_1	Y_1	X_2	Y_2	D_X	D_Y		弧度	十进制度	度	分	秒
4	A_1-A_2	2456.983	2253.855	2605.173	2174.924	+148.190	-78.931	167.900	5.793772773	331.9587274	331	57	31
5	*A*-*B*	5483.068	2965.201	5627.598	3158.860	+144.530	+193.659	241.646	0.929659837	53.26558507	53	15	56
6	*C*-*D*	5608.598	4275.818	5440.755	4493.046	-167.843	+217.228	274.516	2.228641695	127.6917632	127	41	30

图 1.9.1　坐标反算

第二步：输入起算数据。在 A4 单元格输入边名，在 B4、C4 单元格输入起点的 *X*、*Y* 坐标，在 D4、E4 输入终点的 *X*、*Y* 坐标。

第三步：计算坐标增量。在 F4 单元格输入公式“＝D4－B4”，在 G4 单元格输入公式“＝E4－C4”，计算结果如图 1.9.1 中的“＋148.190”和“－78.931”。

第四步：计算距离。在 H4 单元格输入公式“＝SQRT(SUMSQ(F4,G4))”，计算结果如图 1.9.1 中的“167.900”。

第五步：计算坐标方位角。为了简化计算，避免嵌套的逻辑判断，这里采用坐标方位角的通用计算公式，在 I4 单元格输入公式“＝PI()－SIGN(G4) * PI() * 0.5－ATAN (F4/G4)”，得到以弧度为单位的坐标方位角，如图 1.9.1 中的“5.793 772 773”。

第六步：将坐标方位角转换为以度、分、秒为单位。在 J4 单元格输入公式“=DEGREES(I4)”，先将坐标方位角的单位转换为十进制度，然后在 K4 单元格输入公式“=INT(J4)”，在 L4 单元格输入公式“=INT((J4-K4)*60)”，在 M4 单元格输入公式“=((J4-K4)*60-L4)*60”，分别计算出坐标方位角的度、分、秒值，计算结果如图 1.9.1 中的 331 度 57 分 31 秒。

如果需要计算其他边的坐标方位角，只需要把第 4 行拷贝粘贴到下一行，修改边名和两个端点的坐标即可计算坐标方位角，不需要再次输入公式。

2. 支导线计算

下面以一条有 3 个未知点的支导线为例，说明利用 Excel 表格计算支导线的过程。

第一步：设计表格。按照图 1.9.2 所示的格式，在表格的前三行设计表头，使各项目列宽合适，文字居中。在第 4 到第 14 行对单元格进行合并，并设置各单元格的行高、对齐方式、小数位数、边框样式等。

支导线计算

点名	观测角				方位角+转折角−*PI*(弧度)	坐标方位角					边长	ΔX	ΔY	纵坐标 X	横坐标 Y
	度	分	秒	弧度		弧度	十进制度	度	分	秒					
A_1														2456.983	2253.855
						5.793770744	331.9586111	331	57	31					
A_2	248	55	32	4.344570537										2605.173	2174.924
					6.996748627	0.71356332	40.88416667	40	53	03	84.617	63.973	55.385		
N_1	151	27	32	2.643456293										2669.146	2230.309
					0.215426959	0.215426959	12.34305556	12	20	35	95.913	93.696	20.503		
N_2	116	01	17	2.024955239										2762.842	2250.811
					-0.901210456	5.381974852	308.3644444	308	21	52	115.195	71.497	-90.322		
N_3														2834.339	2160.489

图 1.9.2 支导线计算

第二步：输入观测数据和已知点坐标。将点名，观测角（左折角）的度、分、秒值，边长，已知点的 X 坐标和 Y 坐标分别输入相应的单元格。

第三步：计算已知边坐标方位角。利用坐标反算公式，按照前面介绍的方法，计算已知边 A_1A_2 的坐标方位角为 331 度 57 分 31 秒，将度、分、秒值分别输入 I5、J5 和 K5 三个单元格，在 H5 单元格输入公式“=I5+J5/60+K5/3600”，将其转换为十进制度的形式，在 G5 单元格输入公式“=RADIANS(H5)”，得到以弧度为单位的 A_1A_2 边坐标方位角。

第四步：计算未知边坐标方位角。由于坐标方位角传递比较复杂，需要分三种情况进行处理，所以采用分步计算的方法。以 A_2N_1 边为例，先在 F7 单元格输入公式“=G5+E6-PI()”，然后在 G7 单元格输入公式“=IF(F7<0,F7+PI()*2,IF(F7<PI()*2,F7,F7-PI()*2))”，即可计算出 A_2N_1 边的坐标方位角。得到的方位角以弧度为单位，在 H7 单元格输入公式“=DEGREES(G7)”，将其转换为以十进制度为单位，在 I7、J7 和 K7 三个单元格分别输入公式“=INT(H7)”“=INT((H7-I7)*60)”和“=((H7-I7)*60-J7)*60”，得到 A_2N_1 边的坐标方位角的度、分、秒值。用同样的方法分别计算 N_1N_2 边和 N_2N_3 边的坐标方位角。

第五步：计算坐标增量。先计算 A_2N_1 边的坐标增量，根据坐标正算公式，在 M7 单元格输入公式“=L7*COS(G7)”，在 N7 单元格输入公式“=L7*SIN(G7)”，得到 A_2N_1 边的纵坐标增量和横坐标增量。用同样的方法分别计算 N_1N_2 边和 N_2N_3 边的坐标增量。

第六步：计算未知点坐标。先计算 N_1 的坐标，在 O8 单元格输入公式“=O6+M7”，在 P8 单元格输入公式“＝P6＋N7”，分别计算出 N_1 的纵、横坐标。用同样的方法分别计算 N_2 和 N_3 点的坐标。

3. 角度单位转换方法的改进

在控制测量的观测手簿和平差计算报表中，习惯上以度、分、秒作为角度单位，并且在书写时要求度、分、秒的数值之间用空格分开，例如 331 度 57 分 31 秒要写成“331 57 31”的形式。但是 Excel 中的（反）三角函数以弧度为角度单位，所以需要先将转折角观测值的单位转换为弧度才能进行计算，为了能够输出符合传统习惯的平差报表，还需要将计算得到的未知边方位角转换为以度、分、秒为单位。Excel 的 DEGREES() 函数和 RADIANS() 函数提供了弧度与十进制度之间的转换功能，因此我们只需要解决度、分、秒与十进制度之间的相互转换问题。在前面的计算过程中，每个角度都设计了三个单元格，分别用于输入或显示度、分、秒的数值，这种做法虽然易于理解，但是把一个角度值割裂成三段，既不便于数据输入，也不利于报表的美观，下面介绍一种改进的角度单位转换方法，可以避免这些问题。

由于度、分、秒之间的转换关系类似于小时、分钟、秒之间的关系，所以可以借用 Excel 的时间函数实现度、分、秒到十进制度的转换。为此，我们需要先理解 Excel 中的日期和时间数据类型。如图 1.9.3 所示，虽然日期、时间的输入和显示格式看起来与数值截然不同，但实际上日期和时间本质上都是数值。在图 1.9.3 中 A2 和 B2 单元格中都输入日期“2015/1/1”，然后将 B2 设为数值类型，会发现数据变成“42 005.00”，该值称为“序列数”。Excel 以 1900 年 1 月 1 日为日期的起点，这一天的序列数为 1，每增加1 天序列数也增加 1，2015 年 1 月 1 日刚好是第 42 005 天。与日期类似，时间的起点是 0 时 0 分 0 秒，任意时刻都可以用 0 至 1 之间的序列数表示，数值 1 被看作 1 整天，1 小时就是 1 天的 1/24，也可以说时间“1:00:00”对应的序列数是 1/24，因此当我们在 C2 和 D2 单元格中都输入时间“12:00:00”，然后将 D2 单元格设为数值类型，会发现数据变成“0.50”，表示中午 12 点正好是 0.5 天。带时间的日期实际上是把日期的序列数和时间的序列数相加，整数部分表示日期，小数部分表示时间，E2 和 F2 单元格中的数据就是一个实例。

	A	B	C	D	E	F
1	日期	序列数	时间	序列数	带时间的日期	序列数
2	2015/1/1	42005.00	12:00:00	0.50	2015/1/1 12:00	42005.50

图 1.9.3 时间转换

TIMEVALUE() 函数可以把时间转换成对应的序列数，例如 TIMEVALUE("12:00:00")的返回值就是 0.5，这就把以小时、分钟、秒为单位的时间转换成以天为单位，该值乘以 24 之后就变成以小时为单位。借助这个函数，同样可以把以度、分、秒为单位的角度转换成以十进制度为单位，下面按照图 1.9.4 所示的步骤介绍角度单位转换的过程。

首先输入角度值，将度、分、秒的数值连续输入，在 B2 单元格输入“2485532”；该值的数据类型是整数，为了使其在显示样式上符合平差报表的要求，需要按照图 1.9.5 所示的方法设置 B2 单元格的格式，将“分类”设为“自定义”，在“类型”文本框中输入“0 00 00”（第一个 0 和第三个 0 之后各有一个空格），经过这样设置，度的数值至少显示一位，分和秒均显示两位，且度、分、秒之间用空格分开，显示结果如图 1.9.4 所示。

	A	B	C	D
1	步骤	结果	数据类型	公式
2	输入角度	248 55 32	整数	数据格式设置为自定义类型“0 00 00”
3	角度转换成时间形式	248:55:32	文本	=TEXT(B2,"0\:00\:00")
4	计算时间对应的序列数	0.371898148	数值	=TIMEVALUE(B3)
5	计算不足一天的小时数	8.925555556	数值	=B4*24
6	计算超过一天的小时数	240	整数	=FLOOR(B2/10000,24)
7	计算总的小时数（度）	248.9255556	数值	=B5+B6
8	十进制度转换为弧度	4.344570537	数值	=RADIANS(B7)
9	度分秒转换为弧度	4.344570537	数值	=RADIANS(FLOOR(B2/10000,24)+TIMEVALUE(TEXT(B2,"0\:00\:00"))*24)
10	弧度转换为度分秒	248 55 32	文本	=TEXT(DEGREES(B8)/24,"[h] mm ss")

图 1.9.4　角度转换

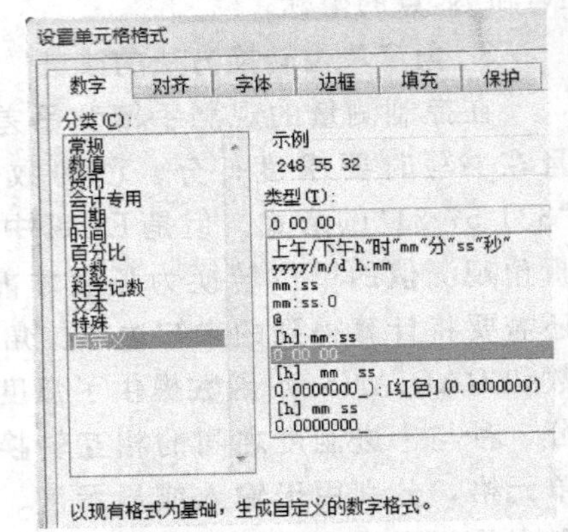

图 1.9.5　格式设置

在 B3 单元格键入公式“＝TEXT(B2,"0\:00\:00")”，利用 TEXT() 函数将输入的角度值转换成时间格式的文本数据；在 B4 单元格输入公式“＝TIMEVALUE(B3)”，计算出该时间对应的序列数；在 B5 单元格输入公式“＝B4*24”，将序列数转换为小时。这时发现，计算结果与输入数据中的小时数值并不一致，原因是 TIMEVALUE() 函数返回的序列数取值范围在 0 至 1 之间，任何超过 1 天的整数都被去掉了。因此，在 B6 单元格输入公式“＝FLOOR(B2/10000,24)”，计算出被去掉的整天数对应的小时数；在 B7 单元格输入公式“＝B5＋B6”，得到总的小时数，这就将输入的以度、分、秒为单位的角度转换成以十进制度为单位；在 B8 单元格输入公式“＝RADIANS(B7)”，将角度单位转换为弧度，以便后续计算之用。

为说明转换原理，上面将转换过程分解为多个步骤，实际上这些步骤可以合并，在 B9 单元格输入“＝RADIANS(FLOOR(B2/10000,24)＋TIMEVALUE(TEXT(B2,"0\:00\:00")) *24)”，一步就可以完成从度、分、秒到弧度的转换。

弧度转换为度、分、秒比较简单，先把弧度转换成十进制度，将其假想为以小时为单位的时间，然后计算出该时间对应的序列数，最后用 TEXT() 函数将序列数转换为小时、分钟、秒的格式。综合上述步骤，在 B10 单元格输入公式“＝TEXT(DEGREES(B8)/24,"[h] mm ss")”（“[h]”和“mm”之后各有一个空格），一步完成弧度到度、分、秒的转换。从图 1.9.4 可以看出，转换结果与输入数据完全一致，验证了转换方法的正确性。虽然从表面上看 B2 和 B10 单元格一模一样，但实际上数据类型不同，B2 中是整数，B10 中是文本。

4. 改进后的支导线计算

利用改进后的角度单位转换方法，可以对支导线计算表格进行改进，同时把坐标反算功能集成进来，使计算表格更加方便实用和简洁明了。新表格如图 1.9.6 所示，计算步骤如下。

第一步：按照图 1.9.6 所示的格式设计表格。注意按照图 1.9.5 所示的方式设置 B6、B8、B10 单元格的数据类型。

第二步：输入观测数据和已知点坐标。将点名、观测角、边长、已知点坐标分别输入相

支导线计算

点名	观测角 /(° ′ ″)	观测角 /(rad)	方位角+转折角−*PI*/(rad)	坐标方位角 /(° ′ ″)	坐标方位角 /(rad)	边长 /m	Δ*X* /m	Δ*Y* /m	纵坐标 *X* /m	横坐标 *Y* /m
A_1									2456.983	2253.855
				331 57 31	5.793772773	167.900	148.190	-78.931		
A_2	248 55 32	4.344570537							2605.173	2174.924
			6.996750657	40 53 03	0.713565349	84.617	63.973	55.385		
N_1	151 27 32	2.643456293							2669.146	2230.309
			0.215428988	12 20 35	0.215428988	95.913	93.696	20.503		
N_2	116 01 17	2.024955239							2762.842	2250.812
			-0.901208426	308 21 52	5.381976881	115.195	71.497	-90.322		
N_3									2834.339	2160.490

图 1.9.6　支导线计算

应的单元格。观测角的度、分、秒值必须连续输入，中间不要加入空格，输入完成后 Excel 会自动将度、分、秒值用空格分开。

第三步：对定向边 A_1A_2 进行坐标反算。在 H5 和 I5 单元格分别输入"=J6－J4"和"=K6－K4"，得到纵、横坐标增量；在 G5 单元格输入"=SQRT(SUMSQ(H5,I5))"，算出距离；在 F5 单元格输入"=PI()－SIGN(I5)*PI()*0.5－ATAN(H5/I5)"，计算出 A_1A_2 坐标方位角的弧度值；在 E5 单元格输入"=TEXT(DEGREES(F5)/24,"[h] mm ss")"，将弧度值转换为度分秒格式。

第四步：计算未知边坐标方位角。先将观测角转换为以弧度为单位，在 C6 单元格输入"=RADIANS(FLOOR(B6/10000,24)＋TIMEVALUE(TEXT(B6,"0\:00\:00"))*24)"，计算出 A_2 点转折角的弧度值；同理可对其他观测角进行转换。在 D7 单元格输入"=F5＋C6－PI()"，在 F7 单元格输入"=IF(D7<0,D7＋PI()*2,IF(D7<PI()*2,D7,D7－PI()*2))"，计算出 A_2N_1 边坐标方位角的弧度值；在 E7 单元格输入"=TEXT(DEGREES(F7)/24,"[h] mm ss")"，将其转换为度分秒格式；同理可计算其他未知边的坐标方位角。

第五步：计算坐标增量。在 H7 和 I7 单元格分别输入"=G7*COS(F7)"和"=G7*SIN(F7)"，得到 A_2N_1 边的纵、横坐标增量；同理可计算其他未知边的坐标增量。

第六步：计算未知点坐标。在 J8 和 K8 单元格分别输入"=J6＋H7"和"=K6＋I7"，计算出 N_1 的坐标，用同样的方法分别计算 N_2 和 N_3 点的坐标。

图 1.9.2 和图 1.9.6 的计算结果稍有差别，这是由于前者计算出定向边方位角之后取舍到整秒，而后者直接采用未经取舍的定向边方位角的弧度值造成的。

1.9.4　注意事项

(1) 要实现坐标方位角和支导线计算，离不开 Excel 提供的各种函数，本科目中我们使用了平方根函数 SQRT()、平方和函数 SUMSQ()、符号函数 SIGN()、取整函数 INT()、弧度转十进制度函数 DEGREES()、十进制度转弧度函数 RADIANS()、正弦函数 SIN()、余弦函数 COS()、反正切函数 ATAN()、圆周率函数 PI()、逻辑选择函数 IF()、按照指定基数向下舍入的函数 FLOOR()、将数值转换为按指定格式文本的函数 TEXT()、将文本格式的时间转换成序列数的函数 TIMEVALUE()。对于每个函数，都要理解其含义和作用，明确要输入哪些参数，返回什么样的结果，特别是 IF()、TEXT() 等用法复杂的函数。如果不清楚函数的用法，可以查阅 Excel 的联机帮助或参考相关资料。

（2）为了使计算表格整齐美观，需要设置各单元格的格式，对每个单元格的行高、列宽、字体、对齐方式、小数位数、边框样式等进行合理设置，例如坐标和距离需要设置成显示 3 位小数的数值类型，坐标方位角的秒值需要设置成无小数的数值类型。

（3）掌握一些 Excel 的操作技巧，可以提高效率并降低发生错误的概率。例如，在完成 A_2N_1 边坐标方位角的计算之后，计算 N_1N_2 边和 N_2N_3 边的坐标方位角时不需要再向每个单元格中输入公式，这时只需要在 F7 单元格按下鼠标左键并向右拖动，连续选中 F7 到 K7 共 6 个单元格，这时 K7 单元格右下角会出现一个小黑点，当鼠标指针移到小黑点上时会变成十字形，这时按下鼠标左键向下拖动至 K12 单元格，Excel 会复制选中的 F7 到 K7 单元格的公式并填充到 F9 到 K9 和 F11 到 K11 单元格，并自动修改公式中引用的单元格的行列序号，保证公式和单元格之间的正确对应关系。

（4）计算完成之后，在打印输出计算成果之前，可以将一些不需要显示的单元格隐藏起来，如把图 1.9.6 中存放中间计算结果的 C、D、F 三列隐藏起来，表格会更加清晰、简明。

（5）前面介绍的表格是按照 3 个未知点的支导线设计的，如果点数不是 3 个，需要修改表格的行数。其实，可以设计能够容纳较多点数的表格，当点数较少时，只在前几行中输入观测数据和已知数据，即可自动计算出结果，这样可以增强计算表格的通用性。

1.9.5　成　果

每人计算一条支导线，将计算结果抄写到计算表格中。

支导线计算

点名	观测角 /(° ′ ″)	坐标方位角 /(° ′ ″)	边长 /m	ΔX /m	ΔY /m	纵坐标 X /m	横坐标 Y /m

1.9.6　建议或体会

1.10　用 Excel 计算双定向附合导线

1.10.1　教学目的及要求

（1）掌握双定向附合导线计算的原理和步骤。

（2）理解方位角闭合差和导线全长相对闭合差的作用及意义。

（3）掌握对转折角和坐标增量进行误差配赋的原则和方法。

（4）进一步熟悉 Excel 的操作，掌握测量数据计算中常用的函数。

（5）每名学生单独完成，计划 2 学时。

1.10.2　教学准备

1. 仪器及器材

每人 1 台计算机（安装 Excel 2003 或更高版本软件）。

2. 场地

机房或教室。

1.10.3　教学过程

与支导线的计算过程类似，双定向附合导线的计算也分为坐标方位角的计算、坐标增量及未知点坐标的计算两步。但是，由于方位角闭合差和坐标闭合差的存在，需要对转折角观测值和坐标增量进行误差配赋。下面以一条有 5 个未知点的导线为例，详细说明计算过程。

第一步：设计表格。按照图 1.10.1 所示的格式，在表格的前三行设计表头，使各项目列宽合适，文字居中；在第 4 到 21 行对单元格进行合并，并设置各单元格的行高、对齐方式、小数位数、边框样式等。

双定向附合导线计算

点名	观测角 β /(° ′ ″)	观测角 β /(rad)	V_β /(″)	$\alpha+\beta-\pi$ /(rad)	方位角 α /(° ′ ″)	方位角 α /(rad)	边长 S /m	ΔX /m	$V_{\Delta X}$ /m	ΔY /m	$V_{\Delta Y}$ /m	纵坐标 X /m	横坐标 Y /m
A												5483.068	2965.201
					53 15 56	0.929659837	241.646	144.530		193.659			
B	252 33 11	4.407882355	+3.3									5627.598	3158.860
				2.195965636	125 49 10	2.195965636	211.037	-123.506	-0.0119	171.122	+0.0014		
P_1	113 05 23	1.973788003	+3.3									5504.080	3329.984
				1.028177082	58 54 37	1.028177082	241.122	124.511	-0.0136	206.487	+0.0016		
P_2	249 32 51	4.355425515	+3.3									5628.577	3536.472
				2.24202604	128 27 31	2.24202604	253.574	-157.710	-0.0143	198.563	0.0017		
P_3	99 11 31	1.731226022	+3.3									5470.853	3735.037
				0.831675505	47 39 05	0.831675505	239.756	161.509	-0.0136	177.194	+0.0016		
P_4	263 20 33	4.596193685	+3.3									5632.348	3912.233
				2.286292633	130 59 42	2.286292633	225.646	-148.022	-0.0128	170.310	+0.0015		
P_5	106 15 29	1.854552926	+3.3									5484.313	4082.545
				0.999269003	57 15 14	0.999269003	229.791	124.298	-0.0130	193.272	+0.0015		
C	250 26 13	4.370949249	+3.3									5608.598	4275.818
					127 41 30	2.228641695	274.516	-167.843		217.228			
D												5440.755	4493.046
$\sum$	1334 25 11	23.29001776	+23.2				1400.926	-18.921	-0.079	1116.949	+0.009		
f_b	-23.2	21.9910359			k=1/17566			f_X	+0.079	f_Y	-0.009	f_S	0.080

图 1.10.1　双定向附合导线计算

第二步：输入起算数据。将点名、观测角、边长、已知点坐标分别输入相应的单元格。

第三步：对定向边进行坐标反算。对于起始边 AB，在 I5 和 K5 单元格分别输入"＝M6－M4"和"＝N6－N4"，得到纵、横坐标增量；在 H5 单元格输入"＝SQRT(SUMSQ(I5,K5))"，算出距离；在 G5 单元格输入"＝PI()－SIGN(K5)*PI()*0.5－ATAN(I5/K5)"，算出 AB 边方位角的弧度值；在 F5 单元格输入"＝TEXT(DEGREES(G5)/24,"[h] mm ss")"，将弧度值转换为度分秒格式。将 F5、G5、H5、I5 和 K5 单元格复制到 F19、G19、H19、I19 和 K19 单元格，完成对结束边 CD 的坐标反算。

第四步：计算方位角闭合差。在 C6 单元格输入"＝RADIANS(FLOOR(B6/10000,24)＋TIMEVALUE(TEXT(B6,"0\:00\:00"))*24)"，将 B 点转折角观测值转换成以弧度为单位，用单元格填充的方法对其他观测角进行转换；在 C22 单元格输入"＝SUM(C6:C19)"，算出所有观测角弧度值的和；在 B22 单元格输入"＝TEXT(DEGREES(C22)/24,"[h] mm ss")"，以度、分、秒的形式显示所有观测角的和；在 C23 单元格输入"＝G5＋C22－G19"，得到 AB 边方位角加上所有观测角之和，再减去 CD 边方位角的弧度值；由于从该值减去若干个 π 之后剩余的数值才是方位角闭合差，因此在 B23 单元格输入公式"＝(C23－MROUND(C23,PI()))*180*3600/PI()"，即可得到方位角闭合差。实现该功能的关键是 MROUND(a,b) 函数，它返回一个恰好为 b 的整倍数且最接近 a 的数值。公式前半部分"C23－MROUND(C23,PI())"从 C23 当中减去若干个 π，计算出方位角闭合差的弧度值，后半部分"*180*3600/PI()"将弧度转换为秒。检验方位角闭合差是否超限。

第五步：计算观测角的改正数。根据对等精度观测值进行平均误差配赋的原则，在 D6 单元格输入"＝－$B$23/7"，并填充到所有其他观测角改正数的单元格内，算出观测角的改正数。在 D22 单元格输入"＝SUM(D6:D19)"，可以看出观测角改正数之和与方位角闭合差大小相等、符号相反，验证了改正数的正确性。

第六步：计算未知边方位角。以计算 BP_1 边方位角为例，在 E7 单元格输入"＝G5＋C6＋D6*PI()/(180*3600)－PI()"，得到 AB 边方位角加上 B 点改正后的转折角再减去 π 的弧度值；在 G7 单元格输入"＝IF(E7<0,E7＋PI()*2,IF(E7<PI()*2,E7,E7－PI()*2))"，算出 BP_1 边方位角的弧度值；在 F7 单元格输入"＝TEXT(DEGREES(G7)/24,"[h] mm ss")"，把该方位角显示为度、分、秒的形式。用单元格填充的方式计算其他边的方位角。

第七步：计算未知边坐标增量。在 I7 和 K7 单元格分别输入"＝H7*COS(G7)"和"＝H7*SIN(G7)"，算出 BP_1 边的纵、横坐标增量；用单元格填充的方式计算其他边的坐标增量。

第八步：计算坐标闭合差。在 H22、I22 和 K22 单元格分别输入"＝SUM(H7:H18)""＝SUM(I7:I18)"和"＝SUM(K7:K18)"，分别算出未知边的边长、纵坐标增量和横坐标增量的和；在 J23 和 L23 单元格分别输入"＝M6＋I22－M18"和"＝N6＋K22－N18"，算出纵、横坐标闭合差；在 N23 单元格输入"＝SQRT(SUMSQ(J23,L23))"，算出导线全长绝对闭合差；在 F23 单元格输入"＝"K＝1/"&TEXT(H22/N23,"0")"，算出导线全长相对闭合差，并显示为分子为 1 的分数形式。检验导线全长相对闭合差是否超限。

第九步：计算坐标增量的改正数。依据改正数大小与边长成比例的原则，在J7和L7单元格分别输入“＝－H7*$J$23/$H$22”和“＝－H7*$L$23/$H$22”，算出BP_1边的纵、横坐标增量的改正数；用单元格填充的方式计算其他边坐标增量的改正数；在J22和L22单元格分别输入“＝SUM(J7:J18)”和“＝SUM(L7:L18)”，算出纵坐标增量改正数之和以及横坐标增量改正数之和，可以看出这两个数分别与纵、横坐标闭合差大小相等、符号相反，验证了改正数的正确性。

第十步：计算未知点坐标。在M8和N8单元格分别输入“＝M6＋I7＋J7”和“＝N6＋K7＋L7”，算出P_1的坐标，用单元格填充的方式计算其他未知点的坐标。

1.10.4　注意事项

（1）导线计算表中各项数据的小数位数、正负号等要符合平差报表的习惯，需要对单元格的显示格式进行设置，设置的方法可以参照1.9节的图1.9.5。图1.10.1中，所有的弧度值“分类”选常规；边长、坐标增量、坐标的“分类”选“数值”，小数位数为3；以度、分、秒为单位的观测角和方位角“分类”选“自定义”，“类型”代码为“0 00 00”；方位角闭合差和观测角改正数的“分类”选“自定义”，“类型”代码为“＋0.0；－0.0；0.0”；纵、横坐标闭合差的“分类”选“自定义”，“类型”代码为“＋0.000；－0.000；0.000”；坐标增量改正数的“分类”选“自定义”，“类型”代码为“＋0.0000；－0.0000；0.0000”。

（2）要合理使用对单元格的相对引用和绝对引用。在计算BP_1边纵坐标增量的改正数时，J7单元格的公式是“＝－H7*$J$23/$H$22”，引用了H7、J23和H22三个单元格，其中后两个单元格的行号和列标前面带有“$”字符，这种引用方式称为绝对引用，对H7的引用称为相对引用；当把J7单元格复制或填充到J9单元格后，公式自动变为“＝－H9*$J$23/$H$22”，可见，Excel自动改变了公式中相对引用单元格的编号，以保持当前单元格与被引用单元格的相对位置关系不变，而绝对引用的单元格的编号不会发生变化。要了解相对引用和绝对引用的特性，以便根据需要选择合适的引用类型。

（3）关于数据有效位数的问题。图1.10.1的表格中定向边方位角、方位角闭合差、转折角改正数、未知边方位角、坐标增量、坐标闭合差、坐标增量改正数、未知点坐标都是严格根据公式计算的，并且保留了全部有效位数，表格中显示的数据位数的长短是通过格式设置实现的，内部计算实际使用的是更精确的数值。在传统的手工填表计算中，一般转折角改正数和方位角均保留至整秒，坐标增量及其改正数均保留至毫米位。因此，Excel计算与手工计算的结果会略有差别。也可以在自动计算结果的基础上，对各项改正数进行适当调整，以得到与手工计算相同的结果。

（4）图1.10.1中的表格只适合计算5个未知点的双定向附合导线，如果点数不是5个，需要修改表格。实际上，以该表格为基础，通过单元格复制操作，可以很快设计出适合其他点数的计算表格。

（5）本科目介绍的方法，完全适用于单定向导线、无定向导线，前方交会、后方交会等其他形式控制网的数据处理。可以在掌握上述方法的基础上举一反三，自行设计计算表格。

1.10.5 成 果

每人计算一条双定向附合导线，将计算结果填写到计算表格中。

点名	转折角 β /(° ′ ″)	V_β /(″)	方位角 α /(° ′ ″)	边长 S /m	纵坐标增量/m		横坐标增量/m		纵坐标 X /m	横坐标 Y /m
					Δ_X	$V_{\Delta X}$	Δ_Y	$V_{\Delta Y}$		
Σ										

$f_\beta=$	$f_S=$	导线略图
$f_X=$	$K=$	
$f_Y=$		

1.10.6 建议或体会

1.11　S3微倾水准仪的基本操作与检验校正

1.11.1　教学目的及要求

（1）熟悉水准仪各部件功能及其相互关系。

（2）掌握S3微倾水准仪的基本使用，重点是水准仪观测读数。

（3）熟悉水准仪的检验内容，掌握i角检验校正的方法。

（4）掌握标尺水准器的检验校正方法。

（5）每4名学生为一个作业小组，计划2学时。

1.11.2　教学准备

1. 仪器及器材

每4名学生为一个作业小组，每组需准备的仪器器材：

（1）S3水准仪1台。

（2）水准标尺1对。

（3）尺台2个。

2. 场地

由指导教师指定室外训练场。

1.11.3　教学过程

1. 认识水准仪

初步认识S3水准仪的以下内容：

（1）微倾螺旋。通过调整微倾螺旋使符合水准器的两个半圆形气泡弧顶对齐，体会微倾螺旋的作用及使用方法，并且体会符合水准器的使用方法。

（2）水平制动与微动。体会水平制动与微动螺旋在照准标尺中的作用。

（3）认识水准标尺黑红面分划结构的差别以及红面起始读数。

（4）对照标尺体会水准读数的方法。

（5）体会尺台的使用方法，正确理解尺台的使用场合。

2. 水准标尺圆气泡的检验与校正

第一步：安置水准仪，在距水准仪50 m左右处将标尺竖立在尺台上，使水准标尺的一个边缘与望远镜的纵丝重合，然后用改针调整水准标尺上圆水准器下方的校正螺丝，使气泡居中。

第二步：将标尺转动90°，重复上步操作。

第三步：如此反复进行，直至水准标尺上圆气泡居中时，标尺能准确地处于铅垂线位置（水准仪望远镜的纵丝与标尺边缘重合）。

3. 同一标尺黑红面零点差常数的测定

第一步：安置水准仪，在距水准仪20 m左右处将标尺竖立在尺台上，照准标尺黑面，调整微倾螺旋使水准气泡严格居中，黑面中丝读数为b_1。

第二步：不动仪器，使标尺红面转向仪器，红面中丝读数为 r_1。

第三步：重复上述操作 4 次，每次都要调整仪器高度，分别得读数 b_i 和 r_i。

第四步：用下面公式计算黑红面零点差常数 k，即

$$k=\frac{\sum_{1}^{5}(r_i-b_i)}{5}$$

4. 水准仪 i 角的检验与校正

1）检验

第一步：在平坦地面上选取相距约 60 m 的 A、B 两点（如图 1.11.1 所示），打上木桩或放置尺台，分别竖立水准标尺。

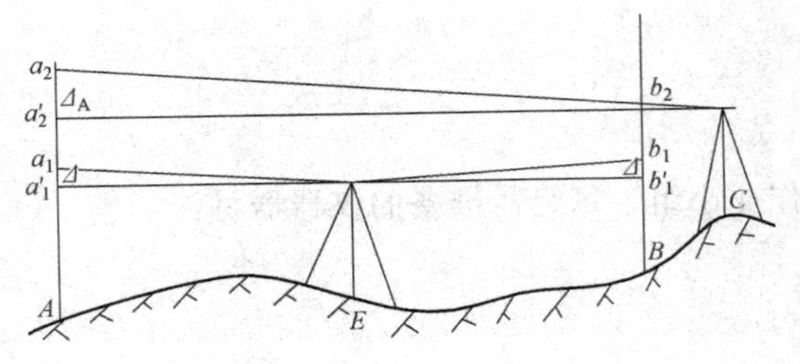

图 1.11.1　i 角检验

第二步：将水准仪置于 A、B 的中点 E，精确整平仪器后分别读取 A、B 两点上水准标尺的读数 a'_1 和 b'_1，用公式 $h'_1=a'_1-b'_1$ 得到 A、B 两点间的高差。

第三步：改变水准仪的高度，再次读取 A、B 两点上水准标尺的读数 a''_1 和 b''_1，同样可以得到 A、B 两点间的高差 h''_1。若 h'_1、h''_1 的差值不大于 5 mm，用公式 $h_1=\frac{1}{2}(h'_1+h''_1)$ 计算两点间的平均高差。

第四步：将仪器搬到 B 点外侧且距 B 点约 2 m 的地方 C，精确整平仪器后分别读取 A、B 两点上水准标尺的读数 a_2 和 b_2，得 A、B 两点间的高差 $h_2=(a_2-b_2)$。

第五步：计算 i 角，有

$$\Delta_A=a_2-b_2-h_1$$

$$i=\frac{\Delta_A}{D_{AB}}\rho''$$

对于 S3 微倾水准仪来说，如果 $i>20''$ 时，需要对仪器的管水准轴与照准轴的平行性进行校正。

2）校正

在检验的第二站上，转动微倾螺旋，使横丝在 A 尺上的读数为 $a_2-\Delta_A$。此时照准轴水平，但管水准轴不水平，用改针调整管水准器一端的校正螺丝，使符合水准器的两个半圆形气泡的弧顶对齐。

1.11.4　注意事项

（1）水准标尺读数前首先调整微倾螺旋，使符合水准器的两个半圆形气泡弧顶对齐。

（2）校正结束后应重新进行检验，以检查检校的正确性。

（3）标尺要成对使用，一对标尺的两个红面起始读数要有区别。

（4）在使用和存放标尺过程中防止碰撞圆水准器，严禁将标尺靠在树上或横放在道路上。

（5）与经纬仪相同的检校项目本节未作叙述，但建议在教学中还应实施。

1.11.5　成　果

1. 认识水准仪

序号	部件名称	功能/数值	熟悉程度	备注
1	水平制动及微动			
2	微倾螺旋及符合水准器			
3	物镜调焦			
4	目镜调焦			
5	十字丝			
6	水准仪圆气泡			
7	标尺长度			
8	标尺最小分划			
9	标尺红面起始数			
⋮				

2. 同一标尺黑红面零点差常数的测定

测回编号	1号标尺			2号标尺		
	黑面读数	红面读数	计算常数	黑面读数	红面读数	计算常数
1						
2						
3						
4						
5						
常数均值						

3. 水准仪 i 角的检验与校正

<table>
<tr><th rowspan="2">测站</th><th rowspan="2">观测序号</th><th colspan="2">标尺读数</th><th rowspan="2">高差</th><th rowspan="2">i 角计算</th></tr>
<tr><th>A 尺</th><th>B 尺</th></tr>
<tr><td rowspan="3">E</td><td>1</td><td></td><td></td><td></td><td rowspan="6">$D_{AB}=$
$h_1=$
$\Delta_A=a_2-b_2-h_1=$
$i=\frac{\Delta_A}{D_{AB}}\rho''=$</td></tr>
<tr><td>2</td><td></td><td></td><td></td></tr>
<tr><td>中数</td><td></td><td></td><td></td></tr>
<tr><td rowspan="3">C</td><td>1</td><td></td><td></td><td></td></tr>
<tr><td>2</td><td></td><td></td><td></td></tr>
<tr><td>中数</td><td></td><td></td><td></td></tr>
</table>

1.11.6 建议或体会

1.12　四等水准测量

1.12.1　教学目的及要求

（1）掌握四等水准测量的观测与记簿方法。

（2）通过四等水准测量的主要技术指标，正确理解测量限差的意义。

（3）掌握四等水准测量的平差计算方法。

（4）每4名学生为一个作业小组。要求每组完成一条附合或闭合水准路线，水准路线的长度不得小于1.5 km，每人至少完成一个测段的观测、记簿和扶标尺工作。

（5）每人独立完成一份四等水准路线的平差计算。

（6）计划6学时。

1.12.2　教学准备

1. 仪器及器材

每4名学生为一个作业小组，每组需仪器器材：

（1）S3型水准仪1套（含脚架、标尺、尺台）。

（2）3H铅笔1支。

（3）四等水准观测手簿1本。

（4）单面刀片或小刀1把。

（5）砂纸1块。

（6）记录夹1个。

（7）计算器1台。

2. 场地

由指导教师指定室外训练场，要求场地要有足够数量的高程已知点和水准待求点。

1.12.3　教学过程

1. 水准测量

第一步：将一根标尺（编为Ⅰ号标尺）直接放置（不放尺台）在起始已知点上，沿水准路线的前进方向依次放置水准仪和另一根标尺（编为Ⅱ号标尺，放置尺台），前后视距离根据客观情况而定，但不能超过100 m，前后视距离差不能超过3 m。

第二步：整平仪器（圆气泡居中即可），瞄准后视的Ⅰ号标尺，调整微倾螺旋使符合水准器严密居中（若使用自动安平水准仪，直接读数），依次读取后视标尺黑面的下、上、中丝读数并记录在水准手簿相应位置。

第三步：仪器不动，转动后尺使其红面朝向仪器，读取后尺红面中丝的读数并记簿。

第四步：松开水平制动螺丝，旋转照准部瞄准前视的Ⅱ号标尺，调整微倾螺旋使符合水准器严密居中，依次读取前视标尺黑面的下、上、中丝读数并记录在水准手簿相应位置。

第五步：仪器不动，转动前尺使其红面朝向仪器，读取前尺红面中丝的读数并记簿。

第六步：计算并检查各项数据，如果观测成果合格，Ⅱ号标尺不动作为后视标尺，沿前进方向搬迁Ⅰ号标尺和仪器，按上述同样方法进行观测。

表 1.12.1 是四等水准测量一个测段的记簿示例。

表 1.12.1 四等水准测量手簿格式

测自 B_1 至 N_1　　　　2015 年 4 月 24 日
时刻 始 10 时 20 分　　　　天气 晴
至 11 时 45 分　　　　成像 清晰

测站编号	后尺 下丝/上丝；后距；视距差 d	前尺 下丝/上丝；前距；$\sum d$	方向及尺号	标尺读数		K+黑−红	高差中数	备注
				黑面	红面			
1	1 571	739	后	1 384	6 171	0		后视 No.12 K=4 787
	1 197	363	前	0 551	5 239	−1		前视 No.13 K=4 687
	37.4	37.6	后−前	+0 833	+0 932	+1	+0.832 5	
	−0.2	−0.2						
2	2 121	2 195	后	1 934	6 621	0		
	1 747	1 820	前	2 008	6 796	−1		
	37.4	37.5	后−前	−0 074	−0 175	+1	−0.074 5	
	−0.1	−0.3						
3	1 914	2 055	后	1 726	6 513	0		
	1 539	1 678	前	1 866	6 554	−1		
	37.5	37.7	后−前	−0 140	−0 041	+1	−0.140 5	
	−0.2	−0.5						
4	1 965	2 141	后	1 832	6 519	0		
	1 700	1 874	前	2 007	6 793	+1		
	26.5	26.7	后−前	−0 175	−0 274	−1	−0.174 5	
	−0.2	−0.7						
			后					
			前					
			后−前					
	$\sum S$=278.3		$\sum h$=+0.443					

2. **平差计算**

以表 1.12.2 所示为例，水准测量的高程计算过程如下：

第一步：填写已知数据。在表 1.12.2 中第 1 列、第 2 列、第 3 列和第 6 列分别填写点号、测段距离、测段高差和已知点高程。

第二步：计算累加值。分别计算 $\sum S$ 和 $\sum h$ 并填入表中，如表 1.12.2 中的 12787 和 +2.950。

第三步：计算高程闭合差。用公式 $W=\sum_{i=1}^{n}h_i+H_A-H_B$ 计算高程闭合差并填写在表格的下方，同时按照测量规范计算高程闭合差容许差并填写在表格的下方。

第四步：计算高差改正数。如果高程闭合差不超限，则按照 $V_i=-\frac{W}{\sum_{i=1}^{n}S_i}S_i$ 计算各测段高差改正数并填写在表 1.12.2 的第 4 列，同时计算 $\sum V$ 并检查其与高程闭合差是否绝对值相等符号相反。

第五步：计算改正后高差。按照公式 $\overline{h}_i=h_i+V_i$ 计算每个测段改正后高差并填写在表中第 5 列。

第六步：计算水准点高程。按照公式 $H_i=H_{i-1}+\overline{h}_i$ 计算各水准点的高程并填写在表中第 6 列。

表 1.12.2　水准路线高程误差配赋

点号	距离/m	平均高差/m	改正数/mm	改正后高差/m	点的高程/m	备注
Ⅱ邯郑 8		Ⅱ邯郑 8 — Ⅲ郑密 6 四等水准路线			105.875	
	2 534	+0.664	+0.014	+0.678		
N_1					106.553	
	2 607	−0.595	+0.014	−0.581		
N_2					106.972	
	2 741	+2.544	+0.015	+2.559		
N_3					108.531	
	4 905	+0.337	+0.027	+0.364		
Ⅲ郑密 6					108.895	
	12 787	+2.950	+0.070	+3.020		
Σ						
$W=-0.070$ m　$W_{容}=\pm 20\sqrt{S}$ mm $=\pm 71.5$ mm						

1.12.4　限差要求

《城市测量规范》(CJJ/T 8—2011) 是从事测绘工作的理论和法规依据之一，它对不同等级的测量任务及测量仪器都作出了详细规定和要求。作为教学练习，结合《城市测量规范》(CJJ/T 8—2011) 和 S3 级水准仪的实际情况，本科目对水准测量的限差规定如表 1.12.3 所示。

表 1.12.3　四等水准测量限差规定

序号	项目	限差
1	视距	100 m
2	前后视距差	3 m
3	前后视距差累积差	10 m
4	视线高度	能三丝读数
5	黑红面读数差	3 mm
6	黑红面高差之差	5 mm
7	间歇点高差之差	5 mm
8	高程闭合差	$20\sqrt{S}$ mm

1.12.5 注意事项

（1）水准路线灵活，因此测站和中转点一般要选择在方便观测且不妨碍他人的地方。

（2）已知点和水准待求点严禁放尺台，其他转点一般要放尺台，并且要把尺台踏牢。

（3）标尺原始读数要求记满 4 位数（以毫米为单位），不满 4 位应以零补齐。距离、距离差、距离差累积、高差中数以米为单位。距离差、高差等均需要记正负号。

（4）记簿人员要切实负责，每站观测完毕，必须现场进行计算检核，确认全部合格方可迁站。

（5）原始记录不得涂改、转抄，不允许连环涂改。

（6）手簿项目填写要齐全，不留空页，不撕页。

（7）每组 4 名学生要轮流操作，每人独立完成一个测段的观测、记簿和司尺工作。

（8）手簿上每个测段另起一页，并且每测段要有距离累积、高差累积等。

（9）测段的起始和结束点名一定要明确。

1.12.6 成 果

点号	距离	平均高差	改正数	改正后高差	高程	备注

1.12.7 建议或体会

1.13　用 Excel 计算三角高程导线

1.13.1　教学目的及要求

（1）理解三角高程计算原理，掌握计算直觇和反觇高差中数的方法和步骤。

（2）理解高程闭合差及其限差的含义和作用，掌握高程误差配赋的原理和步骤。

（3）进一步熟悉使用 Excel 进行测量计算的方法和常用的 Excel 函数。

（4）学会用 Excel 绘制高程路线纵断面图。

（5）每名学生单独完成，计划 2 学时。

1.13.2　教学准备

1. 仪器及器材

每人 1 台计算机（安装 Excel 2003 或更高版本软件）。

2. 场地

机房或教室。

1.13.3　教学过程

三角高程导线计算分为两大步骤：第一步是间接高程计算，根据野外观测的平距、垂直角和量取的仪器高、觇标高，分别计算每条边的直觇和反觇高差，在对向高差较差不超限的情况下计算高差中数。第二步是高程误差配赋，与水准路线高程误差配赋的原理相同，先计算高程闭合差，若不超限，对高差中数进行改正，再计算各未知点高程。为了直观地显示整条导线的高程变化趋势，可利用 Excel 的图表功能绘制高程导线的纵断面图。下面以一条 5 个未知点的三角高程导线为例说明计算过程。

1. 间接高程计算

第一步：设计表格。按照图 1.13.1 所示的格式，在表格的前两行设计表头，使各项目列宽合适，文字居中，在第 3 到 14 行对单元格进行合并，并设置各单元格的数据类型、行高、对齐方式、边框样式等。

为了使各项数据的小数位数、正负号等符合平差报表的要求，需要对单元格的显示格式进行设置，设置的方法可以参照本单元 1.9 节的图 1.9.5。平距、球气差、仪器高、觇标高的“分类”选“数值”，小数位数为 3；垂直角的“分类”选“自定义”，“类型”代码为“+0 00 00；−0 00 00；0 00 00”；单向高差、高差较差、高差中数的“分类”选“自定义”，“类型”代码为“+0.000；−0.000；0.000”。

第二步：输入观测数据。将点名、平距、垂直角、仪器高、觇标高分别输入相应的单元格。观测角的度、分、秒值必须连续输入，例如 N_1 至 B_1 的直觇垂直角为 $-2°55'16''$，则输入“−25516”，中间不要加入空格，输入完成后 Excel 会自动将度、分、秒值用空格分开。

第三步：计算球气差。根据两差改正的计算公式 $\gamma=\dfrac{D^2}{2R}(1-f)$，在 C3 单元格输入“=0.5*(1−0.11)*B3*B3/6371000”，计算 N_1B_1 边对应的球气差。这里折光系数取值为

$f=0.11$，若采用其他数值，请自行修改。用下拉填充的方式计算其他边的球气差。

第四步：计算单向高差。计算高差之前需要把以度分秒表示的垂直角转换为以弧度为单位，根据本单元 1.9 节的方法，对 E3 单元格中垂直角进行转换的公式为“=RADIANS(FLOOR(E3/10000,24)+TIMEVALUE(TEXT(E3,"0\:00\:00"))*24)”；但该公式只能用于转换正角，为了实现负角的转换，需要把公式修改为“=RADIANS((FLOOR(ABS(E3)/10000,24)+TIMEVALUE(TEXT(ABS(E3),"0\:00\:00"))*24)*SIGN(E3))”，其原理是先用 ABS（E3）函数取垂直角的绝对值进行转换，转换后再乘以符号函数 SIGN(E3)的返回值（垂直角为正时返回+1，为负时返回−1，为 0 时返回 0）。

	A	B	C	D	E	F	G	H	I	J
1	间接高程计算									
2	点名	平距/m	球气差/m	觇法	垂直角/(° ′ ″)	仪器高/m	觇标高/m	单向高差/m	高差较差/m	高差中数/m
3	N_1	90.042	0.001	直	−2 55 16	1.470	1.435	−4.559	−0.001	−4.558
4	B_1			反	+2 55 10	1.435	1.470	+4.558		
5		120.544	0.001	直	−4 02 38	1.435	1.533	−8.619	−0.000	−8.619
6	B_2			反	+4 02 34	1.533	1.435	+8.619		
7		145.816	0.001	直	−3 01 45	1.533	1.482	−7.664	+0.009	−7.669
8	B_3			反	+3 01 54	1.482	1.533	+7.673		
9		106.981	0.001	直	+3 10 27	1.482	1.432	+5.984	−0.003	+5.985
10	B_4			反	−3 10 35	1.432	1.482	−5.986		
11		89.194	0.001	直	+2 27 22	1.432	1.568	+3.690	−0.005	+3.693
12	B_5			反	−2 27 35	1.568	1.432	−3.695		
13		145.668	0.001	直	−0 38 19	1.568	1.605	−1.659	+0.006	−1.662
14	N_2			反	+0 38 24	1.605	1.568	+1.666		

图 1.13.1　间接高程计算

根据三角高程的高差计算公式 $h=D\cdot\tan\alpha+i-L+\gamma$，在 H3 单元格输入“=B3*TAN(RADIANS((FLOOR(ABS(E3)/10000,24)+TIMEVALUE(TEXT(ABS(E3),"0\:00\:00"))*24)*SIGN(E3)))+F3−G3+C3”，计算 N_1 点到 B_1 点的高差；将 H3 单元格复制粘贴到 H5、H7、H9、H11、H13 单元格，完成其他边直觇高差的计算。在 H4 单元格输入“=B3*TAN(RADIANS((FLOOR(ABS(E4)/10000,24)+TIMEVALUE(TEXT(ABS(E4),"0\:00\:00"))*24)*SIGN(E4)))+F4−G4+C3”，计算 B_1 点到 N_1 点的反觇高差；将 H4 单元格复制粘贴到 H6、H8、H10、H12、H14 单元格，完成其他边反觇高差的计算。

第五步：计算高差较差。在 I3 单元格输入“=H3+H4”，计算出 N_1B_1 边的直、反觇高差较差，用下拉填充的方式计算其他边的高差较差。检验各边的直、反觇高差较差是否符合限差要求。

第六步：计算高差中数。在 J3 单元格输入“=(H3−H4)*0.5”，计算出 N_1B_1 边的直、反觇高差中数，用下拉填充的方式计算其他边的高差中数。

2. 高程误差配赋

第一步：设计表格。按照图 1.13.2 所示的格式，在表格的前两行设计表头，使各项目列宽合适，文字居中；在第 3 到 18 行对单元格进行合并，并设置各单元格的行高、对齐方式、边框样式等。参照间接高程计算表的设计，正确设置单元格的数据类型和格式代码，保证各项数据的小数位数、正负号等符合平差报表的要求，例如存放高程闭合差的 A18 单元格的“分类”选择“自定义”，“类型”代码为“W＝＋0.000 !m；W＝－0.000 !m；W＝0.000 !m”。

第二步，输入起算数据。将点名、平距、平均高差、已知点的高程分别输入相应的单元格。为简便起见，点名、平距和平均高差可以从间接高程计算表中拷贝，注意平均高差要采用“粘贴值”的模式。

	A	B	C	D	E	F
1	高程误差配赋					
2	点名	平距/m	平均高差/m	改正数/m	改正后高差/m	点的高程/m
3	N_1					463.548
4		90.042	−4.558	−0.002	−4.560	
5	B_1					458.988
6		120.544	−8.619	−0.002	−8.621	
7	B_2					450.367
8		145.816	−7.669	−0.003	−7.671	
9	B_3					442.695
10		106.981	+5.985	−0.002	+5.983	
11	B_4					448.678
12		89.194	+3.693	−0.002	+3.691	
13	B_5					452.369
14		145.668	−1.662	−0.003	−1.665	
15	N_2					450.704
16						
17	Σ	698.245	−12.831	−0.013	−12.844	
18	W=+0.013 m			$W_{限}$=±0.033 m		

图 1.13.2　高程误差配赋

第三步：计算高程闭合差。在 B17 单元格输入“＝SUM(B4:B15)”，计算高程导线全长；在 C17 单元格输入“＝SUM(C4:C15)”，计算各边观测高差之和；在 A18 单元格输入“＝F3＋C17－F15”，计算高程闭合差；在 D18 单元格输入“＝TEXT(SQRT(B17/1000)*0.04,"W 限＝±0.000\m")”，计算闭合差允许值；检验高程闭合差是否符合限差要求。高程闭合差允许值采用的是《城市测量规范》(CJJ/T 8—2011) 对图根三角高程导线的技术规定 ($W_{限}=\pm 40\ \text{mm}\sqrt{L}$，线路长度 L 取以 km 为单位的数值)，若使用其他标准，请自行修改。

第四步：计算平均高差的改正数。依据改正数大小与边长成比例的原则，在 D4 单元格输入“＝－B4＊＄A＄18/＄B＄17”，算出 N_1B_1 边高差的改正数；用下拉填充的方式计算其他边高差的改正数；在 D17 单元格输入“＝SUM(D4:D15)”，算出高差改正数之和，该数值与高程闭合差大小相等、符号相反，验证了改正数的正确性。在计算高差改正数的公式中，使用了相对引用和绝对引用两种单元格引用方式。

第五步：计算改正后的高差。在 E4 单元格输入“＝C4＋D4”，算出 N_1B_1 边改正后的高差；用下拉填充的方式计算其他边改正后的高差；在 E17 单元格输入“＝SUM(E4:E15)”，算出各边改正后高差的和，可以看出该数值等于 C17 与 D17 两单元格数据之和。

第六步：计算未知点高程。在 F5 单元格输入“＝F3＋E4”，算出 B_1 点高程；用下拉填充的方式计算其他未知点的高程。

3. 绘制高程路线纵断面图

第一步：为绘制断面图准备数据。设计如图 1.13.3 所示的表格，A、B、C 三列分别用于存放点名、里程和高程；绘图所需的数据从高程误差配赋计算使用的工作表（该表名称为“高程误差配赋”）中获得；在 A2 单元格输入“＝INDEX(高程误差配赋！$A$3：$A$16，ROW()＊2－3)”，并下拉填充至 A8 单元格，取得各高程点的名称；在 B2 单元格输入“0”，在 B3 单元格输入“＝B2＋INDEX(高程误差配赋！$B$4：$B$15，ROW()＊2－5)”，并下拉填充至 B8 单元格，算出各点的里程；在 C2 单元格输入“＝INDEX(高程误差配赋！$F$3：$F$16，ROW()＊2－3)”，并下拉填充至 C8 单元格，取得各点的高程。上述公式中的 ROW()函数返回当前单元格所在的行号，INDEX()函数返回指定区域中特定行、列位置的单元格的引用。

第二步：绘制纵断面图。选择 B1 至 C8 区域的单元格，通过单击【插入】主菜单中相应的菜单项生成带直线和数据标记的散点图；选择生成的折线，设置显示数据标签，并将缺省的标签文本修改为高程点的名称；设置显示纵横两方向的主要网格线；设置坐标轴注记数字为整数。绘制的结果如图 1.13.4 所示，该图直观地反映了高程路线高低起伏的变化状态。

	A	B	C
1	点名	里程	高程
2	N_1	0	463.548
3	B_1	90.042	458.988
4	B_2	210.586	450.367
5	B_3	356.402	442.695
6	B_4	463.383	448.678
7	B_5	552.577	452.369
8	N_2	698.245	450.704

图 1.13.3 成果表

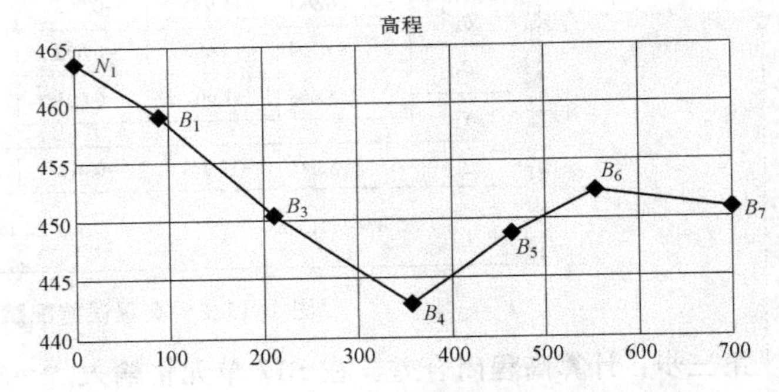

图 1.13.4 纵断面图

1.13.4 注意事项

（1）本科目介绍的绘制高程路线纵断面图的方法，也适用于绘制导线图形，可以根据导线计算得到的各点的坐标数据，自行绘制导线图形。

（2）Excel 提供了丰富的设置图表格式功能，可以对标题、坐标轴、网格线、数据系列、数据标签等图表要素进行全方位的格式设置，自动生成的图表具有缺省的样式，可以按照自己的需求对其进行修改。

（3）Excel 电子表格功能强大但操作简单，提供类型丰富的函数，具有矩阵运算、数理统计、生成图表等功能，可满足现代测量学课程中涉及的绝大部分观测记簿和数据计算处理等方面的需求，是学好本课程的得力助手。

（4）对于手工操作比较繁杂甚至无法解决的数据处理问题，Excel 提供了编程解决方案，在内嵌的 VBA 开发环境中，可以使用 Visual Basic 语言编程，调用 Excel VBA 的对象模型，实现对 Excel 全方位的操控，如增删工作表、读写单元格、设置单元格的格式、查找数据、调用工作表函数、创建自定义函数、生成图表等。对于本科目要解决的问题，可以通过编程实现表格设计、读取用户输入到单元格的数据、数据计算、将计算结果输出到单元格、自动生成纵断面图等功能。这种情况下，Excel 仅仅作为数据输入输出的界面，不需要用户在单元格输入公式，还可以处理不同边数的三角高程导线，使得操作更加简单，使用更加灵活。

1.13.5 成　果

每人计算一条三角高程导线，将计算结果填写到间接高程计算表和高程误差配赋表中，并绘制三角高程导线纵断面图。

间接高程计算

点名	平距/m	球气差/m	觇法	垂直角/(° ′ ″)	仪器高/m	觇标高/m	单向高差/m	高差较差/m	高差中数/m
			直						
			反						
			直						
			反						
			直						
			反						
			直						
			反						
			直						
			反						
			直						
			反						
			直						
			反						
			直						
			反						

高程误差配赋

点名	平距/m	平均高差/m	改正数/m	改正后高差/m	点的高程/m
Σ					
$W=$			$W_{限}=$		

1.13.6 建议或体会

1.14　GPS 静态控制测量

1.14.1　教学目的及要求

（1）使学生了解利用全球定位系统（Global Positioning System，GPS）定位技术建立地形控制网的过程，加深对 GPS 相对定位原理的理解。

（2）掌握 GPS 静态控制测量作业的组织实施方法和要求。

（3）每 4～6 名学生为一个作业小组，按 E 级要求完成一个小型控制网的外业测量，提交观测数据文件、外业手簿、调度计划、实验报告等成果。

（4）计划 4 学时。

1.14.2　教学准备

1. 仪器及器材

（1）南方 S82T GPS 接收机 3 台（含主机、钢尺、电池、充电器、数据传输线、基座、支架等）。

（2）脚架 3 个（含垂球），道钉、油漆若干，斧头 1 把。

（3）外业观测手簿 3 本，3H 铅笔 3 支。

（4）笔记本电脑 1 台，南方 GPS 接收机辅助软件灵锐助手 2.0 1 套。

（5）《全球定位系统（GPS）测量规范》（GB/T 18314—2009）1 本，已知控制点成果表 1 份。

2. 场地

由指导老师在实习训练场指定，所用已知控制点成果由指导老师组织预先测定。

1.14.3　教学过程

1. 认识仪器

1）仪器外观及各部功能

南方 S82T GPS 接收机主机背面如图 1.14.1 所示。

主机机号：用于申请注册码和手簿蓝牙识别主机及对应连接。

电池仓：用于安放锂电池。

弹簧按钮：用于取出电池仓盖。

南方 S82T GPS 接收机的主机底面如图 1.14.2 所示，主要部件包括以下几个：

五针接口：用于主机与外部数据链连接，与外部电源连接。

九针串口：用来连接计算机传输数据，或者连接手簿。

防水圈：防止水及其他液体进入。

通信模块：安装特高频（ultrahigh frequency，UHF）电台，通用分组无线业务（GPRS）（3G/CDMA 可选配）通信模块。

连接螺孔：用于固定主机于基座或对中杆。

手机卡槽：在使用网络模块时，安放手机卡。

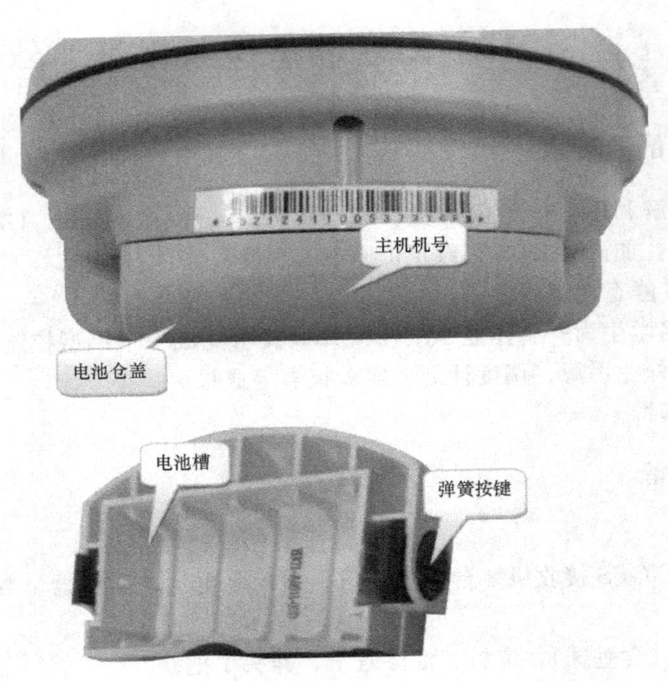

图 1.14.1 南方 S82T GPS 接收机主机背面

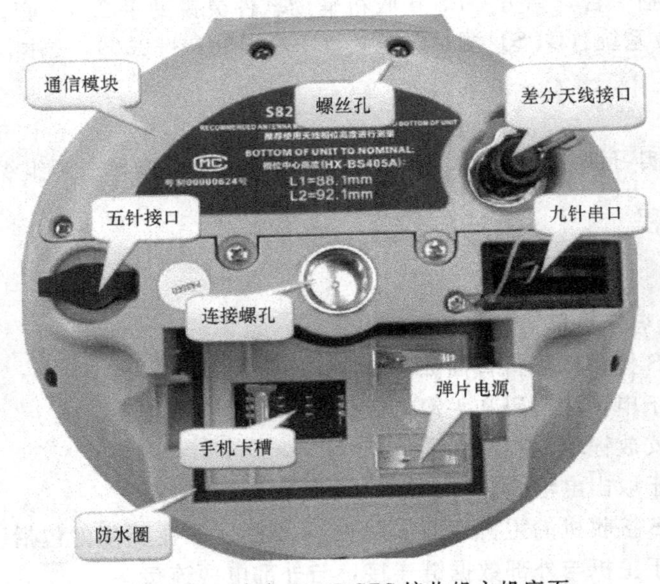

图 1.14.2 南方 S82T GPS 接收机主机底面

南方 S82T GPS 接收机主机正面如图 1.14.3 所示。主要由上、下外壳（盖），蓝色防护圈和控制面板组成。蓝色防护圈也是量取仪器高所至部位。

控制面板如图 1.14.4 所示，主要由电源键、功能键和 6 个指示灯组成。

南方 S82 系列 GPS 接收机主机指示灯均具有两层含义：一是工作状态下指示灯含义，二是工作模式设置时指示灯含义。表 1.14.1 为工作状态下各指示灯的含义。

图 1.14.3　南方 S82T GPS 接收机主机正面

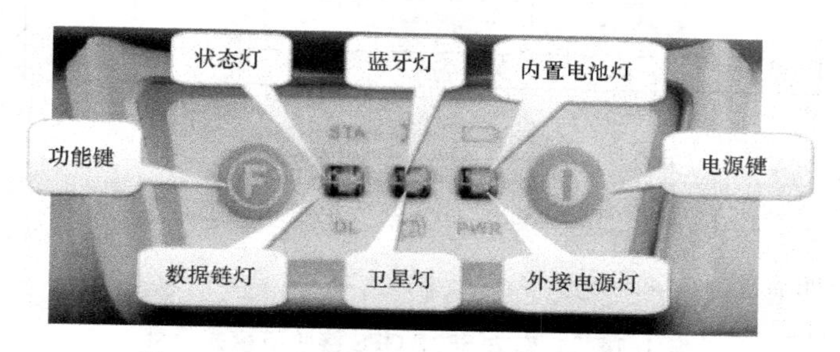

图 1.14.4　南方 S82T GPS 接收机控制面板

表 1.14.1　南方 S82T GPS 接收机工作状态指示灯含义

指示灯	状态	含义
内置电源 BAT（红色）	常亮	正常电压：内置电池 7.4V
闪烁	电池电量不足	两个指示灯交替闪烁表示主机注册码过期
外接电源 PWR（红色）	闪烁	电池电量不足
	常亮	正常电压
蓝牙灯（红色）	常灭	未连接手簿
	常亮	已连接手簿
状态灯 STA（红色）	闪烁	静态模式下记录数据时按照设定采集间隔闪烁
	常灭	模块未进行工作
	闪烁	数据链模块正常运作
数据链灯 DL（绿色）	常亮	静态模式
	常亮	动态模式：GSM 连接上服务器
	慢闪	动态模式：GSM 已登录 GPRS 网
	快闪	动态模式：GSM 正在登录 GPRS 网
卫星灯（绿色）	闪烁	表示锁定卫星数量

2）静态工作模式设置

南方 S82T GPS 接收机有三种工作模式，静态观测模式、实时动态差分（RTK）基准站模式和 RTK 移动站模式。RTK 工作模式下，还需要设置数据链模式，有内置电台（移动站）、外接模块（基准站）和网络模式（基准站和移动站）。作业前需要先设定工作模式，模式设定后，不改变设置以后将保持此模式。设置使用 F 键、P 键及其组合完成。

在设置模式时，各指示灯的含义如图 1.14.5 所示。

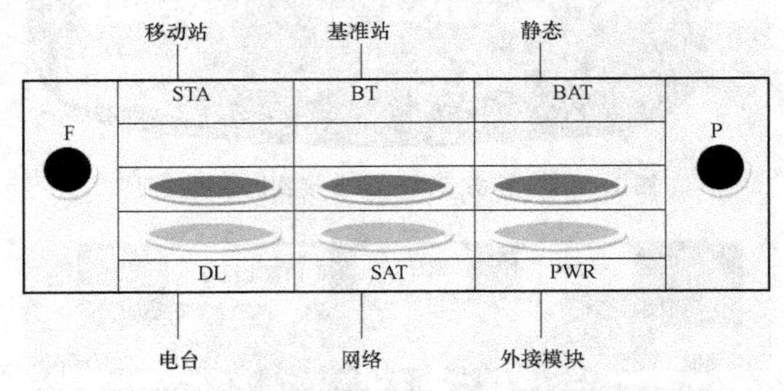

图 1.14.5　南方 S82T GPS 接收机模式设置时指示灯

模式设置方法如表 1.14.2 所示。

表 1.14.2　南方 S82T GPS 接收机模式设置

功能	按键操作	内容
工作模式	同时按住（功能键＋电源键）即（F＋P）	等听到“滴”一声时松开手，并且 6 个指示灯同时闪烁。单击功能键 F 选择“移动”“基准”“静态”工作模式，选定后单击 P 键确定。3 秒后电源指示灯亮，设置完成
数据链	长按功能键 F	听到两次“滴”声松手，绿灯闪烁，单击功能键 F 选择“电台”“网络”“外接”数据链。选定后单击 P 键确定。3 秒后电源指示灯亮，设置完成
恢复出厂设置	长按电源键 P	3 到 10 秒关机（主机叫三声关机），10 秒后进入自检（长响，新机要求自检一次）
关机	长按电源键 P	主机连续叫三声，电源指示灯熄灭
查询	单击功能键 F	此时根据指示灯判断主机工作模式

进行静态测量时，只需设置静态工作模式即可，数据链可不设置。设置完成后，等约 5 秒电源灯常亮后，单击功能键 F 可查询工作模式，指示灯应显示如图 1.14.6 所示。

F	STA	BT	BAT	P
	DL	SAT	PWR	

图 1.14.6　静态模式指示灯

2. 设置静态观测参数

静态观测前需要按照规范要求设定观测参数，主要包括采样间隔和截止角。设置使用配套联机线和灵锐助手 2.0 软件完成。

第一步：在计算机上安装灵锐助手 2.0 软件，双击桌面图标，启动灵锐助手 2.0，如图 1.14.7 所示。

第二步：接收机关机状态，用专用 USB 电缆连接接收机和计算机。

第三步：打开接收机电源，软件显示发现接收机。

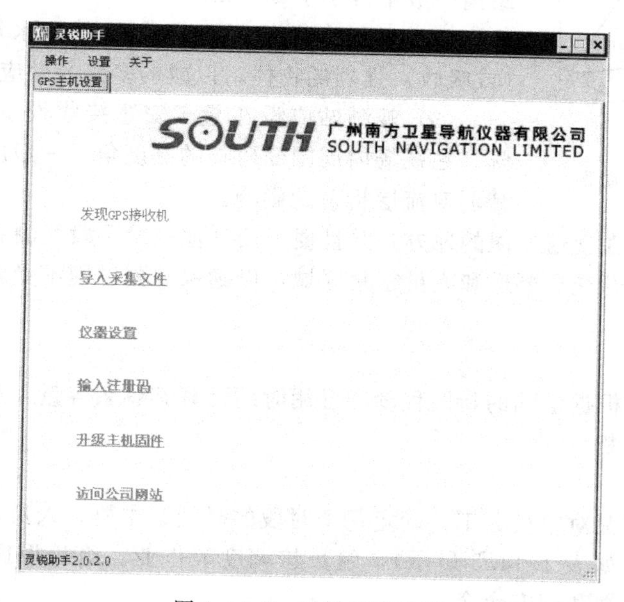

图 1.14.7　灵锐助手界面

第四步：单击【仪器设置】选项，如图 1.14.8 所示，在静态设置组输入截止角 15° 和采样间隔 15s，在系统组单选“静态模式”，单击【保存】按钮后，退出软件关闭接收机。

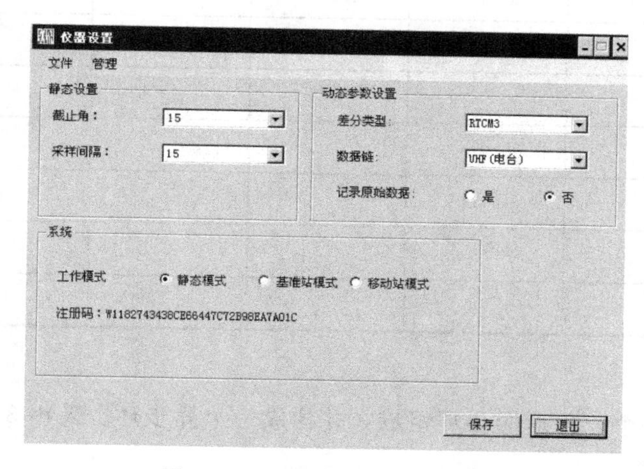

图 1.14.8　静态观测参数设置

3. 控制网图形设计及选点

实验网图形如图 1.14.9 所示，$N_1 \sim N_3$为已知控制点，$P_1 \sim P_3$为待测未知点，各组自行选定，因场地所限点间距均值500 m左右（E级要求为1 000 m），标志根据地面情况选择道钉或木桩，顶面刻十字或小钉标识，在点位附近明显处以油漆注明点号。

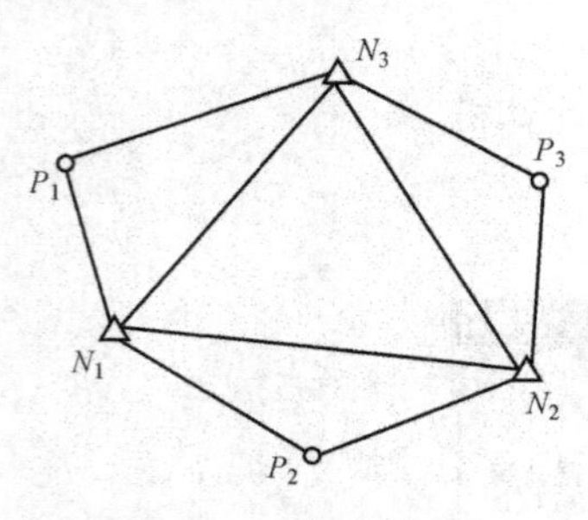

图 1.14.9 控制网图形

选点时应注意以下事项：

(1) 观测站应远离大功率的无线电发射台和高压输电线，以避免其周围磁场对 GPS 卫星信号的干扰。接收机天线与其距离一般不得小于 200 m。

(2) 观测站附近不应有大面积的水域或对电磁波反射（或吸收）强烈的物体，以减弱多路径效应的影响。

(3) 观测站应设在易于安置接收设备的地方，且视野开阔。在视场内周围障碍物的高度角，一般应大于10°～15°，以减弱对流层折射的影响。

(4) 观测站应选在交通方便的地方，并且便于用其他测量手段联测和扩展。

(5) 测站点应避开交通要道和人员密集区域，以确保观测过程不受影响和设备安全。

4. 测前准备

1) 充电

外业观测前，应根据电池的新旧程度和已用时间估算其剩余容量，观测前更换电池或及时充电，以免观测中断。

2) 人员分工

组长根据任务情况对组员分工，确定每个时段的时间、主机、人员，行进路线等，编制出测量计划调度表（如表 1.14.3 所示)，组员按调度表作业。组长根据实际作业的进展情况，及时调整观测计划和调度命令。

表 1.14.3 测量计划调度表

时段编号	日期	测站点名	测站点名	测站点名	测站点名	测站点名
	时间	主机号	主机号	主机号	主机号	主机号
1						
2						
3						

5. 外业观测

实验控制网由 3 个三角形同步环组成，并构成一个异步环。采用 3 台接收机观测，需 3 个时段完成。

第一时段观测：在第一个三角形同步环顶点如 P_1、N_1、N_3点分别架设接收机，经对中、整平后，以 60°间隔分 3 个方向量取天线斜高，3 次测量值互差不大于 3mm，记录于手簿中，取其中数作为该站天线高，观测手簿见表 1.14.4。得到调度开始观测指令后，打开接收机电源，自动开始观测。观测时间不少于 40 分钟，得到调度结束观测指令后，关闭接收机电源，数据自动保存，并再次检核天线高。

第二时段观测：根据调度表安排，P_1、N_1站接收机装箱迁至 P_3、N_2点，重新设站。N_3站接收机则可保持不动，接收机关闭与否均可，但关闭接收机可节省电能。第二时段的其他工作与第一时段相同。

第三时段观测：根据调度表安排，P_3、N_3站接收机装箱迁至 P_2、N_1点，重新设站。N_2站接收机保持不动。同一、二时段流程完成第三个时段观测。

表 1.14.4　静态测量观测手簿

观测者姓名________　　日　期________年________月________日 测　站　名________　　时段号________　　天气状况________
记录时间（北京时间） 开录时间__________　　结束时间________
接收机号：________　　天线号：________　　量高方式：________ 天线高：(m) 1. ________　2. ________　3. ________　　平 均 值：________ 测后校核值：________
观测状况记录 1. 电池情况________________ 2. 接收卫星数________________ 3. 故障情况________________ 4. 障碍物情况________________
点位略图：
备注：

6. **数据导出**

第一步：观测完成后，内业连接接收机和计算机，启动灵锐助手 2.0，单击【记录文件导入】选项进入数据下载界面，如图 1.14.10 所示。接收机自动记录的数据文件名格式为“****×××#.STH”，其中“****”为接收机标识 ID（接收机号后四位），“×××”为观测日期的年积日，即本年的第几天，“#”为当日的观测时段号 0～F。

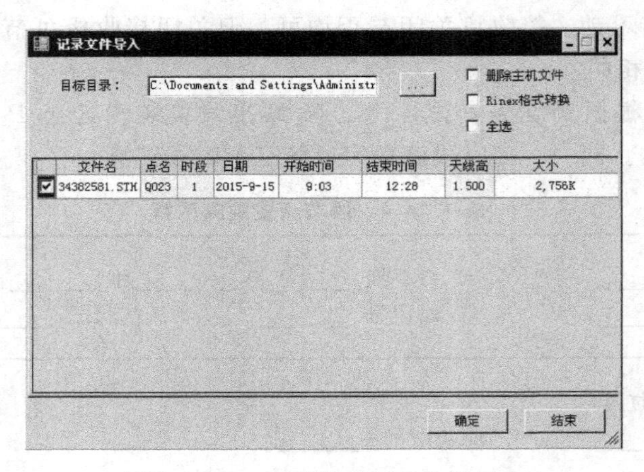

图 1.14.10　灵锐助手记录文件导入

第二步：勾选需下载文件，对照外业观测手簿修改点名和天线高，单击【确定】按钮，文件自动下载到指定目录中。

第三步：为方便数据的管理，建议按“工程名－日期－接收机号”创建目录结构，下载数据及时存放到相应目录，数据应备份。

1.14.4　注意事项

（1）3 台接收机应协调统一观测起止时间，尽可能同步。

（2）观测过程中避免在天线附近走动或站立，以免遮挡卫星信号。

（3）在作业过程中不应在天线附近使用无线电通信，当必须使用时，无线电通信工具应距天线 10 m 以上。雷雨过境时应关机停测，并卸下天线以防雷击。

（4）一个时段观测过程中严禁关闭接收机重新启动。当出现电池耗尽等意外情况，要及时通知其他站点，由调度统一调整观测时间。

（5）使用外接电源切勿接错正负极，各种电缆要轻插轻拔，以免损坏机器。

1.14.5　成　果

（1）每人提交 GPS 静态测量模式的设置方法、野外实施过程和体会一份。

（2）每组提交一份静态测量网图、手簿和数据文件。

1.14.6　建议或体会

1.15　GPS 静态测量数据处理

1.15.1　教学目的及要求

（1）了解 GNSS Pro4.4 GPS 后处理软件的基本功能和使用方法。

（2）掌握 GPS 静态控制测量数据处理流程。

（3）加深对基线解算、网平差、坐标转换、质量控制等 GPS 数据处理方法的理解。

（4）每名学生独立完成，计划 2 学时。

1.15.2　教学准备

1. 仪器及器材

（1）每组计算机 1 台。

（2）GPS 后处理软件 GNSS Pro4.4。

（3）示例数据或实验测量数据。

2. 场地

数字地形测量综合实验室。

1.15.3　教学过程

1. 熟悉数据处理软件

1）软件安装

双击软件压缩包，开始自解压并自动安装，安装中使用默认值单击【下一步】按钮直至完成安装。单击桌面图标启动程序，如图 1.15.1 所示。

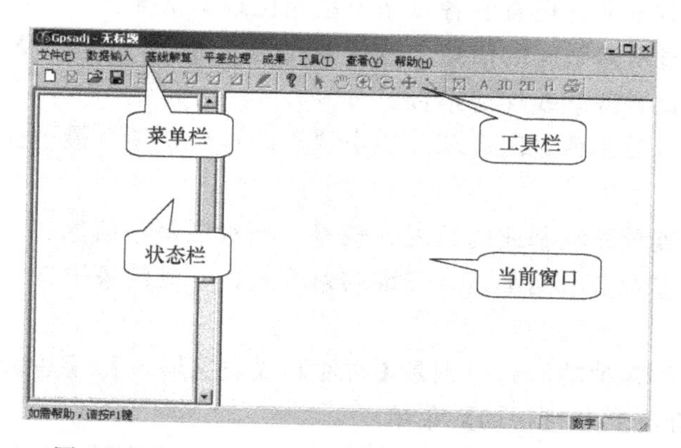

图 1.15.1　GNSS Pro4.4 GPS 后处理软件界面-1

2）软件功能介绍

GNSS Pro4.4 的主要功能有以下几个：

（1）能对南方公司各种型号 GPS 接收机所采集静态测量和后差分的数据进行完全解算，如 NGS200、NGS100、9800、9600 、S82T 等型号。

（2）软件工具中自带坐标转换及四参数计算。

（3）软件的星历预报功能，有助于选择最佳星历情况进行野外作业。

（4）软件基线处理结果更为严密，平差模型更加可靠。

（5）能根据需要方便地输出各种格式的平差成果。

（6）既可全自动处理所有基线，也可进行手动单条处理。

软件界面由菜单栏，工具栏、状态栏以及当前窗口组成（图 1.15.1）。单击相应的状态栏，当前窗口将显示程序的相应状态。在新建项目后，软件主窗口如图 1.15.2 所示。

图 1.15.2 GNSS Pro4.4 GPS 后处理软件界面-2

界面左边的快捷状态栏是根据软件的操作步骤按顺序排列的。

（1）网图显示：用以显示网图和误差椭圆。

（2）测站数据：显示测站 ID、点名、单点定位的经纬度大地高、已知坐标和高程等。在此可输入已知地方坐标和修改点名。

（3）观测数据文件：显示每个原始数据文件的详细信息，包括所在路径，每个观测站数据的文件名、点名、天线高、采集日期、开始和结束时间等。在该状态下，可删除数据文件和天线高。展开观测数据文件可查看各测站卫星相位跟踪情况。

（4）基线简表：显示基线解的信息，包括基线名、比值、方差、X 增量、Y 增量、Z 增量。展开基线简表可查看各基线详解报告。

（5）闭合环：查看最小独立闭合环、最小独立同步闭合环、最小独立异步闭合环构成及闭合差等信息。

（6）重复基线：查看重复基线的长度、较差、相对误差等信息。

（7）成果输出：查看自由网平差、三维约束平差、二维约束平差、高程拟合等成果以及相应的精度分析。

菜单栏执行程序的各种功能，分别是【文件】、【数据输入】、【基线解算】、【平差处理】、【成果】、【工具】、【查看】和【帮助】菜单。

工具栏每个按钮执行菜单中的某一功能，常用菜单功能放置在工具栏中，将光标移至按钮上稍做停留，将显示其代表功能。

2. 数据处理

1）创建项目

在单击工具栏图标弹出新建项目对话框，如图 1.15.3 所示。通过输入或选择填写各项目，单击【确定】按钮完成新项目创建。

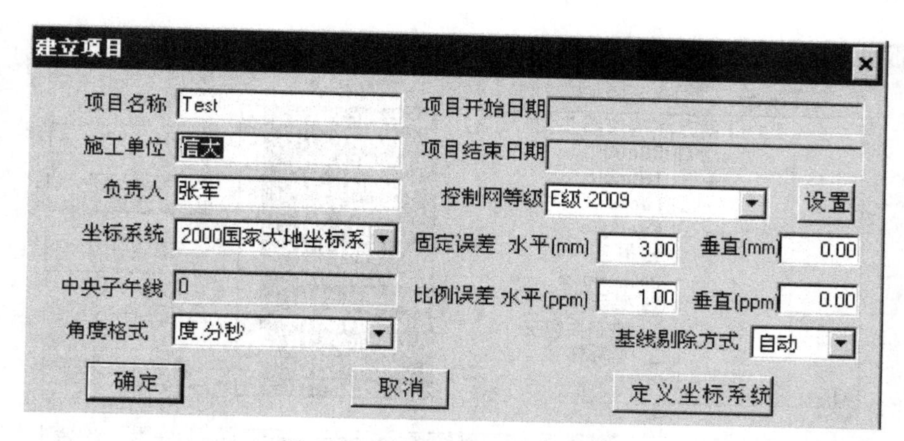

图 1.15.3　【新建项目】对话框

在选择坐标系时若是自定义坐标系单击【定义坐标系统】按钮，弹出如图 1.15.4 所示对话框，根据系统参数中的配置完成自定义坐标系。

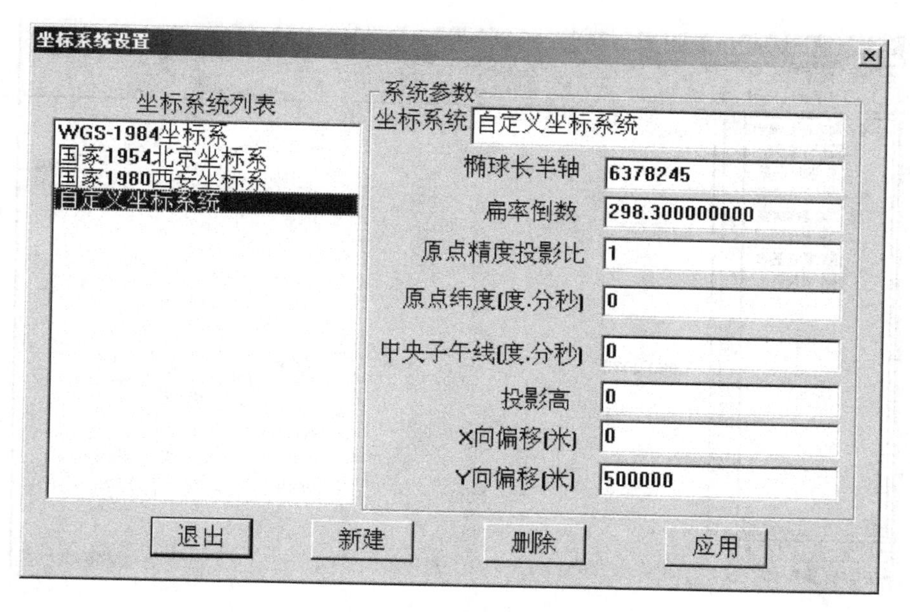

图 1.15.4　创建坐标系统

2）增加观测数据

将野外采集数据调入软件，单击【数据输入】→【增加观测数据文件】选项。选择文件路径，在文件列表一个个单选，或全选文件，单击【确定】按钮，如图 1.15.5 所示。

然后稍等片刻，调入完毕后，系统显示如图 1.15.6 所示。

3）基线解算

选择解算全部基线，有自动计算进度条显示如图 1.15.7 所示。

基线解算完全结束后，网图中基线颜色已由原来的绿色变成红色或灰色。基线双差固定解方差比大于 2.5 的基线变红（软件默认值 2.5），小于等于 2.5 的基线颜色变灰色。灰色时基线方差比过低，可以进行重解。用鼠标直接在网图上双击该基线，弹出基线解算对话

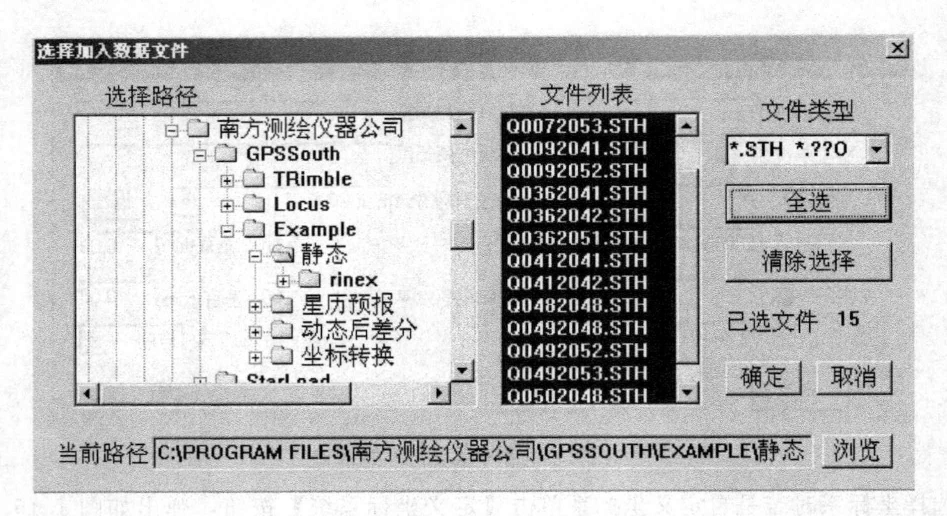

图 1.15.5 增加观测数据

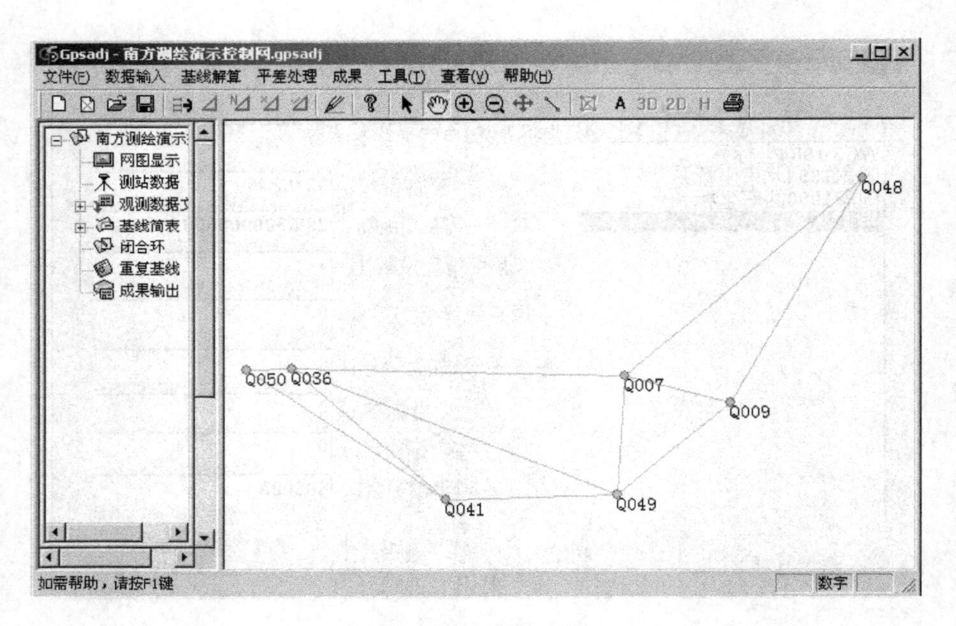

图 1.15.6 观测网图

图 1.15.7 基线解算进度条

框，如图 1.15.8 所示，在对话框的显示项目中可以对基线解算条件进行必要的设置，而后单击【解算】按钮重解该基线。

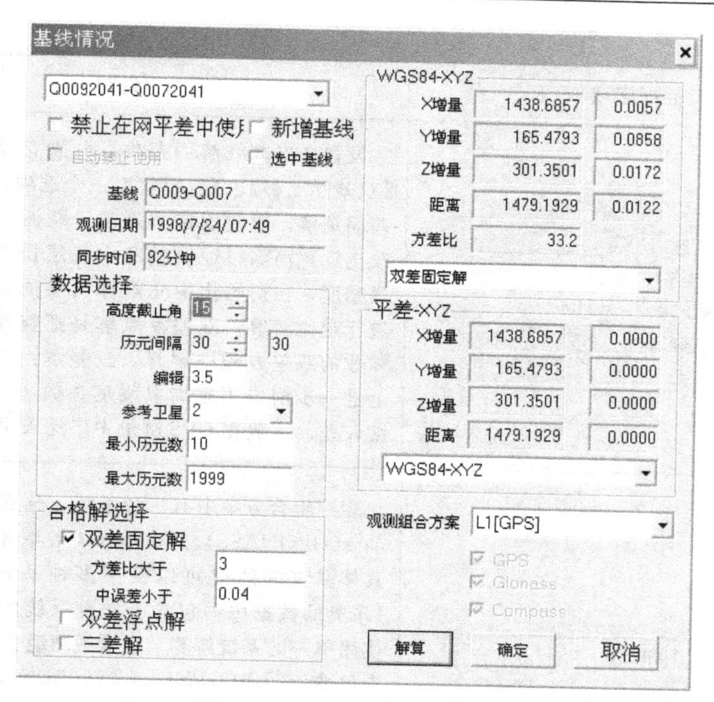

图 1.15.8 基线解算条件设置

【基线情况】对话框各项设置的意义和使用说明如表 1.15.1 所示。

表 1.15.1 【基线情况】对话框设置说明

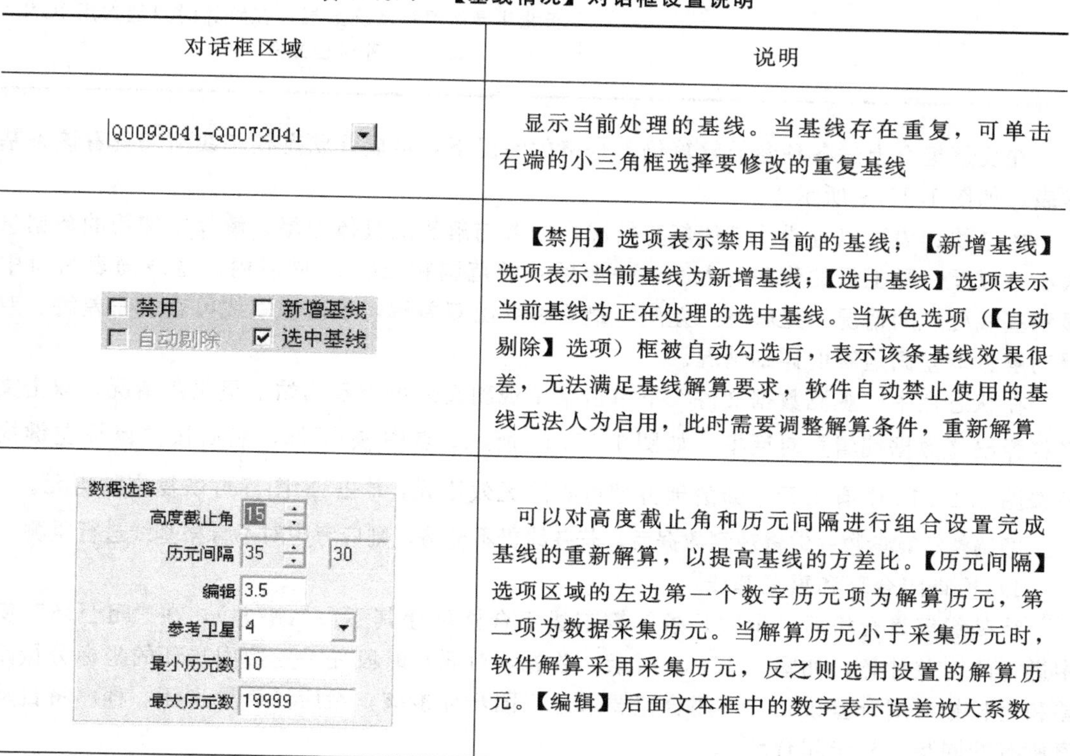

对话框区域	说明
Q0092041-Q0072041	显示当前处理的基线。当基线存在重复，可单击右端的小三角框选择要修改的重复基线
禁用 新增基线 自动剔除 选中基线	【禁用】选项表示禁用当前的基线；【新增基线】选项表示当前基线为新增基线；【选中基线】选项表示当前基线为正在处理的选中基线。当灰色选项（【自动剔除】选项）框被自动勾选后，表示该条基线效果很差，无法满足基线解算要求，软件自动禁止使用的基线无法人为启用，此时需要调整解算条件，重新解算
数据选择 高度截止角 15 历元间隔 35 30 编辑 3.5 参考卫星 4 最小历元数 10 最大历元数 19999	可以对高度截止角和历元间隔进行组合设置完成基线的重新解算，以提高基线的方差比。【历元间隔】选项区域的左边第一个数字历元项为解算历元，第二项为数据采集历元。当解算历元小于采集历元时，软件解算采用采集历元，反之则选用设置的解算历元。【编辑】后面文本框中的数字表示误差放大系数

续表

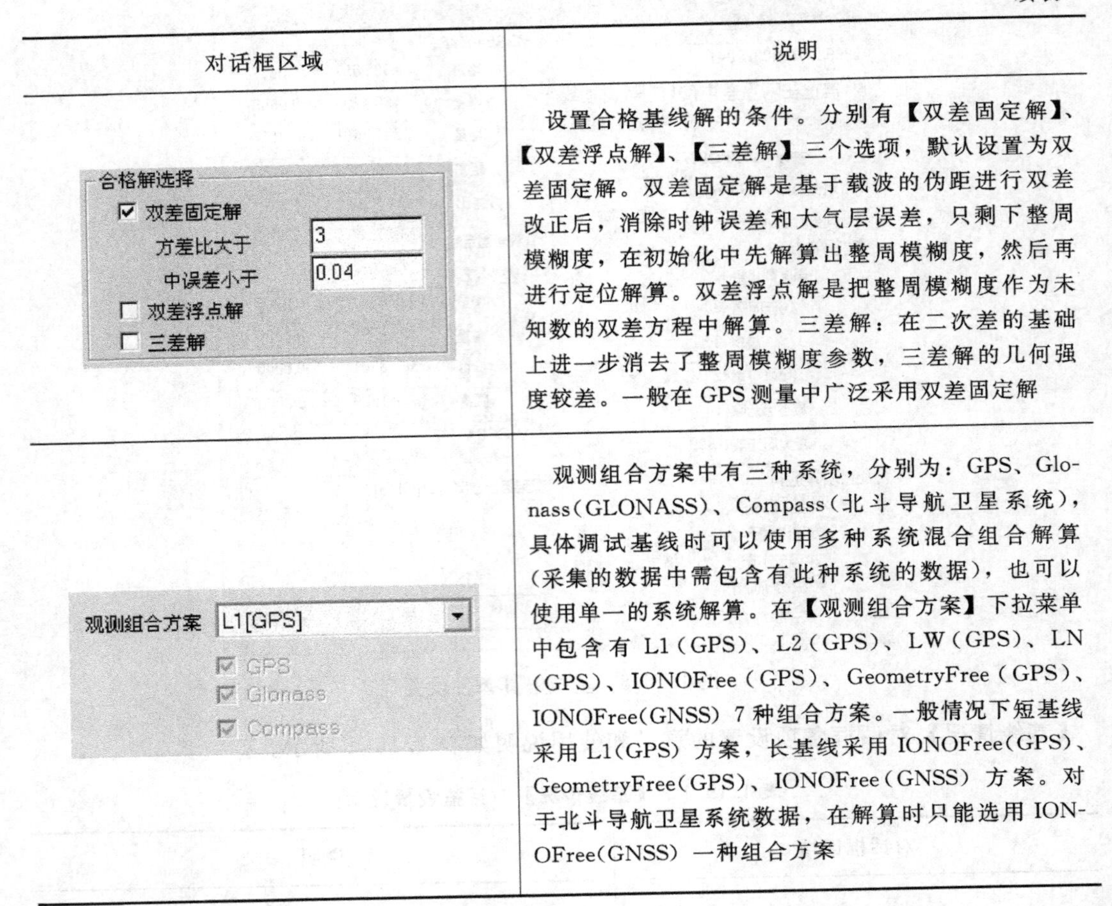

对话框区域	说明
合格解选择 ☑ 双差固定解 方差比大于 3 中误差小于 0.04 ☐ 双差浮点解 ☐ 三差解	设置合格基线解的条件。分别有【双差固定解】、【双差浮点解】、【三差解】三个选项，默认设置为双差固定解。双差固定解是基于载波的伪距进行双差改正后，消除时钟误差和大气层误差，只剩下整周模糊度，在初始化中先解算出整周模糊度，然后再进行定位解算。双差浮点解是把整周模糊度作为未知数的双差方程中解算。三差解：在二次差的基础上进一步消去了整周模糊度参数，三差解的几何强度较差。一般在 GPS 测量中广泛采用双差固定解
观测组合方案 L1[GPS] ☑ GPS ☑ Glonass ☑ Compass	观测组合方案中有三种系统，分别为：GPS、Glonass（GLONASS）、Compass（北斗导航卫星系统），具体调试基线时可以使用多种系统混合组合解算（采集的数据中需包含有此种系统的数据），也可以使用单一的系统解算。在【观测组合方案】下拉菜单中包含有 L1（GPS）、L2（GPS）、LW（GPS）、LN（GPS）、IONOFree（GPS）、GeometryFree（GPS）、IONOFree(GNSS) 7 种组合方案。一般情况下短基线采用 L1(GPS) 方案，长基线采用 IONOFree(GPS)、GeometryFree(GPS)、IONOFree（GNSS） 方案。对于北斗导航卫星系统数据，在解算时只能选用 IONOFree(GNSS) 一种组合方案

在反复组合上述各种参数解算仍不合格的情况下，可展开状态栏基线简表查看该条基线详表，如图 1.15.9 所示。

由基线详表可以查看此基线解算情况，如参与解算的具体卫星、解算中使用的数据量的大小，以及每颗卫星的残差的大小，一般差残的范围在±0.25 周以内。基线简表窗口中会显示基线处理的情况，先解算三差解，最后解算出双差解，单击该基线可查看三差解、双差浮动解、双差固定解的详细情况。

在状态栏中“观测数据文件”下单击某个观测文件可查看测站卫星跟踪情况，双击文件名将弹出【数据编辑】对话框，如图 1.15.10 所示。点中图标，然后按住鼠标左键拖拉框选图 1.15.10 中有历元中断的地方即可剔除无效历元，单击图标可恢复剔除历元。

经调整解算参数并编辑观测数据后，若基线仍不合格，则应考虑对不合格基线进行重测。

4）检查闭合环和重复基线

待基线解算合格后（少数几条解算基线不合格可让其不参与平差），在“闭合环”窗口中进行闭合差计算，如图 1.15.11 所示。首先，对同步时段任一三边同步环的坐标分量闭合差和全长相对闭合差按独立环闭合差要求进行同步环检核，然后计算异步环。程序将自动搜索所有的同步、异步闭合环。

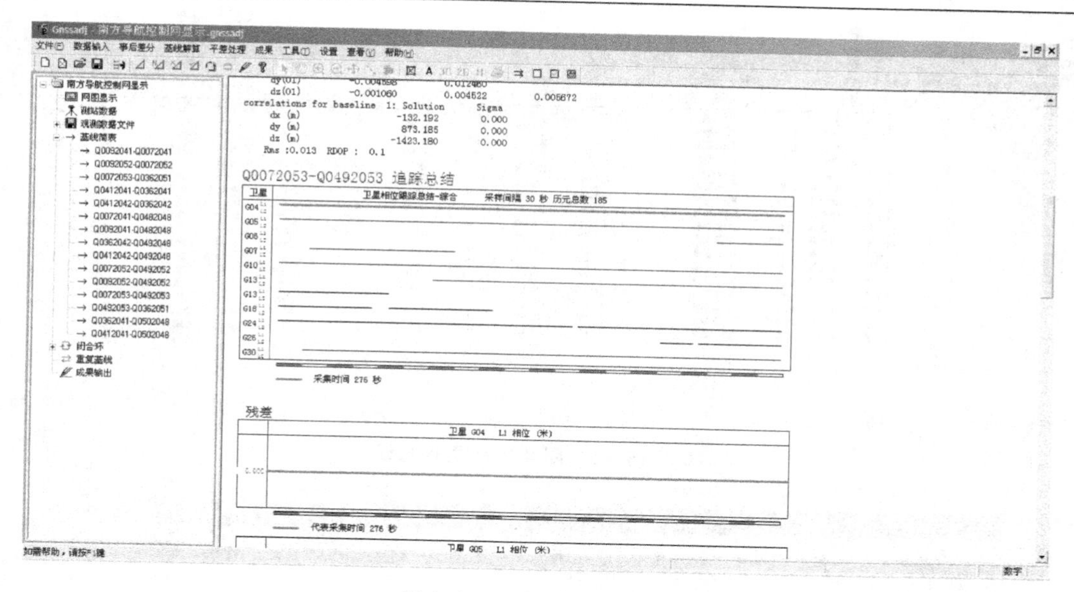

图 1.15.9　基线解算情况

数据编辑

卫星	卫星相位跟踪总结 〈Q0072041〉 历元总数 372 采样间隔 15.00 秒
G02	
G04	
G07	
G14	
G15	
G16	
G24	
G27	

07/24　07:49:00 07:58:16 08:07:32 08:16:48 08:26:04 08:35:20 08:44:36 08:53:52 09:03:08 09:12:24 09:21

解除禁止　　退出

图 1.15.10　【数据编辑】对话框

若闭合差超限，可根据基线解算以及闭合差计算的具体情况，对一些基线进行重新解算，具有多次观测基线的情况下可以不使用或者删除该基线。当出现孤点（即该点仅有一条合格基线相连）的情况下，必须野外重测该基线或者闭合环。

5）输入已知点数据

单击【数据输入】→【坐标数据录入】选项，弹出【录入已知坐标】对话框，如图 1.15.12所示，在【请选择】选项中选中已知点，单击【状态】按钮，选择已知点数据类型，在对应的【北向 X】、【东向 Y】、【高程】选项下单元格中输入已知数据。按上述方法将网中所有已知点数据录入。

6）网平差

单击菜单【平差处理】→【平差参数设置】选项，弹出【平差参数设置】对话框，如

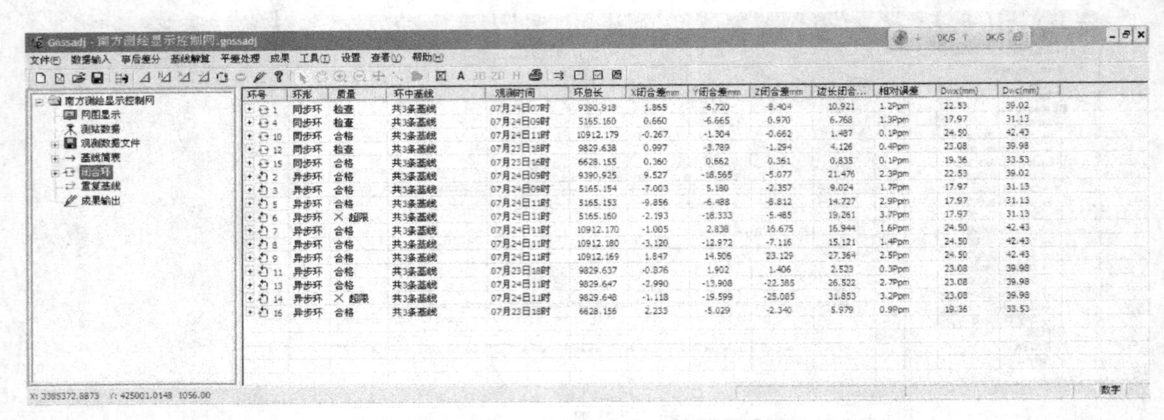

图 1.15.11 闭合环和重复基线

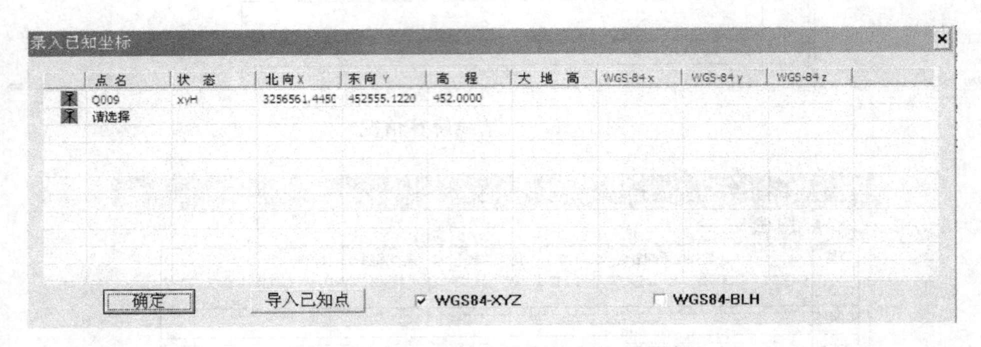

图 1.15.12 【录入已知坐标】对话框

图 1.15.13所示，在其中选择是否进行三维自由网检验，二维平差时的已知点与坐标系匹配检查（若已知点坐标和概略坐标差距过大，软件将提示，并停止平差；反之，软件对已知点不作任何限制），以及高程拟合方案。

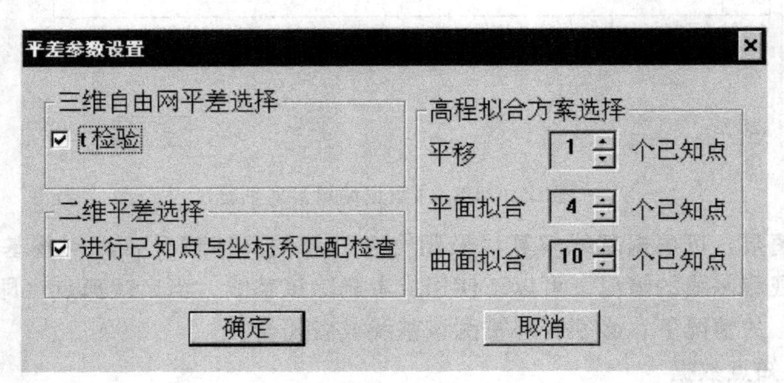

图 1.15.13 【平差参数设置】对话框

网平差按以下步骤依次处理。

第一步：自动处理。基线处理完后点此菜单，软件将会自动选择合格基线组网，进行环闭合差计算。

第二步：三维平差。进行 WGS-84 坐标系下的自由网平差。

第三步：二维平差。把已知点坐标带入网中进行整网约束二维平差。但要注意的是，当已知点的点位误差太大时，软件会提示。在此时单击【二维平差】菜单是不能进行计算的，用户需要对已知数据进行检核。

第四步：高程拟合。根据【平差参数设置】对话框中的高程拟合方案对观测点进行高程计算。

第五步：网平差计算。可以一次实现上述第一步至第四步。

7）平差成果输出

单击菜单【成果】→【平差报告打印输出设置】选项，可根据需要自行设定所需设置，如图 1.15.14 所示。

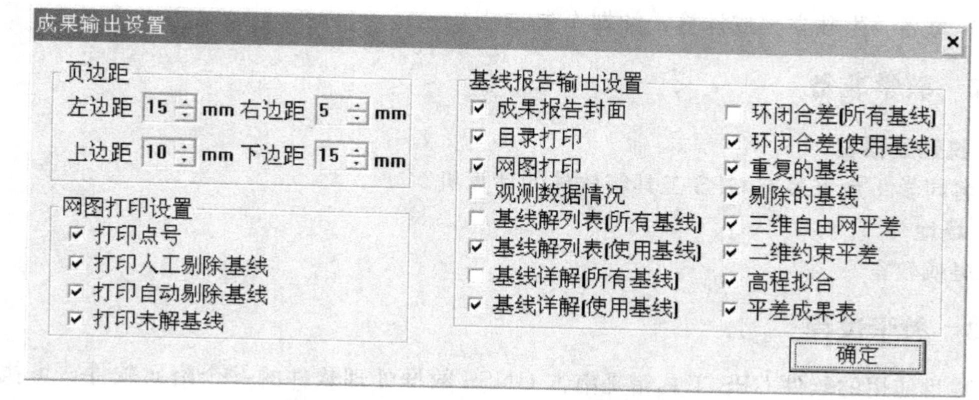

图 1.15.14　【成果输出设置】对话框

在【成果】菜单中单击相应的输出功能，即可实现成果的输出，如图 1.15.15 所示。

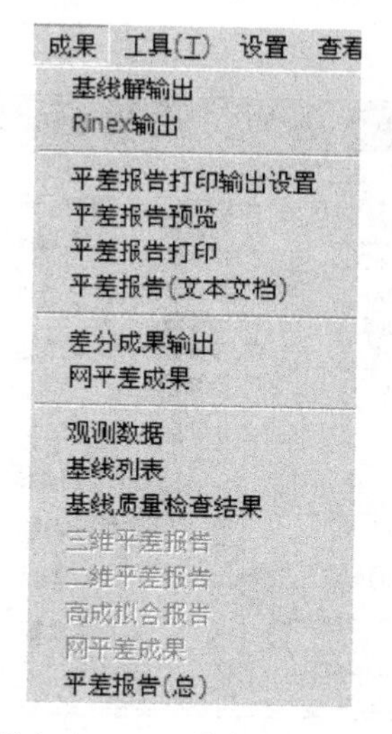

图 1.15.15　【成果】菜单

1.15.4　成　果

每人提交一份数据处理结果电子报表。

1.15.5　建议或体会

1.16 高斯投影正反算及邻带坐标换算

1.16.1 教学目的及要求

（1）理解高斯投影正反算的基本原理。

（2）理解邻带坐标换算的基本原理。

（3）学会用工具软件进行高斯投影正反算和邻带坐标换算。

（4）每名学生独立完成计算，计划 1 学时。

1.16.2 教学准备

1. 仪器及器材

每名同学 1 台安装有 GPS 工具箱软件的计算机。

2. 场地

机房或教室。

1.16.3 教学过程

本科目使用的软件 GPS 工具箱是南方 GNSS 数据处理软件的一个附属软件，可执行程序为 GpsTool. exe。该软件具有单点坐标转换、文件坐标转换、转换参数计算、线路设计等功能。软件界面如图 1.16.1 所示，分为标题栏、下拉菜单、操作面板、信息栏、状态栏等五部分。

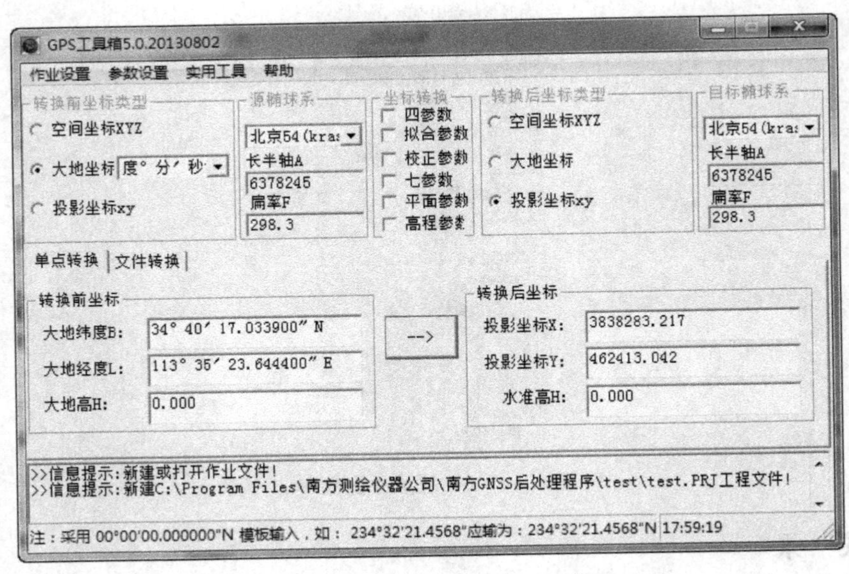

图 1.16.1 GPS 工具箱软件界面及高斯正算

1. 高斯正算

高斯正算就是利用高斯正算公式，将点的大地坐标转换为高斯平面坐标。设某点在

1954 北京坐标系中的大地坐标是 $B=34°40'17.0339''$N、$L=113°35'23.6444''$E，求该点的3°带高斯平面坐标。计算步骤如下：

第一步：建立作业文件。

单击菜单【作业设置】→【新建作业】选项，在弹出的对话框中输入一个作业文件名称后单击【保存】按钮，软件会生成一个扩展名为“.PRJ”的作业文件，并将文件名称显示在信息栏中，如图 1.16.1 中的“test.PRJ”，该文件用来保存各种参数。

第二步：设置参考椭球和坐标类型。

参考椭球和坐标在操作面板的上半部分进行设置，由于高斯正算不涉及椭球变换，且本例中使用 1954 北京坐标系，因此将源椭球系和目标椭球系均设置为“北京 54 (krass)”，转换前坐标类型设置为“大地坐标”，并为大地坐标选择合适的角度单位，转换后坐标类型设置为“投影坐标 xy”，不要选择【坐标转换】复选框中的任何选项。图 1.16.1 显示了设置之后的结果。

第三步：设置投影参数。

根据高斯投影 3°带的规定，要转换的点属于第 38 带，中央子午线为 114°。单击菜单【参数设置】→【投影设置】选项，弹出图 1.16.2 所示的对话框，按照图示进行设置，单击【设置】按钮关闭对话框。

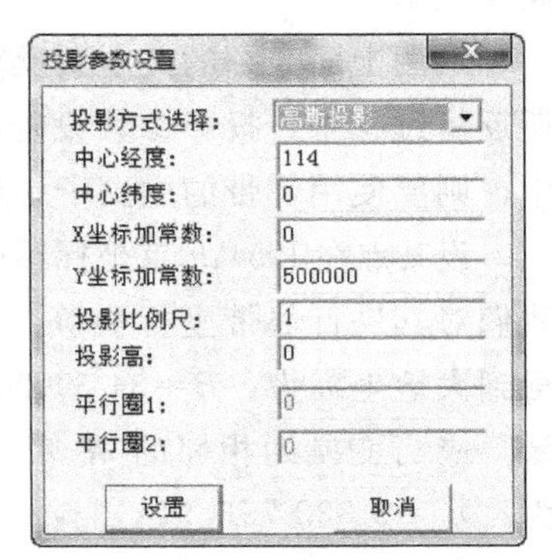

图 1.16.2　【投影参数设置】对话框

第四步：进行坐标转换。

如图 1.16.1 所示，输入转换前的大地坐标，单击 --> 按钮，得到转换后的高斯平面坐标。注意 y 坐标是在自然坐标的基础上加了 500 000 m，并没有附加带号，因此转换后的通用坐标为：$x=3\,838\,283.217$，$y=38\,462\,413.042$。

2. 高斯反算

高斯反算是高斯正算的逆运算，就是利用高斯反算公式，将点的高斯平面坐标转换为大地坐标。高斯反算的计算步骤与高斯正算类似，也需要先设置参考椭球、坐标类型及投影参数，再输入转换前的高斯平面坐标并将其转换为大地坐标。在图 1.16.3 中，将上例中高斯正算得到的平面坐标又转换成了大地坐标。

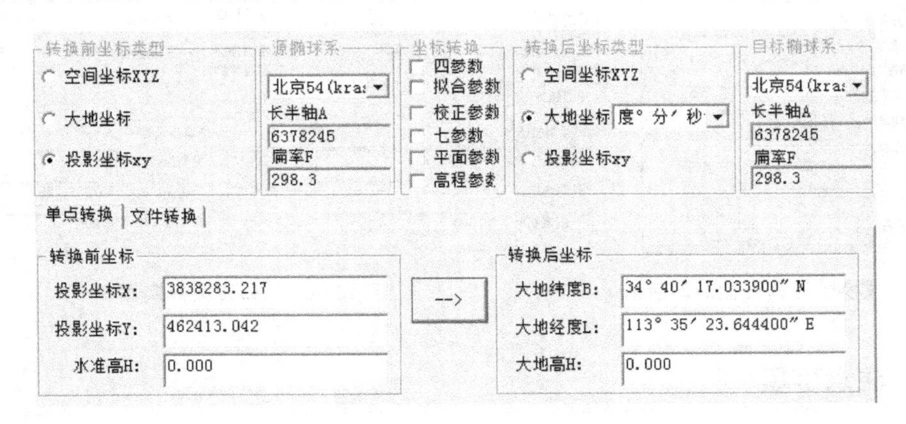

图 1.16.3　高斯反算

3. 邻带坐标换算

在高斯投影中，为了限制长度变形而采用了分带投影的办法，并在各投影带分别建立了相互独立的坐标系。在测量工作中，当需要利用不同投影带的控制点时，就必须将不同投影带的点的坐标换算到同一个坐标系中，这就产生了邻带坐标换算的问题。

实现邻带坐标换算需要经过两个步骤：第一步，在本带中，利用高斯反算公式，将控制点在本带的平面坐标转换为大地坐标；第二步，在邻带中，利用高斯正算公式，将控制点的大地坐标转换为邻带的平面坐标。可见，邻带坐标换算的实质就是改变中央子午线重新进行高斯投影。

利用上面介绍的高斯正反算方法就可以实现邻带坐标换算。需要注意的是，在第一步高斯反算过程中，投影参数设置中要使用本带的中央子午线经度，而在第二步高斯正算过程中，则要使用邻带的中央子午线经度。

设某点在1954北京坐标系中的3°带平面坐标是：$x_1=3\ 822\ 611.257$，$y_1=37\ 632\ 823.997$，我们对其进行邻带坐标换算。该点属于第37带，中央子午线经度为111°，进行高斯反算得到大地坐标为：$B=34°31'20.099\ 7''$N，$L=112°26'47.613\ 7''$E；可见该点在37带的东边缘，应当变换到相邻的38带，中央子午线经度为114°，经高斯正算后得到第38带的坐标为：$x_2=3\ 822\ 756.911$，$y_2=38\ 357\ 361.259$。

实际上，GPS工具箱提供了简便方法，可以直接实现两个相邻投影带的坐标换算。对于上面的算例，操作步骤为：在图1.16.2所示的【投影参数设置】对话框中，将中心经度设置为37带中央子午线经度111°；单击菜单【参数设置】→【换带设置】选项，弹出图1.16.4所示的对话框，将基准经度设置为38带中央子午线经度114°，勾选【使用换带计算】选框，单击【设置】按钮后关闭对话框；在图1.16.5所示的操作面板中，选择转换前后的坐标类型均为“投影坐标xy”，输入转换前的37带平面坐标，单击 --> 按钮，就可以得到转换后的38带平面坐标，与上述分步转换的结果一致。

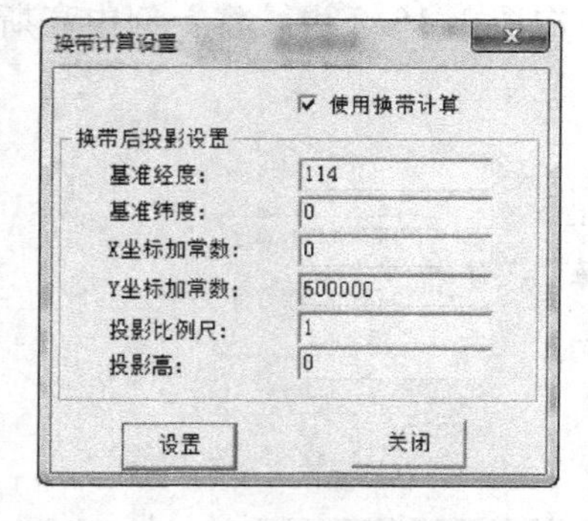

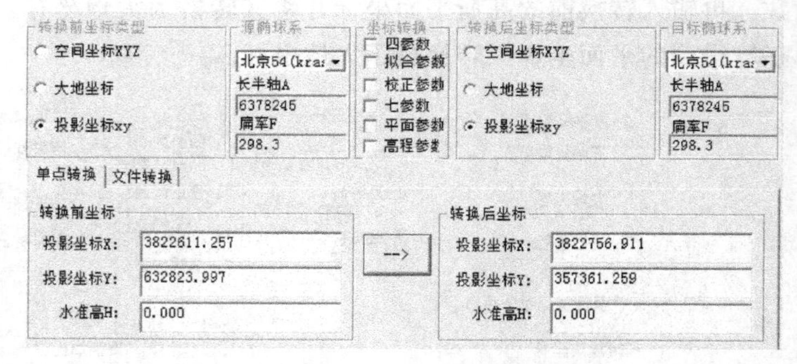

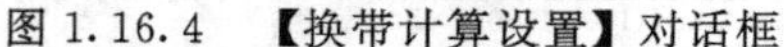

图1.16.4　【换带计算设置】对话框　　　　图1.16.5　邻带坐标换算

1.16.4　注意事项

(1) 利用GPS工具箱不仅可以实现大地坐标和高斯平面坐标的相互转换，也可以实现大地坐标和空间直角大地坐标的相互转换。

（2）上述坐标转换实例均为单点转换，如果需要转换的点较多，可以采用软件提供的文件转换方式，以提高工作效率。

（3）可以选择特定子午线或纬线上的一系列点，将这些点的大地坐标转换为平面坐标，分析总结子午线和纬线高斯投影后的变形规律，深化对高斯投影理论的理解。

1.16.5 成 果

（1）设在1954北京坐标系中，赤道上有 A、B、C、D 四个点，其大地经度分别为111°、112°、113°和114°。

首先计算这四个点的6°带高斯投影通用坐标。

点名	x	y
A		
B		
C		
D		

再计算相邻两点在参考椭球赤道上的弧长及在高斯平面上的直线长度，并按下表计算这些长度之间的差值，根据这些数据分析高斯投影的长度变形规律。

<table>
<tr><td>长度</td><td colspan="3">弧长</td><td colspan="3">AB</td><td colspan="3">BC</td><td colspan="3">CD</td></tr>
<tr><td></td><td colspan="3"></td><td colspan="3"></td><td colspan="3"></td><td colspan="3"></td></tr>
<tr><td>长度之差</td><td colspan="4">AB−弧长</td><td colspan="4">BC−AB</td><td colspan="4">CD−BC</td></tr>
<tr><td></td><td colspan="4"></td><td colspan="4"></td><td colspan="4"></td></tr>
<tr><td>变形规律</td><td colspan="12"></td></tr>
</table>

（2）已知1980西安坐标系中一点的6°带通用坐标是（3 917 787.046，20 230 585.955）。

计算该点的大地经纬度。

计算该点的3°带通用坐标。

计算该点在相邻6°带中的通用坐标。

1.16.6 建议或体会

1.17 不同坐标系统的坐标换算

1.17.1 教学目的及要求

(1) 理解使用布尔莎七参数模型进行空间直角坐标转换的基本原理。

(2) 理解使用四参数模型进行平面坐标转换的基本原理。

(3) 学会使用工具软件求解坐标转换模型的参数。

(4) 学会使用工具软件进行不同坐标系统的坐标转换。

(5) 每名学生独立完成计算，计划 1 学时。

1.17.2 教学准备

1. 仪器及器材

每名学生 1 台安装有 GPS 工具箱软件的计算机。

2. 场地

机房或教室。

1.17.3 教学过程

不同的大地坐标系统采用了不同的参考椭球，椭球参数及椭球的定位、定向不同，同一个地面点在不同坐标系下的坐标也不同。在实际测量工作中，经常需要进行不同坐标系统之间的坐标转换，常用的方法有基于布尔莎七参数模型的空间直角坐标转换和基于四参数模型的平面坐标转换。

1. 基于布尔莎七参数模型的空间直角坐标转换

1) 基本原理

设某地面点在源坐标系和目标坐标系中的空间直角坐标分别为(X_1,Y_1,Z_1)和(X_2,Y_2,Z_2)，则坐标转换的基本模型为

$$\begin{bmatrix} X_2 \\ Y_2 \\ Z_2 \end{bmatrix} = (1+m)R(\varepsilon_Z)R(\varepsilon_Y)R(\varepsilon_X)\begin{bmatrix} X_1 \\ Y_1 \\ Z_1 \end{bmatrix} + \begin{bmatrix} \Delta X_0 \\ \Delta Y_0 \\ \Delta Z_0 \end{bmatrix}$$

式中，ΔX_0、ΔY_0、ΔZ_0为 3 个坐标平移参数，ε_X、ε_Y、ε_Z为 3 个角度旋转参数，m 为尺度变换参数。3 个旋转矩阵 $R(\varepsilon_X)$、$R(\varepsilon_Y)$ 和 $R(\varepsilon_Z)$ 的具体形式为

$$R(\varepsilon_X) = \begin{bmatrix} 1 & 0 & 0 \\ 0 & \cos\varepsilon_X & \sin\varepsilon_X \\ 0 & -\sin\varepsilon_X & \cos\varepsilon_X \end{bmatrix}, R(\varepsilon_Y) = \begin{bmatrix} \cos\varepsilon_Y & 0 & -\sin\varepsilon_Y \\ 0 & 1 & 0 \\ \sin\varepsilon_Y & 0 & \cos\varepsilon_Y \end{bmatrix},$$

$$R(\varepsilon_Z) = \begin{bmatrix} \cos\varepsilon_Z & \sin\varepsilon_Z & 0 \\ -\sin\varepsilon_Z & \cos\varepsilon_Z & 0 \\ 0 & 0 & 1 \end{bmatrix}$$

通常采用间接平差方法解算坐标转换参数，需要对坐标转换基本模型表达式进行线性化。将 3 个旋转矩阵 $R(\varepsilon_X)$、$R(\varepsilon_Y)$ 和 $R(\varepsilon_Z)$ 展开，由于旋转角 ε 和尺度参数 m 很小，可以令 $\sin\varepsilon=\varepsilon$、$\cos\varepsilon=1$，同时忽略 2 阶及以上微小量，则有

$$\begin{bmatrix} X_2 \\ Y_2 \\ Z_2 \end{bmatrix} = (1+m)\begin{bmatrix} X_1 \\ Y_1 \\ Z_1 \end{bmatrix} + \begin{bmatrix} 0 & \varepsilon_Z & -\varepsilon_Y \\ -\varepsilon_Z & 0 & \varepsilon_X \\ \varepsilon_Y & -\varepsilon_X & 0 \end{bmatrix}\begin{bmatrix} X_1 \\ Y_1 \\ Z_1 \end{bmatrix} + \begin{bmatrix} \Delta X_0 \\ \Delta Y_0 \\ \Delta Z_0 \end{bmatrix}$$

上式就是布尔莎七参数坐标转换模型。需要有至少 3 个具备两套坐标的公共点，才可以解算这 7 个转换参数，从而实现两个坐标系间的坐标转换。当有多个公共点时，对每个点都可以列出以下观测方程，按最小二乘法求转换参数，即

$$\begin{bmatrix} X_2 - X_1 \\ Y_2 - Y_1 \\ Z_2 - Z_1 \end{bmatrix} = \begin{bmatrix} 1 & 0 & 0 & 0 & -Z_1 & Y_1 & X_1 \\ 0 & 1 & 0 & Z_1 & 0 & -X_1 & Y_1 \\ 0 & 0 & 1 & -Y_1 & X_1 & 0 & Z_1 \end{bmatrix}\begin{bmatrix} \Delta X_0 \\ \Delta Y_0 \\ \Delta Z_0 \\ \varepsilon_X \\ \varepsilon_Y \\ \varepsilon_Z \\ m \end{bmatrix}$$

2）算例

已知 5 个点在 1984 世界大地坐标系（WGS-84）和 1954 北京坐标系下的大地经纬度和大地高（见表 1.17.1，经纬度采用“D. MMSS”格式），根据布尔莎七参数模型求解 WGS-84 到 1954 北京坐标系的转换参数。

表 1.17.1　点的大地坐标

点名	B_{84}	L_{84}	H_{84}	B_{54}	L_{54}	H_{54}
1	25.493 196 458	111.044 229 892	501.353 9	25.493 182 327	111.043 813 078	395.837 1
2	25.033 791 475	110.040 652 234	532.785 1	25.033 776 417	110.040 239 616	427.296 6
3	24.590 305 905	109.021 725 194	479.554 0	24.590 288 515	109.0213 144 69	374.068 3
4	24.375 726 865	108.094 783 660	536.288 1	24.375 708 188	108.094 375 716	430.815 1
5	23.040 363 195	108.200 487 257	475.961 5	23.040 347 865	108.200 082 867	370.543 6

GPS 工具箱提供了计算七参数的功能，只要输入至少 3 个公共点在源坐标系和目标坐标系的大地经纬度和大地高，软件会将其转换为空间直角坐标，按照上述原理解算转换参数。单击菜单【实用工具】→【七参数计算】选项，在弹出的图 1.17.1 所示的对话框中，先单击【新建】按钮，建立一个扩展名为“.sev”的七参数转换文件，然后分别输入各公共点的坐标，检查无误后单击【保存】按钮将坐标数据存盘，接着单击【计算】按钮，就得到图 1.17.2 所示的计算结果，可以单击【设置】按钮将该结果设为软件当前使用的七参数。解算出转换参数之后，【七参数计算】对话框中坐标列表的最后一列显示各公共点的残差，

根据残差大小可以评估转换参数的精度，本例中 5 个点的残差在 0.020～0.054 m。

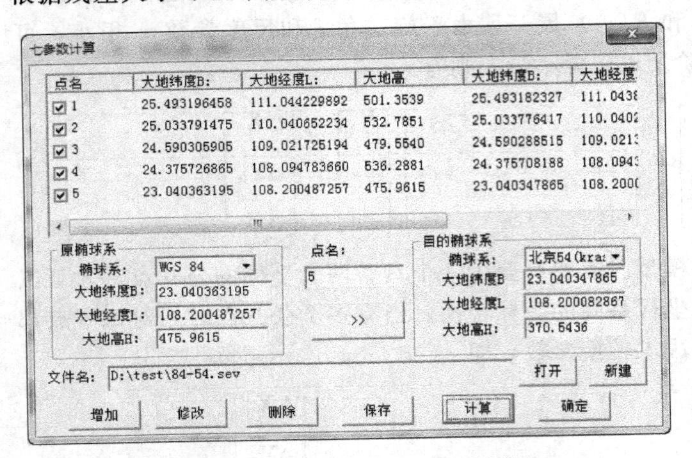

图 1.17.1 【七参数计算】对话框

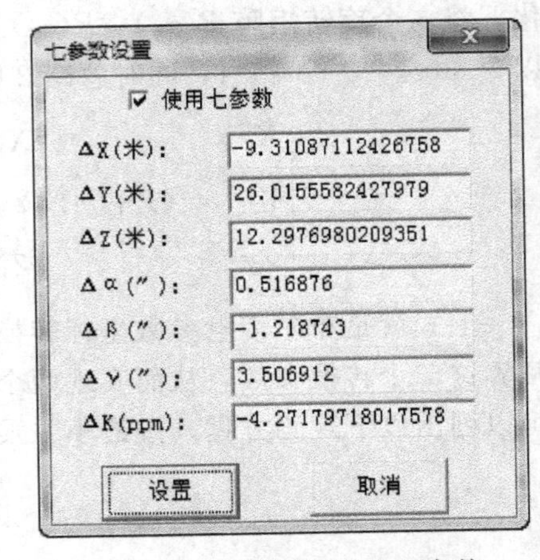

图 1.17.2 计算得到的七参数

正确设置七参数之后，就可以使用该参数对其他点进行坐标转换。为了验证转换效果，对第 3 个公共点的 WGS-84 坐标进行转换，结果如图 1.17.3 所示，可以看出，转换得到的 1954 北京坐标系坐标与已知数据非常接近。

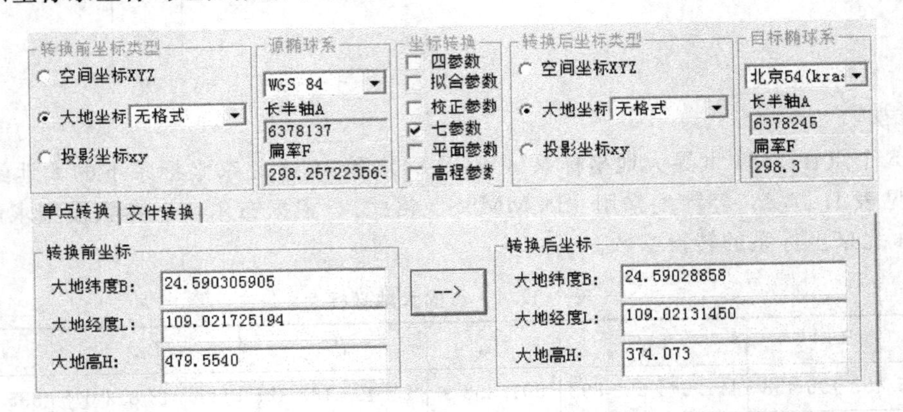

图 1.17.3 七参数坐标转换

2. 平面四参数坐标转换

1）基本原理

平面坐标系之间的相互转换实际上是一种二维转换。一般而言，两个不同的平面坐标系 $O_1\text{-}X_1Y_1$ 和 $O_2\text{-}X_2Y_2$ 之间需要 4 个转换参数，即 2 个平移参数（ΔX_0，ΔY_0）、1 个旋转参数 ε 和 1 个尺度参数 m，具体的转换关系为

$$\begin{bmatrix} X_2 \\ Y_2 \end{bmatrix} = \begin{bmatrix} \Delta X_0 \\ \Delta Y_0 \end{bmatrix} + (1+m)\begin{bmatrix} \cos\varepsilon & -\sin\varepsilon \\ \sin\varepsilon & \cos\varepsilon \end{bmatrix}\begin{bmatrix} X_1 \\ Y_1 \end{bmatrix}$$

由于 1 个公共点可以列出 2 个方程，因此，只要有 2 个公共点就可以解算出这 4 个参数，但通常是利用多个公共点的坐标数据按照最小二乘准则进行平差计算来求解。

2）算例

表 1.17.2 中为两个不同坐标系下某地区的 5 个公共点的高斯平面坐标，根据上述原理

解算转换参数。

表 1.17.2　点的高斯坐标

点名	X_1	Y_1	X_2	Y_2
1	3 823 507.130 7	417 361.872 4	3 823 566.012 2	417 746.145 8
2	3 823 332.726 7	419 655.972 1	3 823 391.422 8	420 040.303 0
3	3 822 015.547 0	418 581.876 0	3 822 074.276 3	418 966.082 0
4	3 821 119.993 1	416 765.196 5	3 821 178.820 1	417 149.282 9
5	3 820 813.972 9	420 060.723 9	3 820 872.551 0	420 444.898 0

利用 GPS 工具箱计算四参数的步骤与计算七参数类似，用表 1.17.2 中的 1、2、4、5 共 4 个点求解四参数，图 1.17.4 和图 1.17.5 分别显示了【四参数计算】对话框和解算结果。注意结果中的“DX”“DY”为平移参数，以米为单位；参数“A”相当于公式中的 ε，采用“D.MMSS”格式；参数“K”相当于公式中的 $1+m$。根据该组参数对第 3 个点进行坐标转换，结果如图 1.17.6 所示，与已知数据的差别很小。

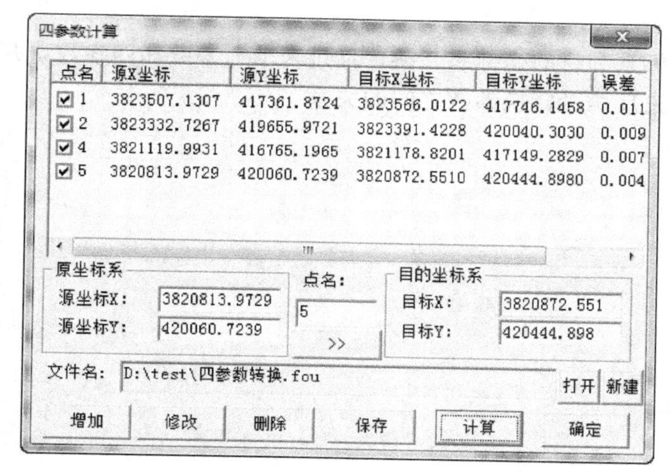

图 1.17.4　四参数计算

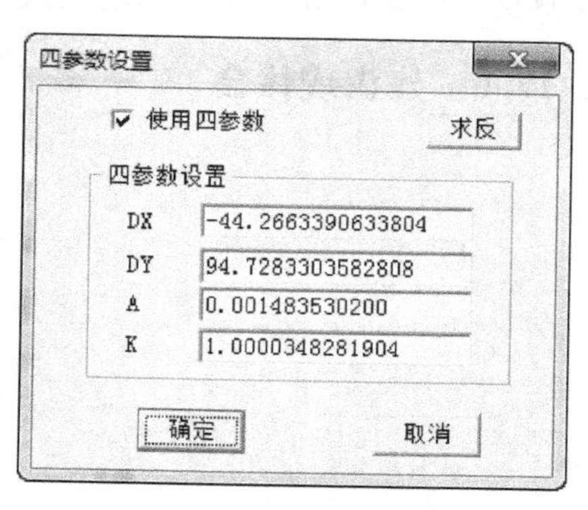

图 1.17.5　计算得到的四参数

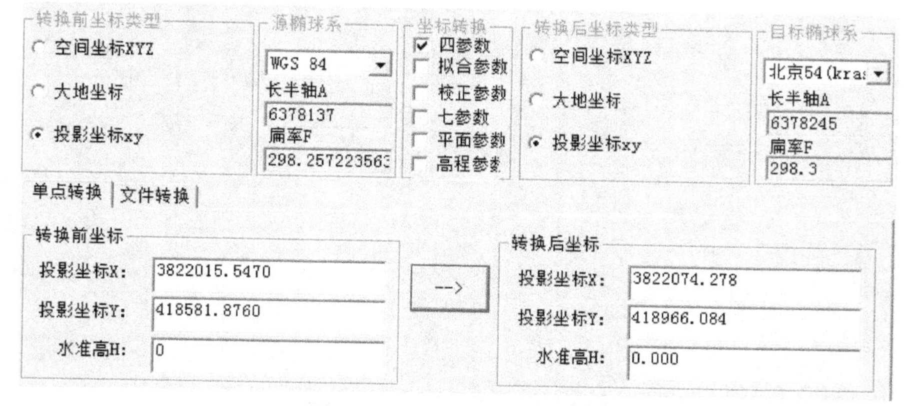

图 1.17.6　四参数坐标转换

1.17.4 注意事项

（1）四参数模型适合较小区域的坐标转换，若测区面积比较大，为了更准确地求出两个坐标系间的转换关系，应当使用布尔莎七参数模型进行转换。坐标转换的精度除了取决于转换的数学模型和公共点的坐标精度之外，还与公共点的多少、几何形状和结构有关。鉴于地面网可能存在一定的系统误差，且在不同区域并非完全一样，所以采用分区转换参数，分区进行坐标转换，可以提高坐标转换精度。

（2）在求解涉及1954北京坐标系或1980西安坐标系的七参数时，布尔莎七参数模型中使用的空间直角坐标（X，Y，Z）可由空间大地坐标（B，L，H）转换得到。事实上，1954北京坐标系或1980西安坐标系的大地高 H 通常无法直接观测得到，可用水准高加上高程异常得到。

（3）求解不同平面坐标系之间的转换参数时，参与求解转换参数的公共点在不同坐标系下的平面坐标宜采用相同的中央子午线和高程投影面，以减少高斯投影变形对转换参数求解的影响。

1.17.5 成 果

对于本科目的两个算例，将源坐标系和目的坐标系互换，反过来求七参数和四参数，并与算例中的解算结果进行对比，分析正反两套转换参数之间的关系。

1.17.6 建议或体会

1.18 手工绘制等高线*

1.18.1 教学目的及要求

(1) 掌握根据地性线绘制等高线的方法。

(2) 通过手工绘制等高线，深刻理解等高线的概念和特点。

(3) 初步掌握处理等高线与其他符号间关系的方法。

(4) 基本等高距为 2.5 m，计划 1 学时。

1.18.2 教学准备

1. 仪器及器材

每名学生单独练习，需准备的仪器器材：

(1) 展绘有已知点的卡片 1 张。

(2) 3H 铅笔 1 支。

(3) 砂纸 1 张。

(4) 橡皮 1 块。

(5) 记录夹 1 个。

(6) 擦图片 1 块。

2. 场地

数字测图综合实验室。

1.18.3 教学过程

第一步：确定绘图卡片上已测地貌特征点与实地的对应关系。

第二步：对照实地（或模型），用实线连接分水线上的地貌特征点，用虚线连接合水线上的地貌特征点。模型及相应地性线如图 1.18.1 所示。

第三步：在地性线上相邻两个特征点之间，根据等比例投影原理内插等高线通过点。

第四步：对照实地，用光滑曲线依次连接同一条等高线的通过点。

第五步：待全部等高线描绘完毕后，擦除地性线等辅助线划，然后在计曲线上合适位置注记等高线的高程。

第六步：在特殊地貌特征点如山顶、谷底等处注记高程点。

手工绘制的等高线如图 1.18.2 所示。

1.18.4 注意事项

(1) 所连地性线是描绘等高线的辅助线，最后还要擦除，因此描绘地性线时的力度要掌握好。

(2) 内插等高线通过点时，一般在相邻两个地貌特征点之间首先内插计曲线，然后在两条计曲线之间等间隔内插首曲线。

(3) 山顶、鞍部附近的等高线表示相对比较复杂，尤其是鞍部的表示要特别仔细。

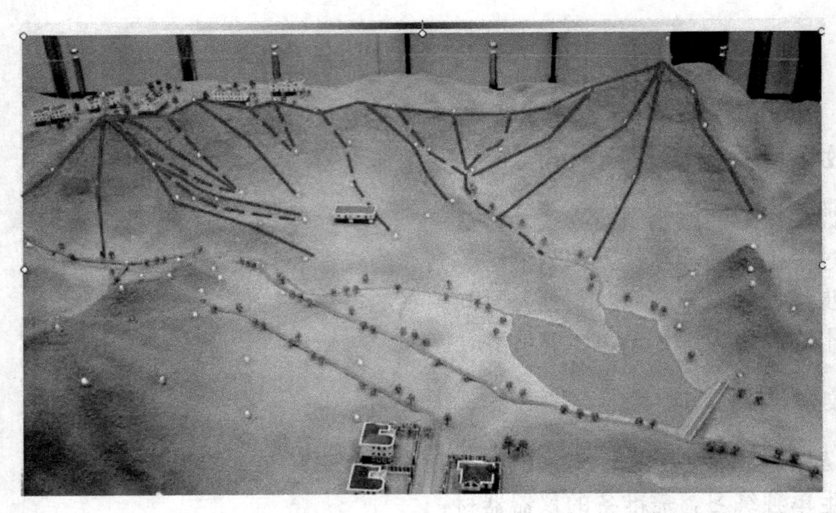

图 1.18.1 地形模型

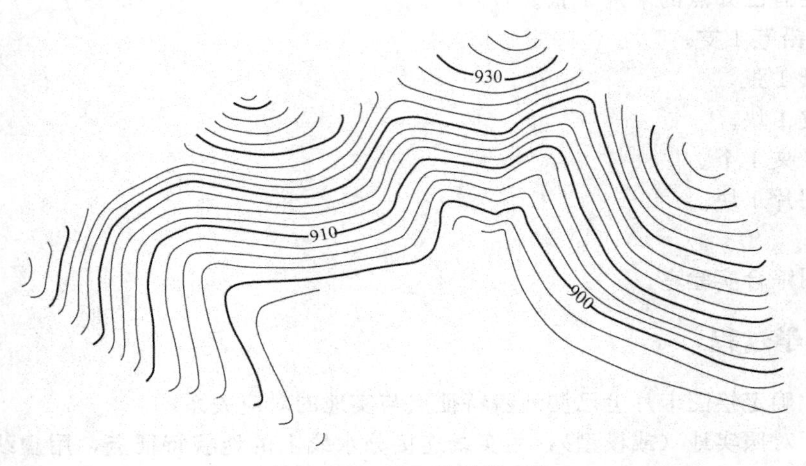

图 1.18.2 手工绘制等高线

(4) 等高线一般都是光滑且相互间协调一致的曲线，描绘时切忌出现棱角，尤其是山脊、山谷处的等高线要对照实地表示到位。

(5) 等高线的高程注记位置一般选在计曲线上，字头朝向山顶并且朝向地图的上方。

(6) 首曲线一般用 0.15 mm 表示，计曲线一般用 0.3 mm 表示。

(7) 正确处理等高线与其他符号的关系。如等高线遇到冲沟时，等高线在冲沟的边缘应略向上挑起，以显示冲沟凹入的特征；等高线和梯田坎等符号垂直相遇时，同名等高线在梯田坎应错开相接，如果是同方向相遇时，等高线应停止于梯田坎符号的一端。

1.18.5 成 果

每人提交一份指定区域的手工绘制等高线成果。

1.18.6 建议或体会

1.19　AutoCAD 的基本操作*

1.19.1　教学目的及要求

（1）了解 AutoCAD 软件的基本特点。

（2）掌握 AutoCAD 软件的绘图、编辑、注记、输出等基本操作。

（3）计划 2 学时独立完成本科目。

1.19.2　教学准备

1. 仪器及器材

每名学生独立作业，需准备的仪器器材：

（1）计算机 1 台。

（2）AutoCAD 2008 或以上版本中文版软件 1 套。

2. 场地

计算机房或数字测图综合实验室。

1.19.3　教学过程

1. 安装 AutoCAD

运行 AutoCAD 安装盘中的 setup. exe，按照提示要求安装即可。

2. 认识 AutoCAD

AutoCAD 是由美国 Autodesk 公司开发的通用计算机辅助设计软件包，它具有易于掌握、方便使用、体系结构开放等优点，能够精确绘制二维和三维矢量图形及打印输出图纸等功能。目前，国内主流的大比例尺数字测图软件基本都是基于 AutoCAD 进行的二次开发，并且 AutoCAD 的图形格式也是测绘、规划设计、机械、土木工程、水利、交通等行业的通用格式。

AutoCAD 的主要特点有：

（1）AutoCAD 的基本图形文件为“*.dwg”。

（2）绘图窗口。在 AutoCAD 中，绘图窗口位于系统界面的中部，是绘图工作区域，所有绘图结果都反映在这个窗口。

（3）命令行窗口。命令行窗口位于绘图窗口的底部，用于接收输入命令，并显示 AutoCAD 提示信息，在操作过程中要随时关注命令行窗口的提示信息。

（4）图层。在 AutoCAD 中，图形中通常包含多个图层，每个图层都表明了一种图形对象的特征，包括颜色、线性和线宽等属性。数字测图软件设置的图层与地形图图式的大类基本一致，包括控制点、居民地、交通、地貌等。

（5）状态栏。状态栏用来显示 AutoCAD 当前的状态，如当前坐标、捕捉模式、对象追踪及其他命令和按钮的说明等。

3. AutoCAD 的基本操作

AutoCAD 的功能非常强大，有以下基本操作。

(1) 启动功能。可以通过三种途径来启动 AutoCAD 的某个功能：菜单栏、工具栏、命令行。如绘制直线，既可以通过菜单【绘图】→【直线】选项，也可以通过绘图工具栏的 ╱ 图标，还可以在命令行输入“line”启动绘制直线的功能。

(2) 坐标输入。坐标输入（定位）有两种途径：一是用鼠标直接在绘图区域按左键定位；二是在命令行窗口用键盘交互输入，x 和 y 坐标之间用逗号（半角字符）隔开。

(3) 绘图。AutoCAD 的绘图功能非常强大，对于数字测图来说，常用的绘图类型有直线、多段线、正多边形、矩形、圆、圆弧、样条曲线等。

(4) 新建一个图层。按菜单【格式】→【图层】选项，系统会出现【图层特性管理器】对话框，如图 1.19.1 所示。

图 1.19.1 【图层特性管理器】对话框

单击第一行第四个图标（新建图层）即可按照提示建立一个新的图层。在建立新图层时注意体会线型、颜色及线宽等属性的使用。

(5) 选择对象。在对图形进行编辑操作之前，首先需要选择待编辑对象。AutoCAD 用虚线亮显所选的对象，这些对象就构成了选择集。选择对象的方法很多，在数字测图中常用的主要有以下几种：

点选：用鼠标左键单击目标即可选中，重复操作可以多选，用“Shift＋左键”可以从已选择对象中去掉某个目标。

窗选：在绘图窗口用鼠标从左上到右下拉一个窗口，只有完全落在窗口之中的对象才被视为选中。

窗交：在绘图窗口用鼠标从右下到左上拉一个窗口，只要被窗口包围或相交的对象一律被视为选中。

(6) 编辑。AutoCAD 的编辑功能非常强大，本科目主要练习的编辑功能有：复制

(copy，图标)、移动（move，图标 ）、删除（erase，图标 ）、修剪（trim，图标 ）、延伸（extend，图标 ）。

（7）文字注记。用鼠标左键单击【绘图】→【文字】→【多行文字】或单击【绘图】工具栏中 A 图标，按提示即可在指定位置进行文字或字符注记。

（8）打开或关闭工具栏。工具栏是应用程序调用命令的另一种方式，它包含许多由图标表示的命令按钮。图 1.19.2 中，左侧是绘图工具栏，右侧是编辑工具栏，中间的图层和工作空间工具栏处于浮动状态。用鼠标左键按住工具栏的标题处可以拖动其位置；在任何工具栏的空白处按鼠标右键可展开工具栏目录，从而打开或关闭某个工具栏；如果全部工具栏都被关闭，选择菜单【工具】→【工作空间】→【AutoCAD 经典】选项即可恢复。

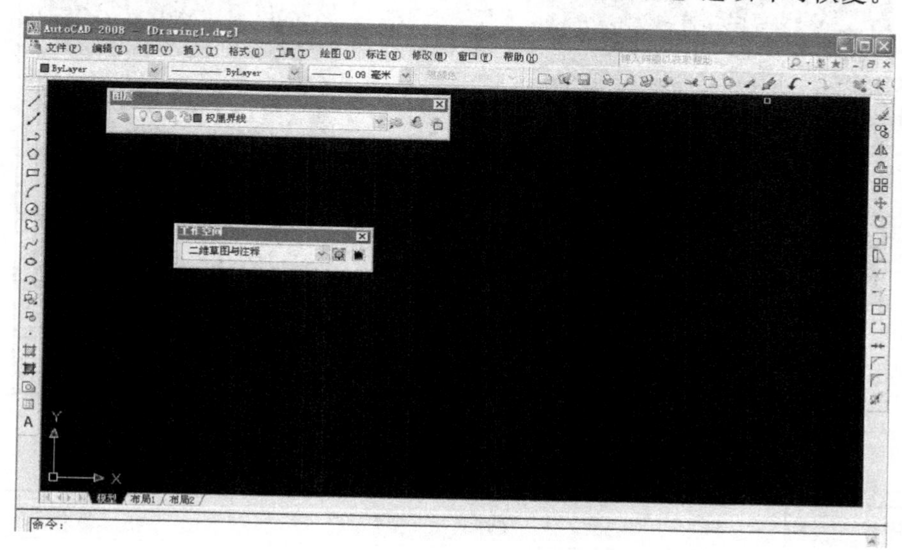

图 1.19.2　AutoCAD 的工具栏

（9）特性。选择菜单【修改】→【特性】选项即可打开修改对象特性窗口，按照提示可以修改对象的诸多特性。

1.19.4　注意事项

（1）输入坐标既可以是二维，也可以是三维，当仅输入二维坐标时，系统默认第三维坐标是 0。对于数字测图来说，一般只输入平面坐标，高程信息是用高程注记或等高线的形式表示。

（2）命令行窗口既是输入命令的地方，同时又是信息提示，尤其是错误信息提示的窗口，在操作过程中要时刻注意命令行窗口的信息提示。

（3）注意区分实时平移（图标 ）与移动（图标 ）的不同，前者实质上是观察者和目标之间的相对运动，目标在坐标系中的位置不变，而后者是移动目标在坐标系的位置，其坐标发生变化。

（4）缺省情况下，每个图层所有对象的颜色、线型和线宽都是一样的，在特性窗口中表现为 ByLayer（随层），也可以根据需要通过特性窗口或特性工具栏修改某个对象的这些特征值。

(5) 可以通过菜单【工具】→【选项】选项改变自动保存、窗口颜色、光标形状及大小等系统基本设置。

1.19.5　成果及练习

(1) 根据图 1.19.3 填表。

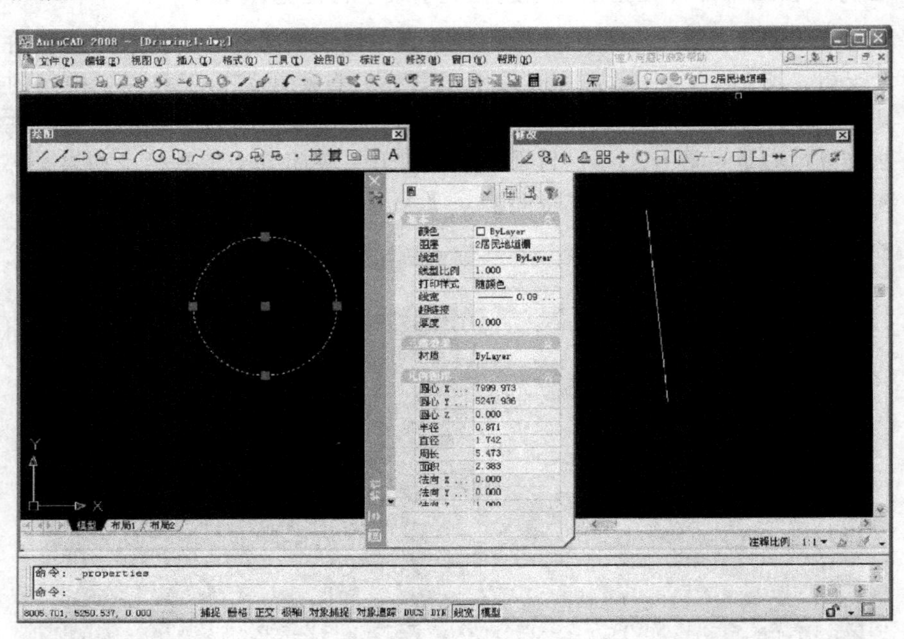

图 1.19.3　AutoCAD 窗口

序号	问题	答案
1	工具栏数量	
2	浮动工具栏名称	
3	当前图形名称	
4	绘图工具栏中命令的数量	
5	修改工具栏中第六个命令的名称	
6	绘图窗口中图形对象的数量	
7	已经被选中的图形对象	
8	最后一个执行的命令	
9	当前鼠标位置（坐标）	
10	图中圆对象的特性（说出三个以上）	

(2) 新建一个图层，要求：层名（练习 1）、颜色（蓝色）、线型（实线）、线宽（0.3 mm）。其他特性用默认值。

(3) “样条曲线”的命令__________________。

（4）用“多行文字”命令输入文本，要求：左上角坐标（2 000，1 000）、第一行（信息工程大学）、第二行（地理空间信息学院）、样式（Standard）、字体（隶书）、字高（1.2）。

（5）打开【绘图次序】工具栏，其中第三个命令是__________________。

（6）绘制一个矩形，左上角坐标为（1 000，1 500），右下角坐标为（1 500，1 000）。

（7）绘制一条多段线，要求两端是直线段，中间是两条弧线。

1.19.6　建议或体会

第二单元　大比例尺数字测图综合实习

2.1 概　述

2.1.1 教学目的及要求

通过大比例尺数字测图综合实习，在基本理论方面要求学生深入理解数字测图的基本原理和方法，在基本技能方面要求学生会熟练使用全站仪、水准仪和GPS接收机等测量仪器，掌握单导线的测量与计算、测距高程导线的测量与计算、地物和地貌的测绘方法，能够综合运用测量规范等相关资料设计大比例尺数字测图的技术方案，初步掌握大比例尺数字测图软件的操作使用，会利用地形图图式和数字测图软件进行测量、编辑、输出一幅（自由图幅）完整的地形图。

2.1.2 综合实习组织方式

大比例尺数字测图综合实习以教学班为基本单位组织实施，根据班额情况由若干名教师组成教学指导小组，一般设1名主讲教师负责全面工作。实习工作按作业小组进行，每个作业小组5～6人，各小组设组长和安全员各1名。组长负总责，要合理安排，做到轮流操作、全面锻炼，不能片面追求实习进度；安全员负责仪器器材准备和检查验收。每4个作业小组配备1名指导教师，各作业小组在指导教师的指导下独立完成规定的教学任务。

大比例尺数字测图综合实习在教学实习基地集中进行，时间为2周。教学组织形式包括集中授课、现场操作示范、集中练习和小组作业等。由于野外实习受天气变化及各种随机事件影响较大，指导教师在制订教学计划时考虑要全面，各教学科目要准备预案，确保按时完成教学任务。

2.1.3 实习内容及时间安排

大比例尺数字测图综合实习主要包括控制测量与数字测图两部分内容，具体内容及时间安排如下。

第一天上午：统一乘车到实习基地、准备仪器器材。

第一天下午：勘察测区，检校仪器。

第一天晚上：集中授课。授课内容主要包括布置任务和大比例尺数字测图技术设计方法的讲解。

第二天上午：撰写大比例尺数字测图技术设计方案。

第二天下午：实地选点。

第三天上午：控制测量集中练习。

第三天下午：控制测量。

第四天全天：控制测量。

第五天全天：集中授课（控制测量计算），计算。

第六天全天：数字测图练习。

第七天全天：数字测图。

第八天全天：数字测图。

第九天上午：地貌测绘。

第九天下午：生成等高线，构建数字高程模型（digital elevation model，DEM）。

第九天晚上：成果输出。

第十天上午：成果质量检查。

第十天下午：测验，成果观摩与评比。

第十天晚上：外业小结。

第十一天上午：返回。

2.1.4　成果的整理与上交

实习结束后，每名学生应对测量资料进行整理并按要求装订成册，在成果封面写明班级、组别、姓名、学号和指导教师及作业日期等信息，以作业小组为单位装入资料袋上交。

各作业小组上交的成果包括：

(1) 1∶1000 数字测图技术设计书。

(2) 导线观测手簿。

(3) 水准观测手簿。

(4) 1∶1000 地形图（含数字图）。

个人需要上交的成果包括：

(1) 经纬仪导线计算结果。

(2) 间接高程计算结果。

(3) 三角高程导线误差配赋表。

(4) 水准路线误差配赋表。

(5) 控制点成果表。

(6) 技术总结报告。

2.1.5　成绩评定

实习结束后由指导教师对每名学生进行成绩评定，评定指标主要包括成果质量、平时表现、组内民主测评、仪器操作考核、笔试等项目。

(1) 成果质量。主要考查各作业小组的成果内容是否完整、成果质量是否达到设计要求、成果是否有违反作业规定现象、作业小组是否有违反群众纪律现象、是否具有团结协作精神等。成果质量指标占总成绩的 40%。

(2) 平时表现。主要考查学生在实习过程中的出勤情况、服从组长及配合其他组员情况、业务素养情况、组内承担作业情况等。平时表现指标占总成绩的 15%。

(3) 组内民主测评。通过组内民主测评考查每名学生在组内的综合表现，弥补指导教师掌握情况的不足。组内民主测评指标占总成绩的15%。

(4) 仪器操作考核。由指导教师设置仪器操作科目，考查每名学生操作仪器的规范程度和熟练程度、测量方法是否正确、成果的正确性及精度。仪器操作考核指标占总成绩的10%。

(5) 笔试。主要对实习所涉及的基本概念、基本理论、基本方法和基本计算进行考核，考查学生在实习中的参与度和通过实习对有关概念、理论及方法的理解程度。笔试指标占总成绩的20%。

2.2　大比例尺数字测图技术设计

2.2.1　教学目的及要求

（1）了解测绘技术设计的作用和过程，技术设计书的主要内容和撰写方法。

（2）能初步完成大比例尺数字测图作业的技术设计。

（3）要求以小组为单位，结合指定的测区和要求撰写一份技术设计书。

（4）本实验计划 4 学时。

2.2.2　教学准备

（1）指导老师指定测图比例尺及作业区，其中地形要素尽可能丰富齐全，为相对独立的完整地块，面积约为 400 m×500 m。

（2）指导老师提供作业区工作用图、周边已知控制点成果等。

2.2.3　教学过程

1. 勘察测区和收集资料

以小组为单位，在指导教师协助和指导下，实地勘察和调查，收集测区自然地理概况、已有地形图和控制点等资料，主要内容如下：

（1）作业区的地形概况、地貌特征，如居民地、道路、水系、植被等要素的分布和主要特征，以及地形类别、困难级别、海拔高度和相对高差等。

（2）作业区的气候情况，如气候特征和风雨季节等。

（3）其他需要说明的情况，如作业区的行政区划、经济水平、治安状况，居民的风俗习惯、语言等。

（4）作业区的已有资料包括各种已有地形图、测区周边已知控制点成果等，并对其数量、质量等情况进行详细了解。

（5）《国家基本比例尺地图图式　第一部分：1∶500 1∶1 000 1∶2 000 地形图图式》（GB/T 20257.1—2007）、《城市测量规范》（GJJ/T 8—2011）、《1∶500 1∶1 000 1∶2 000 外业数字测图技术规程》（GB/T 14912—2005）。

2. 撰写技术设计书

技术设计书包括任务概述、测区自然地理概况和已有资料情况、作业依据、成果规格和主要技术指标、设计方案、质量检查、进度安排及安全措施等几个组成部分。本节以登封实习场数字测图实习区为例，说明各部分的主要内容。

（1）任务概述。

主要说明任务来源、测区范围、地理位置、行政隶属、成图比例尺、采集内容、任务量等基本情况。

示例

一、任务概述

本次数字地形图测量作业是为了验证和巩固现代测量学课堂理论知识，进一步熟悉常规测量仪器的使用方法，系统全面地掌握地物、地貌的测绘及数字地形图成图的整个作业过程，提高理论联系实际，在实践中发现问题、解决问题的能力。测区为学校数字测图实习场，位于河南省登封市卢店镇雪沟村北，面积为400 m×500 m，成图比例尺为1∶1 000，作业时间为2周。

(2) 测区自然地理概况和已有资料情况。

根据需要说明与设计方案和测量作业有关的测区自然地理概况，内容主要包括测区的地理特征、居民地、交通、气候和困难类别等情况。

示例

二、测区自然地理概况和已有资料情况

1. 测区自然地理概况

测区位于唐庄乡西北约4 km的雪沟村，沿冯唐线公路可至测区，与S49和S85高速公路相连，交通十分便利。作业范围西至纸坊水库，蓄水量为×××万立方米，是登封市水源地之一，东至垌上村，北至南窑村，南至雪沟村。测区属于丘陵地带，海拔约420米，梯田、沟壑较多，地貌测绘较为困难，地物要素较为简单，植被以旱地为主，部分区域树林茂密，给通视造成一定影响。测区常年雨量适中，气候宜人。联通、移动信号正常，手机、网络等通信设备可正常使用。秀丽的山区赋予这里的人民勤劳、善良、朴实、诚信的性格，他们淳朴、热情、好客。周边旅游资源十分丰富，有环境幽雅、青山碧水的九龙潭，有风景秀丽、野果飘香的凤凰山，有历史典故、美丽传说的搬倒井，有五彩斑斓、充满神奇色彩的支锅石……

2. 已有资料情况

收集到测区1∶1万地形图和影像图，可作为工作用图。

测区周边有E级GPS控制点20个，已转换为1980西安坐标，各点均已进行四等水准联测，具有1985国家高程成果，标石、标志完好，可正常使用。

(3) 作业依据。

说明专业技术设计书中引用的标准、规范和其他技术文件，以及作业采用的坐标系统。

示例

三、作业依据

(1)《国家基本比例尺地图图式　第一部分：1∶500 1∶1 000 1∶2 000地形图图式》(GB/T 20257.1—2007)。

(2)《城市测量规范》(GJJ 8—2011)。

(3)《1∶500　1∶1 000　1∶2 000外业数字测图技术规程》(GB/T 14912—2005)。

(4)《全球定位系统实时动态测量（RTK）技术规范》(CH/T 2009—2010)。

(5)《现代测量学实习指导》。

（4）成果规格和主要技术指标。

说明作业成果的比例尺、平面和高程基准、投影方式、成图方法、基本等高距、数据精度、格式及其他主要技术指标等。

示例

四、成果规格和主要技术指标

（1）平面采用1980西安坐标系，3°带高斯投影，中央子午线114°，高程采用1985国家高程基准，基本等高距1 m。

（2）采用测记法数字测图方法，比例尺为1∶1 000，数字测图软件由学院测量工程教研室开发，图形文件格式为.dwg。

（3）图幅规格为40 cm×50 cm，分幅及编号方法按本书规定执行。

（5）设计方案。

仪器设备配置：说明采用的仪器设备型号和数量、精度指标、检验要求、软件等软硬件配置情况。

图根控制测量：说明图根测量的方法、限差、图根点的布设、标志的设置等情况。

地形要素采集：说明细部点采集方法、要求和注意事项等。

内业图形编辑：说明内业图形编辑的流程、方法、接边处理要求等。

示例

五、设计方案

1. 仪器设备配置

（1）南方NTS-352全站仪1台，测角精度2″，测距精度$2\ \text{mm}+2\times10^{6}\cdot D$，脚架3个，棱镜3个，对中杆1个。

（2）南方S82T RTK流动站1套，水平精度：$\pm1\ \text{cm}+1\times10^{6}\cdot D$，垂直精度：$\pm2\ \text{cm}+1\times10^{6}\cdot D$。

（3）笔记本电脑1台，安装Windows XP系统，安装DCS 3.0软件。

2. RTK图根测量

首先在高级已知点上架设基准站，为保证电台发射信号覆盖面广，基准站通常架设在楼顶或视野相对开阔的控制点上，避开高大建筑物遮挡，多路径、漫反射及强电磁设备等干扰。在开始图根点测量前，应先对已知等级控制点观测进行点校正，以求出WGS-84到地方坐标系的转换参数。校正时平面校正点数不少于3个，高程校正点数不少于4个；校正点水平和垂直最大残差均不大于5 cm。

具体操作步骤如下：

（1）新建或打开已有工程项目，按技术指标要求正确设置各项参数，以及数据链通道、协议格式、工作模式等，输入天线高和基准站坐标，连接电台和手簿，通过手簿启动基准站，保证电台发射信号正常。

（2）断开手簿与基准站的连接，将其与流动站连接起来，同样设置好流动站的相关参数，保证接收到基准站的差分信号，直至初始化成功出现固定解定位值。

（3）继续保持手簿与流动站的连接，输入用于校正的 3 个已知点坐标，并依次采集其 WGS-84 坐标，进入系统转换参数计算功能，按提示操作求定 WGS-84 与地方坐标系的转换参数。

（4）求定转换参数后，将流动站置于已知控制点再次进行检查，确认无误后便可开始图根点的测量。

（5）图根点观测时，流动站架设三脚架，严格对中整平，天线高准确量测至毫米，观测时间不少于 3 分钟，每点观测两次。

（6）RTK 观测成果的质量与数据链传输、流动站观测环境等因素有关，利用已知点检测是检验 RTK 观测成果质量的常用方法。检测已知点时，要求平面位置和高程较差均应小于等于 5 cm。在下列三种情况下需要进行已知点检测：

开始 RTK 流动站作业之前；

变更基准站时；

更换转换参数或重启基准站时。

（7）若检测结果超出要求时，应及时查找原因，如查明操作过程、数据输入、已知点成果等方面是否存在错误。

（8）同一基站同一点两次观测较差平面较差小于等于 2 cm，高程较差小于等于 5 cm，取两次观测中数作为图根点的最后成果。

3. 图根导线控制测量

（1）导线应布设为双定向附合导线形式，导线点数 6～8 个为宜，测区地形复杂时可增加导线数目，或适当增加导线点数。

（2）导线边长应在 50～200 m 之间，相邻导线边长度之比一般不超过 1∶2。

（3）点位选择应使易于长期保存、稳固、方便架设仪器、通视良好。

（4）点位一般以木桩面钉小钉标识，桩面露出地面 2～3 cm 为宜，在点位附近合适位置用红漆注明点名。

（5）导线水平角测量采用全圆方向法，观测两个测回，同一方向不同测回方向值较差不大于 24″。

（6）导线垂直角观测采用中丝法，观测两个测回，同一测站指标差互差不大于 25″，同一方向不同测回垂直角互差不大于 24″。

（7）导线距离观测一个测回，各读数较差不大于 3 mm，气象改正、棱镜常数改正、仪器常数改正直接输入仪器，手簿直接记录平距读数。

（8）图根导线平面位置计算采用近似平差方法，方位角闭合差不大于 $60''\sqrt{n}$（n 为导线转折角数），全长相对闭合差不大于 1/4 000。

（9）图根导线高程计算采用测距高程导线近似平差计算方法，对向观测高差互差绝对值不大于 $0.04S$ m，S 为观测边长，取单位为百米的数值。高程闭合差不大于 $40\sqrt{[S]}$ mm。

（10）内业计算中数字取值精度要求如下表。

角度值及其各项修正数精度/(″)	边长值及其各项修正数精度/m	函数位数	坐标增量、高差与坐标精度/m	方位角值精度/(″)
1	0.001	7	0.001	1

4. 地形要素采集

(1) 各类建筑物、构筑物及主要附属设施应准确测绘实地外围轮廓。

(2) 房屋轮廓以墙基外角为准，并按建筑材料和性质分类，注记层数，房屋应逐个表示，临时性房屋可舍去。

(3) 公路路中、道路交叉处、桥面等应测注高程。

(4) 路堤、路堑应按实地宽度绘出边界，并应在其坡顶、坡脚适当测注高程。

(5) 永久性的电力线、电信线均应准确表示，电杆、铁塔位置应实测。

(6) 建筑区内电力线、电信线可不连线，但应在杆架处绘出线路方向。各种线路应做到线类分明，走向连贯。

(7) 水库、池塘、沟渠、井等及其他水利设施，均应准确测绘表示，有名称的加注名称。

(8) 地貌和土质的测绘，图上应正确表示其形态、类别和分布特征。

(9) 高程注记点应分布均匀，间距为图上 2～3 cm。

(10) 山顶、鞍部、山脚、沟底、凹地、水涯线上以及其他地面倾斜变换处，均应测高程注记点。

(11) 比高小于 0.5 m 或长度小于 10 m 的坎坡不表示。

5. 内业图形编辑

图形编辑是在外业采集数据以后，将仪器内存中的碎部点数据通过内业编辑系统的数据传输程序传送到计算机，碎部点文件类型为“.xyh”，然后用编辑系统软件展点，内业人员按照外业编绘的草图进行地形要素的编辑、注记、整饰，成果形式为“.dwg”文件格式（AutoCAD 2008 版），并打印输出图形供外业小组检查核对。

进行内业编辑工作时，应注意以下问题：

(1) 传输到计算机的外业数据文件存储名称应与全站仪内存文件名相同，即“作业组编号＋创建日期”。外业数据文件的原始数据不得做任何删改，并做到及时备份。

(2) 面状地物的边线应当闭合，不允许有重合点。不同要素的边线相交或连接时，必须使用“捕捉”功能，以避免出现悬挂现象。

(3) 应使用系统提供的要素编辑功能生成要素图形，不得用 AutoCAD 的绘图功能编辑生成，以保证地物线型和图层的正确。

(4) 每日外业采集数据应及时编辑处理形成图块，以便及时发现数据采集中的问题，避免因记忆模糊导致草图阅读错误的发生。

(6) 质量检查。

说明质量保证措施，成果质量检查的内容和要求等。

示例

六、质量检查

内业编辑完成后，由作业小组完成成果自查，主要内容及要求如下：

(1) 起始资料的正确性。

(2) 原始记录及摘录数据的正确性。

(3) 使用仪器、设备符合计量规定。

(4) 使用的计算程序及其计算结果的正确性。

(5) 计算成果和成图的正确性。

(6) 各种电子及纸质成果的完整性等。

(7) 起始资料、原始数据、摘录数据、计算成果均应达到100%检查率。

(8) 成图图件内业100%检查，并进行外业巡视检查和不少于10%的设站检查。

(7) 进度安排及安全措施。

说明工作进度安排和人员、仪器安全措施。

示例

七、进度安排及安全措施

1. 进度安排

第1天勘察测区，仪器器材准备。

第2天导线选点与布设。

第3～5天导线观测及计算。

第6～9天地形要素采集及内业图形编辑。

第10天成果检查、资料整理。

2. 安全措施

(1) 外业行进、穿越公路等应注意观望。

(2) 不乱食野果，防范蚊虫叮咬。

(3) 仪器架设后不远离仪器，迁站时应装箱，收测前应清点器材，以防丢失。

(4) 机房内不乱拉乱扯电线，不使用热水器等大功率电器，工作完毕注意关闭电源。

2.2.4 成 果

每组提交一份大比例尺数字测图技术设计书。

2.2.5 建议或体会

2.3　图根导线布设

2.3.1　教学目的及要求

（1）理解图根点的作用。

（2）掌握选点的基本方法和过程。

（3）掌握制作点之记的基本方法。

（4）计划 4 学时。

2.3.2　教学准备

以实习小组为单位，需如下器材：

（1）测区相关资料。

（2）《现代测量学实习指导》。

（3）木桩 10 个。

（4）小铁钉若干。

（5）红油漆 1 瓶。

（6）毛笔 1 支。

（7）斧头 1 把。

（8）竹竿（1.6 m 左右）2 根。

（9）测旗 2 面。

（10）笔记本若干。

（11）2H 铅笔若干。

（12）A4 纸若干。

2.3.3　教学过程

1. 图上选点

第一步：在附图上标出本组测区概略范围（测区范围由指导教师事先划定，一般在 400 m×500 m 左右），标绘时要注意原图的比例尺和坐标系统。

第二步：在附图上查找并标注已知点。

第三步：根据图上已知点位置、测区地形情况和通视条件，初步制定图根导线的方向和导线点的概略位置。在图上用 2H 铅笔画出图根导线的略图。

第四步：所选图根点是将来测图时的测站点，因此，图根点应选在视野开阔、工作面积大、测图方便、安全可靠的地方，同时要注意所选图根点（碎部点距测站距离不大于 200 m）基本覆盖本组测区。

图上选点有以下要求：

（1）每组选择 1 条图根导线，导线点数不少于 6 个，最好在 6～8 个，若遇居民地可适当增加。

（2）导线边长应在 50～200 m，相邻导线边之比一般不要大于 1∶2。

(3) 导线点编号。将同期参加综合实习的所有作业小组按编制序列进行排序，每个作业小组的导线点依次用 A、B、C……表示。如同期参加实习的有大本 43 班（4 个组）、大本 44 班（6 个组）和指本 14 班（10 个组），则指本 14 班第 3 组的导线点依次用 M_1、M_2、M_3、M_4、…表示。

(4) 一般情况下采用双定向附合导线，如遇特殊情况经指导教师允许方可采用闭合导线。

2. 实地选点

第一步：由一名组员将长约 1.5 m 的竹竿竖在起始已知点上，竹竿上端系一面测旗。

第二步：其他组员按照计划到第一个导线点附近，按导线点位要求确定具体位置，将竹竿竖在所选点上检验和上一点的通视情况（通视高度一般在 1.5 m 左右）。

第三步：若所选点在坚硬的水泥地面或石头上，可直接用红油漆画一直径约 10 cm 的圆，并画两条相互正交的直径线，其交点就是导线点，有条件的话最好在交点上打入一水泥钉；若所选导线点位于自然地面上，则需要打入一木桩，并且在木桩顶部中心位置钉一小铁钉，为便于寻找，可在木桩上适当涂些红油漆。另外在导线点附近用油漆写上点名，并做点之记。

第四步：让后视点上组员到该点上，其他组员按上述方法依次进行，直至选点完毕。

2.3.4 注意事项

(1) 导线点尽量避免选在庄稼地和明显影响交通及他人方便的地方。

(2) 在道路上选择导线点时，在不影响测图的前提下，点位要尽量选在路边。

(3) 木桩露出地面的高度要适中，居民地附近的木桩露出地面的高度一般在 3 cm 左右。

(4) 油漆的使用要恰当，杜绝乱涂乱画。

(5) 在通视条件不好的地区选点时，一定要注意点位间通视的精度及通视的视线高度（最好在 1.5 m 左右）。

2.3.5 成 果

(1) 在 A4 纸上画出所选图根点的控制网图形。

(2) 画出所选图根点的点之记图。

2.3.6 建议或体会

2.4　图根控制测量

2.4.1　教学目的及要求

（1）理解图根控制测量的目的。

（2）掌握用三联脚架法进行导线测量的基本方法和过程。

（3）掌握在一个测站上同时进行平面和三角高程测量的方法。

（4）理解图根控制测量中各限差要求的意义。

（5）计划 16 学时。

2.4.2　教学准备

以实习小组为单位，需准备的器材如下：

（1）全站仪 1 套（电量饱满）。

（2）脚架 3 个。

（3）棱镜 2 套（含基座、连接杆等）。

（4）2 m 钢卷尺 3 把。

（5）导线测量手簿 1 本。

（6）2H 或 3H 铅笔若干。

（7）单面刀片或小刀若干。

2.4.3　教学过程

1. 导线测量

导线测量采用三联脚架法，同步完成三角高程测量。在一个测站上的观测顺序如下：

第一步：全站仪盘左瞄准后视棱镜中心，安置水平度盘读数为 0°02′00″左右，读取并记录后视水平角读数。

第二步：顺时针转动全站仪照准部，瞄准前视棱镜中心读取并记录水平角读数。

第三步：盘右观测并记录前视水平角。

第四步：逆时针转动照准部瞄准后视棱镜读取水平角并记录。用同样的方法进行第二测回。

第五步：测量后视距离（3 次）。

第六步：测量前视距离（3 次）。

第七步：观测后视棱镜中心垂直角两测回。

第八步：观测前视棱镜中心垂直角两测回。

第九步：量取后视觇标高。

第十步：量取测站仪器高。

第十一步：量取前视觇标高。

图根导线测量记簿样式如图 2.4.1 所示。

2. 控制测量计算

控制测量计算包括平面导线计算和三角高程导线计算两部分，其中平面导线计算方法见

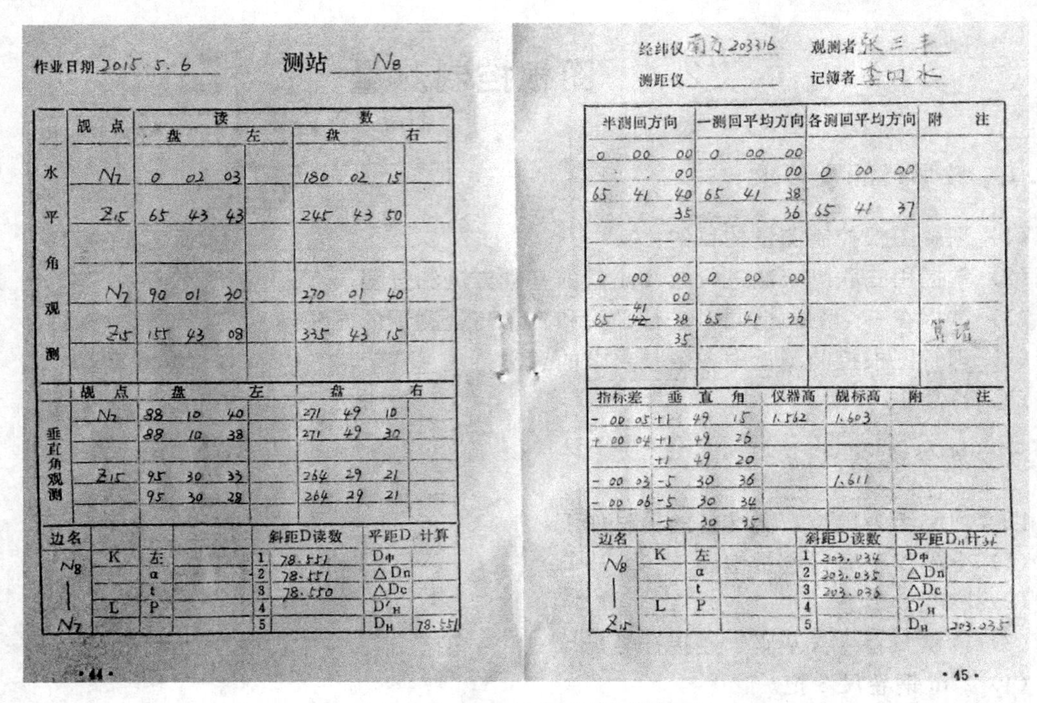

作业日期 2015.5.6　　测站 N8

	觇点	读数 盘左	读数 盘右
水平角观测	N7	0 02 03	180 02 15
	Z15	65 43 43	245 43 50
	N7	90 01 30	270 01 40
	Z15	155 43 08	335 43 15

	觇点	盘左	盘右
垂直角观测	N7	88 10 40	271 49 10
		88 10 38	271 49 30
	Z15	95 30 33	264 29 21
		95 30 28	264 29 21

边名			斜距D读数	平距D计算	
N8—N7	K	左	1 78.551	D中	
		α	2 78.551	ΔDn	
		t	3 78.550	ΔDc	
	L	P	4	D′H	
			5	DH	78.551

·44·

经纬仪 南方203316　　观测者 张三丰
测距仪 ____　　记簿者 李四水

半测回方向	一测回平均方向	各测回平均方向	附注
0 00 00	0 00 00		
00	00	0 00 00	
65 41 40	65 41 38		
35	36	65 41 37	
0 00 00	0 00 00		
00			
65 41 38	65 41 36		算错
35			

指标差	垂直角	仪器高	觇标高	附注
-00 05	+1 49 15	1.562	1.603	
+00 04	+1 49 26			
	+1 49 20			
-00 03	-5 30 36		1.611	
-00 06	-5 30 34			
	-5 30 35			

边名			斜距D读数	平距DH计算	
N8—Z15	K	左	1 203.034	D中	
		α	2 203.035	ΔDn	
		t	3 203.036	ΔDc	
	L	P	4	D′H	
			5	DH	203.035

·45·

图 2.4.1　图根导线测量记簿样式

本书 1.8、1.9、1.10 节，三角高程计算包括间接高程计算和高程误差配赋计算，结果如图 2.4.2 和图 2.4.3 所示样例。

间接高程计算

计算者：张大伟　　　　检查者：吴东明

边名	平距/m	球气差/m	觇法	垂直角/(° ′ ″)	仪器高/m	觇标高/m	单向高差/m	高差较差/m	高差中数/m
Z_{14}–N_1	108.041	+0.001	直觇	+0 13 31	1.518	1.534	+0.410	+0.003	+0.408
			反觇	−0 13 07	1.526	1.522	−0.407		
N_1–N_2	54.751	+0.000	直觇	−0 42 13	1.526	1.441	−0.587	0.000	−0.587
			反觇	+0 42 43	1.437	1.531	+0.587		
N_2–N_3	68.437	+0.000	直觇	+0 15 51	1.437	1.520	+0.233	+0.001	+0.232
			反觇	−0 15 07	1.512	1.443	−0.232		
N_3–N_4	72.676	+0.000	直觇	+0 27 03	1.512	1.515	+0.569	+0.001	+0.568
			反觇	−0 26 28	1.507	1.516	−0.568		
N_4–N_5	70.174	+0.000	直觇	−0 20 59	1.507	1.432	−0.353	0.000	−0.353
			反觇	+0 21 30	1.426	1.512	+0.353		
N_5–N_6	80.988	+0.000	直觇	+2 32 45	1.426	1.405	+3.622	0.000	+3.622
			反觇	−2 32 11	1.396	1.431	−3.622		
N_6–N_7	113.984	+0.001	直觇	+1 03 48	1.396	1.472	+2.041	+0.002	+2.040
			反觇	−1 03 19	1.464	1.404	−2.039		
N_7–N_8	173.362	+0.002	直觇	−2 42 37	1.464	1.426	−8.167	+0.003	−8.168
			反觇	+2 42 52	1.421	1.472	+8.170		
N_8–Z_{10}	117.227	+0.001	直觇	+2 24 24	1.421	1.478	+4.871	+0.001	+4.870
			反觇	−2 24 04	1.472	1.427	−4.870		

图 2.4.2　间接高程计算样例

Z_{14}至Z_{10}三角高程导线 高程误差配赋表

计算者：张大伟　　检查者：吴东明

点名	平距/m	平均高差/m	改正数/m	改正后高差/m	点的高程/m
Z_{14}					420.169
	108.041	+0.408	+0.001	+0.409	
N_1					420.578
	54.751	−0.587	0.000	−0.587	
N_2					419.991
	68.437	+0.232	0.000	+0.232	
N_3					420.223
	72.676	+0.568	+0.001	+0.569	
N_4					420.792
	70.174	−0.353	0.000	−0.353	
N_5					420.439
	80.988	+3.622	+0.001	+3.623	
N_6					424.062
	113.984	+2.040	+0.001	+2.041	
N_7					426.103
	173.362	−8.168	+0.001	−8.167	
N_8					417.936
	117.227	+4.870	+0.001	+4.871	
Z_{10}					422.807
$\sum$	859.640	+2.632	+0.006	+2.638	
$W=H_{起}+\sum h-H_{闭}=-0.006$ m			$W_{允}=\pm 40$ mm $\sqrt{L}$ $=\pm 95$ mm		

图 2.4.3　高程误差配赋计算样例

2.4.4　图根控制技术规定

依据《城市测量规范》(CJJ/T 8—2011)，结合实际情况，图根控制测量执行以下技术规定。

(1) 坐标方位角闭合差为 $40''\sqrt{n}$（n 为转折角个数）。

(2) 导线全长相对闭合差为 1/4 000。

(3) 同一测站指标差互差为 25″。

(4) 两点间直、反觇高差互差为 0.4S（m）（S 为边长，取以千米为单位的数值）。

(5) 三角高程导线高程闭合差为 $40\sqrt{L}$（mm）（L 为导线全长，取以千米为单位的数值）。

(6) 两差改正小于 1 cm 时可不加改正。

(7) 水平角两测回。

(8) 垂直角两测回。

2.4.5 注意事项

（1）在每个测站上只有全部计算完成并且各项指标不超限方可迁站。

（2）迁站时仪器必须装箱。

（3）轮流作业，每人都要进行观测、记簿、架设棱镜等工序操作。

（4）成果超限时不要盲目返工，首先检查各项指标计算是否正确，确认无误后再有针对性地实地返工重测。

（5）各种计算方法参考本书第一单元。

2.4.6 成　果

（1）以组为单位完成一份合格的控制测量野外观测成果。

（2）每人独立完成平面控制测量的计算成果。

（3）每人独立完成高程控制测量的计算成果。

2.4.7 建议或体会

2.5　全站仪测记法数据采集

2.5.1　教学目的及要求

（1）明确测记法数字测图的基本过程、要求和注意事项。

（2）掌握全站仪数字测图中测站设置方法和要求。

（3）掌握地物、地貌数据采集的特点、方法和综合取舍原则。

（4）每组 5～6 名学生，测区面积为 400 m×500 m，计划 16 学时。

2.5.2　教学准备

以实习小组为单位，需如下器材：

（1）全站仪 1 台。

（2）脚架 2 个。

（3）对中杆 1 个。

（4）皮尺 1 把。

（5）图根点坐标表 1 份。

（6）地形草图用纸若干。

（7）2H 铅笔 1 支。

（8）计算机 1 台（安装有数字成图软件）。

2.5.3　教学过程

1. 尼康 DTM 352 全站仪数据采集

1）仪器基本设置

设置内容主要包括数据记录方式、显示方式、通讯参数和测量键功能定义，设置参数永久保留在仪器内部存储器中，作业前设置一次即可，更换仪器电池不受影响。

（1）设置数据记录方式、显示方式和通讯参数。单击 MENU 键，进入系统菜单，如图 2.5.1所示。

按 3 键进入“设置”菜单，如图 2.5.2 所示。

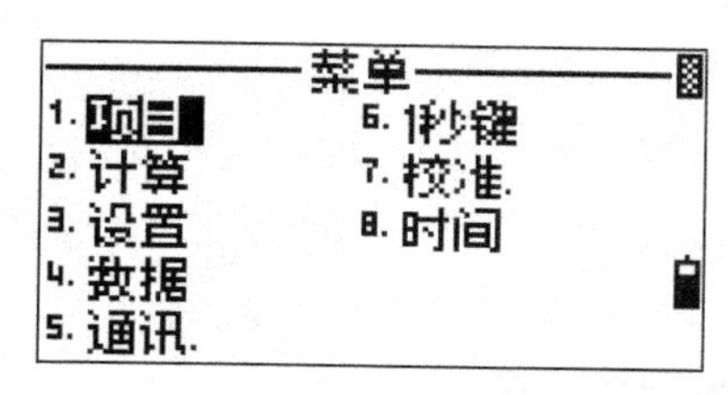

图 2.5.1　全站仪主菜单

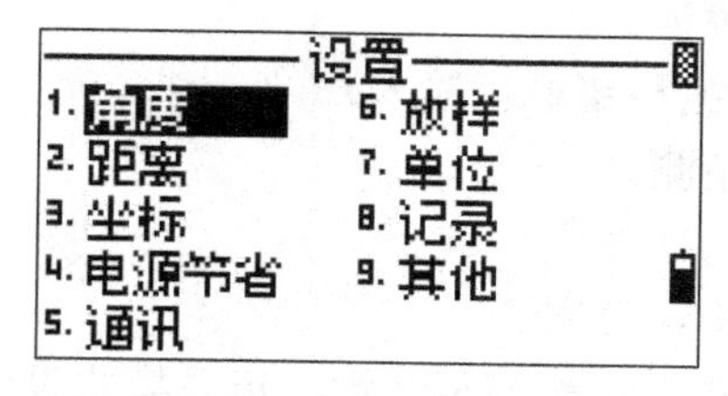

图 2.5.2　参数设置项目菜单

按 8 键进入“记录”设置功能，如图 2.5.3 所示，修改各项目为：

存储 DB：XYZ。

数据记录：内部。

按 REC/ENT 键退回“设置”菜单。按 3 键进入“坐标”显示方式设置，如图 2.5.4 所示修改各项为：

顺序：NEZ。

标记：XYZ。

AZ 零：北。

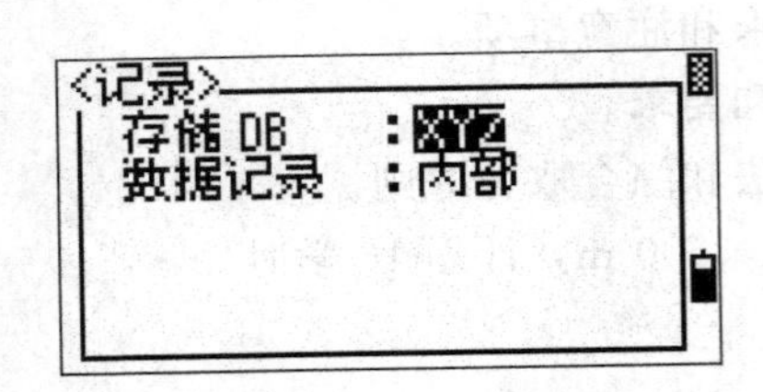

图 2.5.3　数据记录方式设置

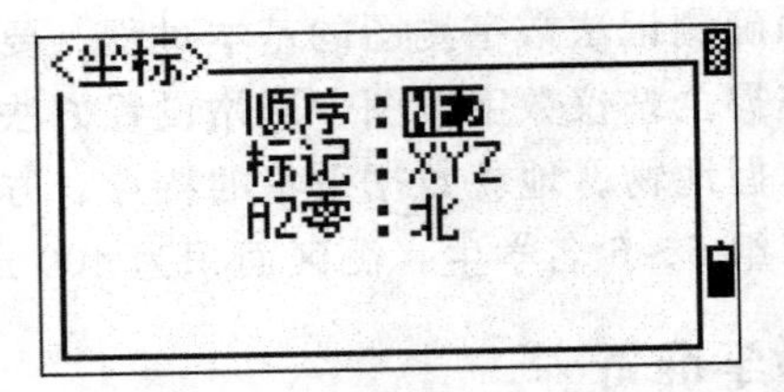

图 2.5.4　坐标显示设置

按 REC/ENT 键退回“设置”菜单。按 5 键进入“通讯”设置，如图 2.5.5 所示修改各项为：

外部通讯：NIKON。

波特率：9600。

长度：8。

奇偶校：None。

停止位：1。

按 REC/ENT 键退回上级菜单。按 ESC 键两次退出菜单模式。

(2) 定义测量键 MSR1 和 MSR2 功能。按住 MSR1 键并保持 2 秒，出现如图 2.5.6 所示页面。

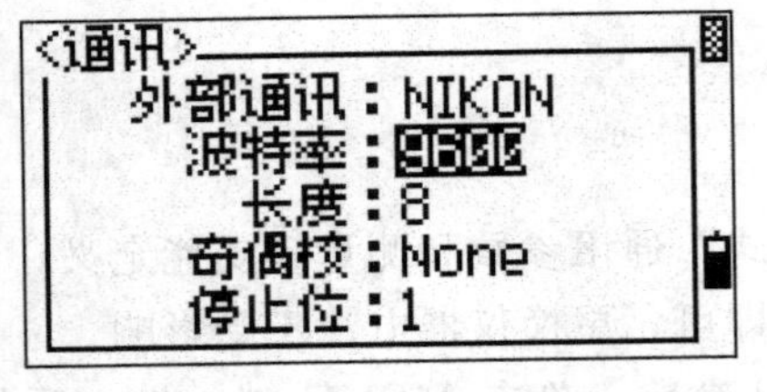

图 2.5.5　通讯参数设置

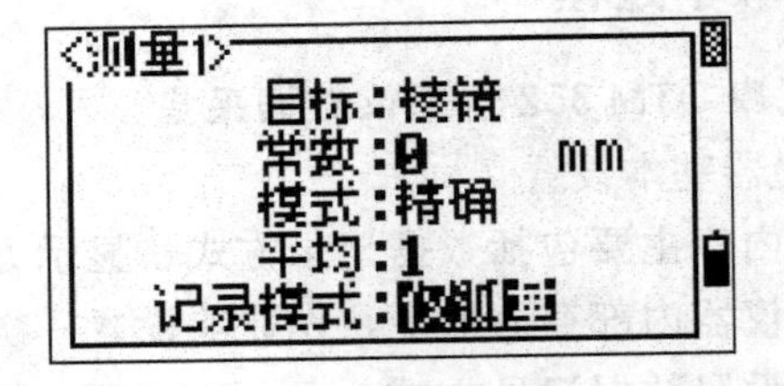

图 2.5.6　测量键参数设置

用上下光标键选择项目，用左右光标键改变设置值。修改各项为：

目标：棱镜。

常数：（按棱镜标识输入）。

模式：精测。

平均：1。

记录模式：仅测量。

用同样方法设置 MSR2 键，记录模式设置为“所有的”。

2）测站设置

第一步：架设仪器。在一个图根点（测站点）上安置全站仪，在另一个图根点（定向点）安置棱镜，经对中、整平后精确量取仪器高和棱镜高。要求两点必须通视，对中误差不大于 5 mm。

第二步：创建项目。按 MENU 键进入系统菜单，按 1 键进入“项目管理”界面，如图 2.5.7 所示。

按“创建”按钮开始建立新项目，默认项目名称为“年月日一序号”，输入控制项目名称，按 ENT 键，创建该项目并自动打开为当前项目，如图 2.5.8 所示。

图 2.5.7　项目管理

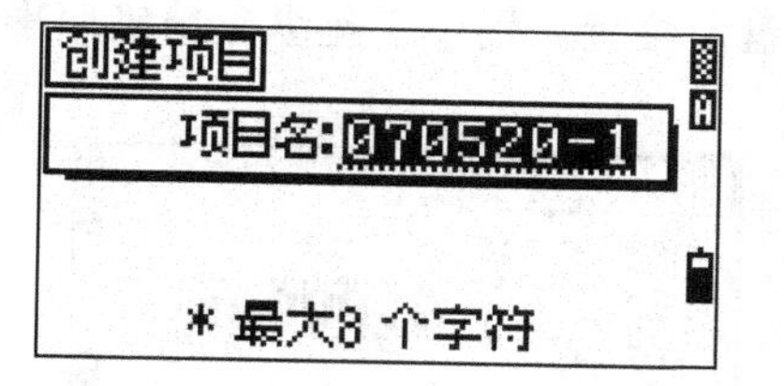

图 2.5.8　创建项目

第三步：控制点坐标录入。在测图之前，一般要把图根点坐标输入到全站仪的控制项目中。步骤如下：

（1）按照前述方法创建一个新项目，并设置为当前项目。

（2）在主菜单中选择“数据”菜单项，进入“查看/编辑”窗口。

（3）选择“XYZ 数据”项，进入 XYZ 窗口。

（4）按照提示依次输入坐标和点名（PT）。

（5）在 XYZ 窗口，还可以按照提示进行编辑、搜索、删除等操作。

（6）把全部图根点输入完毕后，再把该项目设置为控制项目。

第四步：建站。按 STN 按钮进入建站功能，如图 2.5.9 所示。

按 1 键采用已知点建站，如图 2.5.10 所示。

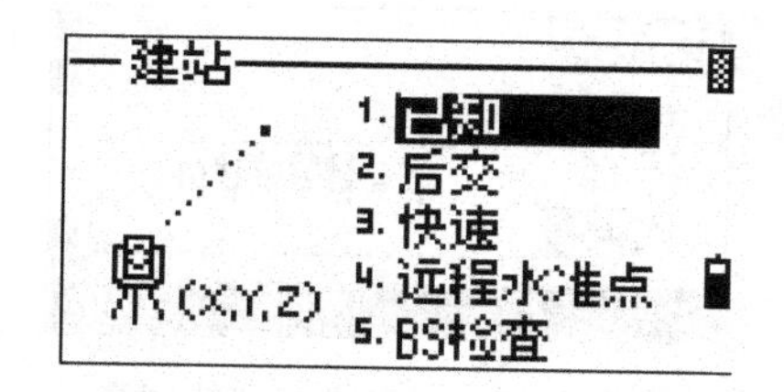

图 2.5.9　已知点建站

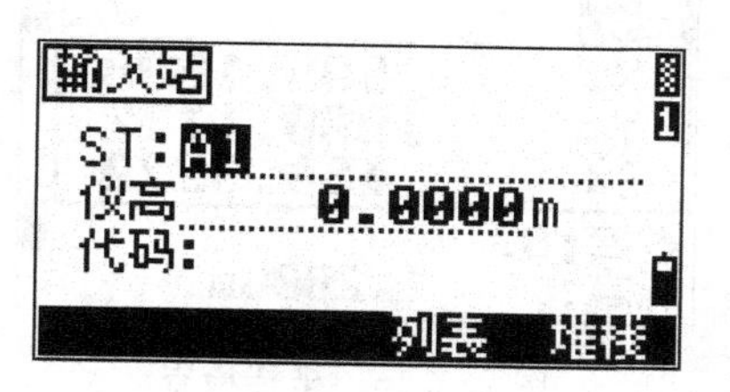

图 2.5.10　输入测站坐标和仪器高

在 ST 后面输入测站点名。若点已在控制项目或在当前项目中，自动提取其坐标，如图 2.5.11 所示；若点不存在，仪器会提示用户现场输入。

输入测站点后，返回到输入站界面。继续输入仪器高，进入到后视定向方式选择，如图 2.5.12 所示。

图 2.5.11　输入测站坐标

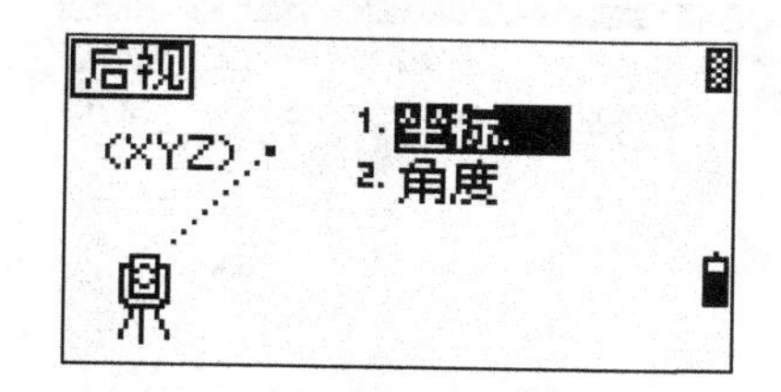

图 2.5.12　后视点坐标定向

按 1 键采用后视点坐标进行定向，适用于定向点已在控制项目或当前项目，或已知定向点坐标，如图 2.5.13 所示。

在 BS 后面输入定向点名，仪器自动提取定向点坐标，若点不存在，则进入点坐标输入界面。继续输入标高后，仪器计算出测站至定向点的坐标方位角 AZ，如图 2.5.14 所示。将望远镜置于盘左位置，用十字丝纵丝精确照准定向点后，按 REC/ENT 键完成定向。

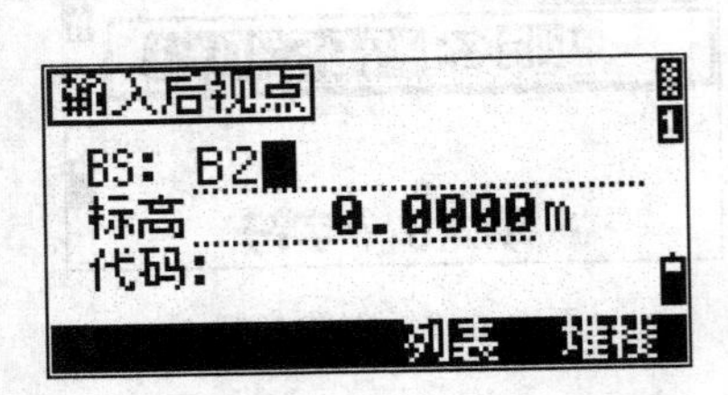

图 2.5.13　输入后视点名和棱镜高

图 2.5.14　定向确认

第五步：检查。建站完成后，还应对建站是否正确进行检查。在另一已知点（检查点）上安置棱镜，照准棱镜中心按 MSR1 键进行距离测量，按 DSP 键（翻页）直至显示测量点坐标，如图 2.5.15 所示，与已知坐标进行比较。要求平面位置误差不大于 $0.2\times M\times10^{-3}$ m（M 为测图比例尺分母），高程误差不大于 1/6 等高距。

3）数据采集

将棱镜用对中杆置于碎部点上，在盘左位置用十字丝中心精确照准棱镜中心，输入点名或棱镜高度，按 MSR2 键进行测量，测量完成后仪器自动记录点号和坐标，点号自动增加，如图 2.5.16 所示。

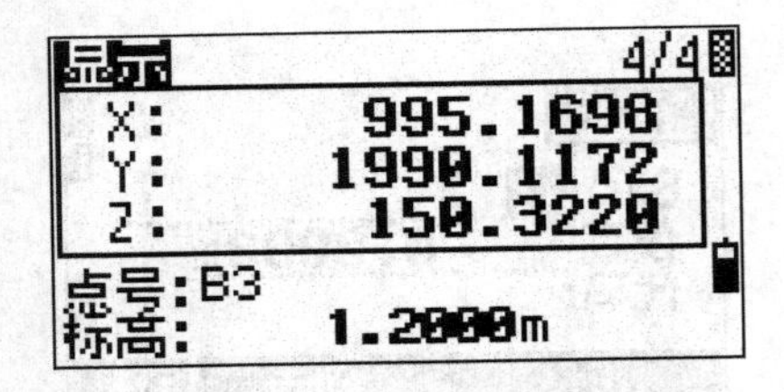

图 2.5.15　坐标检查

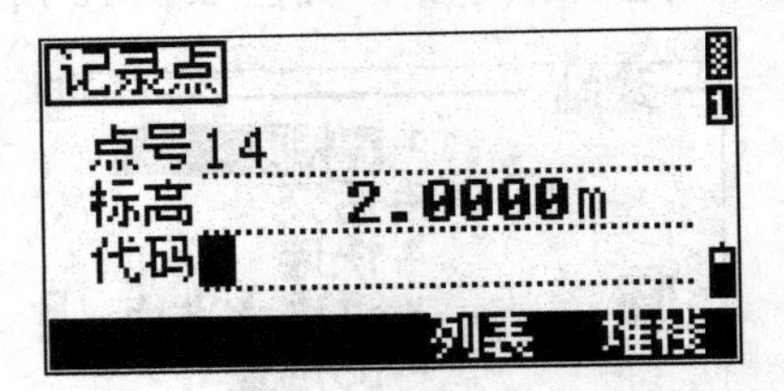

图 2.5.16　修改点名和棱镜高

4）数据下载

连接计算机与全站仪，启动计算机安装的数字成图软件，进入数据下载界面，选择仪器类型，等待全站仪发送数据，如图 2.5.17 所示。

在全站仪上按 MENU 键进入菜单，按 5 键进入“通讯”设置，如图 2.5.18 所示。

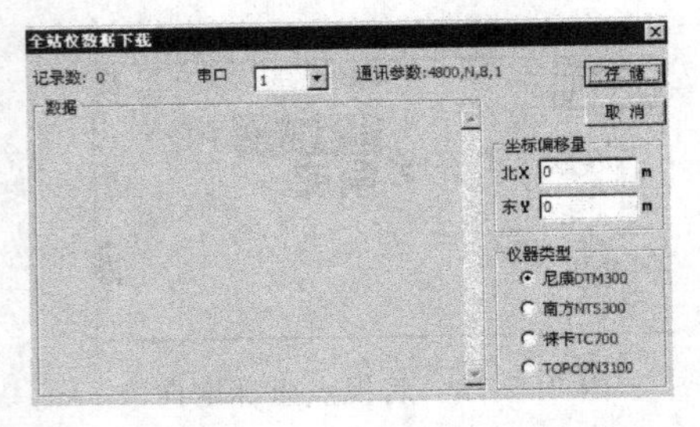

图 2.5.17　【全站仪数据下载】对话框

图 2.5.18　数据通讯菜单

按 1 键进入“数据下载”，如图 2.5.19 所示。

按 MSR1 键（项目）进入项目选择，如图 2.5.20 所示。

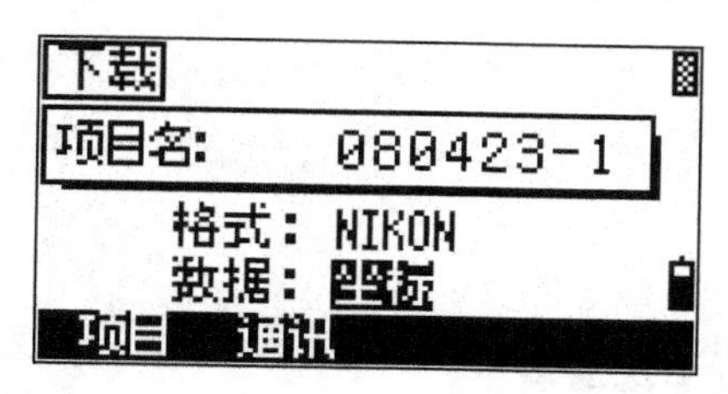

图 2.5.19　下载项目

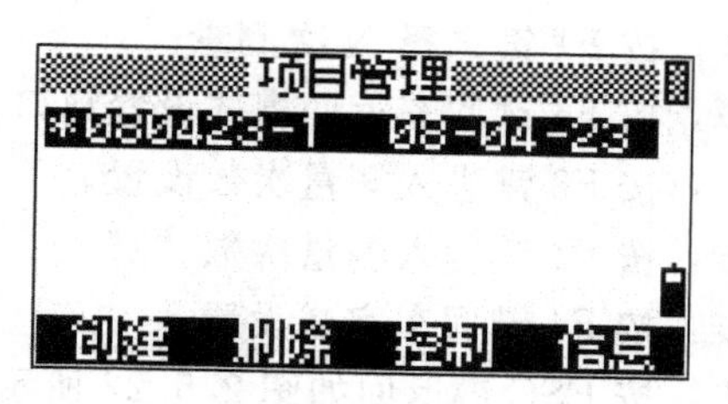

图 2.5.20　选择下载项目

利用上下光标选择待下载项目，单击 REC/ENT 键确定，项目打开并返回到下载界面。利用左右光标键修改“格式”选项为“NIKON”，“数据”选项为“坐标”。

按 REC/ENT 键进入下一步，显示项目中的记录数，等待计算机接收程序准备就绪，如图 2.5.21 所示。

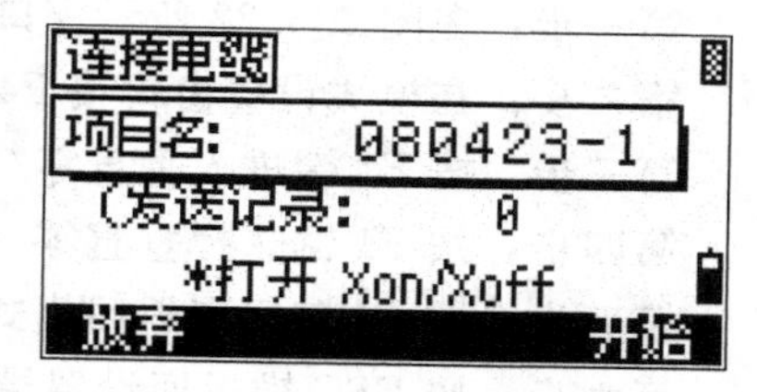

图 2.5.21　开始数据下载

按 ANG 键或 REC/ENT 键下载开始。下载完成后提示是否删除项目，按 MSR1 键放弃删除，按 ANG 键两次删除。在计算机数据下载对话框中单击【存储】按钮保存观测数据。

2. 南方 NTS-352 全站仪数据采集

1）仪器基本设置

第一次使用仪器应确认其基本设置正确，基本设置的主要内容有：角度单位、距离单位、温度气压单位、*N* 次测距次数、垂直角零位置、坐标显示格式、两差改正方法。设置参数永久保存在仪器内部存储器中，只需设置一次即可。

设置方法：在仪器关机状态下，同时按下 F4 键和 POWER 键开机进入基本设置模式，如图 2.5.22 所示，一般只需进行如下设置。

F1：单位设置
F2：模式设置
F3：其他设置

图 2.5.22　基本设置

（1）角度单位设置。一般在测量中将角度单位设置为度（360°），其操作过程为：

第一步：在图 2.5.22 所示窗口按 F1 键进入单位设置窗口。

第二步：在单位设置窗口按 F2 键进入角度单位设置窗口。

第三步：在角度单位设置窗口按 F1 键选择“度”为单位。

第四步：按 F4 键返回单位设置窗口。

第五步：按 ESC 键返回如图 2.5.22 所示基本设置模式。

（2）距离单位设置。一般在测量中将距离单位设置为米（m），其操作过程为：

第一步：在图 2.5.22 所示窗口中按 F1 键进入单位设置窗口。

第二步：在单位设置窗口按 F3 键进入距离单位设置窗口。

第三步：在距离单位设置窗口按 F1 键选择“m”为单位。

第四步：按 F4 键返回单位设置窗口。

第五步：按 ESC 键返回如图 2.5.22 所示基本设置模式。

（3）测距次数设置。一般设置为 1 次。

第一步：在图 2.5.22 所示窗口按 F2 键进入模式设置窗口。

第二步：在模式设置窗口按 F4 键翻至模式设置第 2 页。

第三步：按 F2 键进入 N 次测量/复测。

第四步：按 F1 键选择 N 次测量。

第五步：按 F4 键回车返回模式设置窗口。

第六步：按 F3 键进入测量次数设置。

第七步：按 F1 键输入测量次数“1”。

第八步：按 F4 键回车完成设置。

第九步：按 ESC 键返回如图 2.5.22 所示基本设置模式。

(4) 垂直角零位置设置。一般设置垂直角读数为天顶距。

第一步：在图 2.5.22 所示窗口按 F2 键进入模式设置窗口。

第二步：在模式设置窗口按 F4 键翻至模式设置第 2 页。

第三步：按 F1 键进入垂直零/水平零窗口。

第四步：按 F1 键选择垂直零（垂直角读数为天顶距）。

第五步：按 F4 键回车返回模式设置窗口。

第六步：按 ESC 键返回设置模式窗口。

(5) 坐标显示格式设置。一般把坐标显示格式设置为“NEZ”。需要说明的是显示格式与存储格式无关。

第一步：在图 2.5.22 所示窗口按 F2 键进入模式设置窗口。

第二步：在模式设置窗口按 F4 键翻至模式设置第三页。

第三步：按 F3 键进入 NEZ/ENZ 设置窗口。

第四步：按 F2 键选择“NEZ”。

第五步：按 F4 键回车返回模式设置窗口。

第六步：按 ESC 键返回设置模式窗口。

(6) 两差改正方法设置。

第一步：在图 2.5.22 所示窗口按 F3 键进入其他设置窗口。

第二步：按 F3 键进入两差改正窗口。

第三步：按 F1 键选择“0.14”。

第四步：按 F4 键回车返回其他设置窗口。

第五步：按 ESC 键返回设置模式窗口。

上述设置完成后，按 Power 键并保持 3 秒以上，关闭仪器退出设置。

2) 测站设置

测站设置内容主要包括指定数据存储文件、指定测站点、仪器定向、输入仪器高和棱镜高、测距和存储设置等。其目的是利用仪器测定的水平角（经定向后其值即为测站至目标点的方位角）、垂直角、边长，以及测站点坐标、仪器高、棱镜高计算出目标点的三维坐标，并存储到指定文件中。

选择一个文件
文件：________
输入 调用 —— 回车

图 2.5.23 选择文件

第一步：指定数据存储文件。按 MENU 键进入菜单 1/3，按 F1 键进入数据采集，出现如图 2.5.23 所示界面。

提示选择一个文件，该文件的作用是存储观测数据，观测数据包括水平角、垂直角、边长、坐标等，存储内容与测量模式

（有角度测量模式、距离测量模式、坐标测量模式）有关，不同测量模式下存入的数据不同。默认文件为上次使用的观测数据文件，按 F4 键回车即可选择该文件。

另外还可输入产生新文件或调用已有文件。按 F2 键可以选择调用已有文件，利用光标选中文件，按 F4 键回车即可。其中 M 指示为测量文件，后面为文件中点个数。如果要新建文件可按 F1 键（输入）完成。

无论通过哪种方式，在选定了观测文件后，仪器同时自动隐含产生或选定了一个坐标文件，文件名与观测数据文件相同，指示符为 C。其作用为存储点的坐标，在满足坐标计算条件的测量模式（距离测量和坐标测量可计算坐标，角度测量模式无法计算坐标）下测定的点坐标就存储在该文件中（可由存储设置进行控制），在指定测站点或定向点时可从该文件中自动提取点，点也可下载到计算机中。

上面指定的观测文件和坐标文件，还可在设置测站点和定向前更改。按 F4 键进入图 2.5.24 所示数据采集 2/2 窗口。

按 F1 键进入文件选择窗口，在此，利用 F1 键功能可产生或选择一个观测数据文件，产生新观测数据文件后，仪器自动生成新的同名坐标文件，并隐含选定。利用 F2 键可选择或生成新的坐标数据文件，但仪器不会自动产生同名观测数据文件。

数据采集　2/2
F1：选择文件
F2：输入编码
F3：设置

图 2.5.24　数据采集 2/2 窗口

第二步：设置测站点。选定观测文件后，进入图 2.5.25 所示数据采集 1/2 窗口。

按 F1 键进入图 2.5.26 所示测站点设置窗口。

F1：输入测站点
F2：输入后视点
F3：测量

图 2.5.25　数据采集 1/2 窗口

点号：—>__________
标识符：__________
仪器高：1.555
输入　查找　记录　测站

图 2.5.26　测站点设置窗口

对某个项目输入方法为使用上下光标键选择项目后按 F1 键输入。

测站点输入有以下两种方式。

（1）从坐标文件提取。

当选定的坐标文件中已存有测站点时，输入测站点点号，输入仪器高，按 F3 键记录显示测站点坐标提取结果如图 2.5.27 所示。

提取结果如果正确，按照提示即可完成设置。

（2）直接输入点号及坐标。

当选定的坐标文件中没有测站点时，则需要现场输入。在进入输入测站点功能后，输入新的测站点点号（新点号只能在此输入）和仪器高，按 F4 键测站进入图 2.5.28 所示坐标输入窗口。

N：1000.112
E：2000.332
Z：100.981
>OK?　【是】【否】

图 2.5.27　测站点坐标

测站点
点号：新点号__________
输入　调用　坐标　回车

图 2.5.28　坐标输入窗口

按 F3 键进入坐标输入界面，然后按照提示操作即可完成测站点设置。

第三步：仪器定向及棱镜高输入。精确瞄准后视点棱镜中心，在数据采集 1/2 窗口按 F2 键进入图 2.5.29 所示定向初始界面即可输入后视点相关信息，按照提示输入后视点棱镜高。

如果坐标文件中存储有后视点坐标，按 F1 键输入后视点点号，仪器自动提取后视点坐标并计算测站点至后视点的方位角，确认精确照准后视点，按 F3 键（测量）进入如图 2.5.30 所示测量选择窗口。

后视点－>________
编码　　：________
棱镜高：2.000
输入　置零　测量　后视

图 2.5.29　后视点信息

后视点：1________
编码　　：________
棱镜高：2.000
*角度　斜距　坐标　－－

图 2.5.30　定向测量选择

在图 2.5.30 所示界面中选择一种测量：F1 键（角度测量）、F2 键（距离测量）、F3 键（坐标测量），定向完成并返回到数据采集窗口。

如果已知测站点至后视点的方位角，图 2.5.29 所示窗口中，按 F4 键（后视）后出现如图 2.5.31 所示窗口。

按 F3 键（NE/AZ）进入坐标输入或方位角输入界面，按照提示操作即可完成定向设置。

如果坐标文件中没有定向点时，也可在现场直接输入。方法与前述测站点设置相同，当出现 N、E 坐标输入界面时，输入已知后视坐标。

第四步：检查。设站完成后，还需进行检查测量方可开始碎部点采集。按 ESC 键退出数据采集模式，返回到常规测量的坐标测量状态，精确照准检查点上的棱镜（对中杆上），按坐标测量键测定其坐标，并与已知坐标比对，若误差不大则可开始碎部点采集，否则应排除问题重新设站。

3）碎部点采集

设站、检查完成后，进入数据采集 1/2 窗口，按 F3 键测量进入图 2.5.32 所示碎部点采集窗口。

后视点
点号　：________
输入　调用　NE/AZ　回车

图 2.5.31　方位角定向

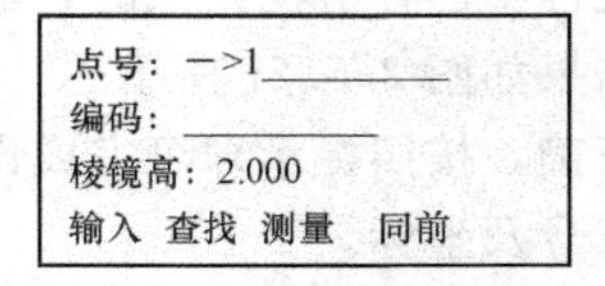

图 2.5.32　碎部点采集窗口

按照提示输入初始点号，当棱镜高需变化时在此可以重新输入。按 F3 键（测量）或按 F4 键（同前）即可进行碎部点测量。测量完成后点自动存入观测文件和坐标文件中，点号在初始点号的基础上自动递增。

4）数据下载

进入菜单 1/3 窗口，按 F3 键选择存储管理，按 F4 键（翻页）直到进入图 2.5.33 所示内存管理 3/3 窗口。

按 F1 键进入图 2.5.34 所示数据传输窗口。

内存管理
F1：数据传输
F2：初始化

图 2.5.33　内存管理 3/3 窗口

数据传输
F1：发送数据
F2：接收数据
F3：通讯参数

图 2.5.34　数据传输窗口

按 F3 键（通讯参数）将仪器的通讯参数和计算机的通讯参数设置一致。

按 F1 键选择发送数据，即可按照提示完成测量数据下载。

3. 拓普康 GPT-3100 系列全站仪数据采集

1）数据存储管理

测量员输入的已知点坐标和测量采集的各种数据以文件的形式存储在仪器内存中。按 MENU 键进入菜单模式，翻至图 2.5.35（a）所示的第 2 页，按 F1 键进入存储管理菜单，该菜单包含 3 个页面 8 个菜单项，可以进行坐标的输入、删除、查找，文件状态查看，文件删除，更名，数据通讯等操作。下面对一些常用功能进行介绍。

菜单　2/3
F1：存储管理
F2：程序
F3：格网因子P↓

（a）菜单第2页

存储管理　1/3
F1：文件状态
F2：查找
F3：文件维护P↓

（b）存储管理第1页

存储管理　2/3
F1：输入坐标
F2：删除坐标
F3：输入编码P↓

（c）存储管理第2页

存储管理　3/3
F1：数据通讯
F2：初始化
P↓

（d）存储管理第3页

图 2.5.35　存储管理菜单

（1）查看文件状态。

数据文件分为测量文件和坐标文件两种，前者记录角度、距离等原始观测数据，后者记录输入或采集的点位坐标。在存储管理菜单第 1 页按 F1 键，首先显示文件状态，即测量文件和坐标文件的个数，翻页后显示数据状态，即内存中所有测量数据和坐标数据的记录条数。

（2）初始化。

如果仪器中积累了大量不再需要的数据，可以使用初始化对其进行快速清除。在存储管理菜单第 3 页按 F2 键，根据提示可以对文件区、编码表或全部数据（即文件区和编码表）进行清除。该操作类似于计算机的磁盘格式化，无法恢复删除的数据，执行时要慎重。

（3）文件维护。

→A1015	/C0033
*A1015	/M0125
@COORDS	/C0033
更名　查找　删除	---

图 2.5.36　文件维护界面

在存储管理菜单第 1 页按 F3 键，进入图 2.5.36 所示的文件维护界面。屏幕前三行为数据文件列表，可用上下光标键前后翻动。每行一个文件，分为前后两部分，前半部分为文件名，后半部分表示文件类型和文件包含的记录条数。“/C”表示坐标文件，“/M”表示测量文件，“/C”和“/M”后面的 4 位数字表示文件中存储的记录条数。文件名称前面的特殊字符描述了文件的使用状态。对于测量文件，“*”表示被数据采集模式选定的文件；对于坐标文件，“*”表示被放样模式选定的文件；“@”表示被数据采集模式选定的文件；“&”表示同时被放样和数据采集模式选定的文件。选定一个文件之后，按 F1

键修改文件名称，按 F2 键查找文件中的测量数据或坐标数据，按 F3 键删除文件。

（4）坐标的输入、修改和删除。

在测量之前，一般需要将控制点或放样点坐标输入仪器，存储在坐标文件中。输入步骤是：在存储管理第 2 页按 F1 键进入图 2.5.37（a）所示的选择坐标文件界面，“FN”符号后显示当前缺省的坐标文件，可以按 F1 键输入新的或已有的文件名称，也可以按 F2 键选择现有的坐标文件，按 F4 键确认文件名。仪器提示选择坐标数据的类型，有“F1：NEZ”和“F2：PTL”两个选项，按 F1 键选择 NEZ 类型，进入图 2.5.37（b）所示的输入坐标数据界面，可以按 F1 键输入点名，也可以按 F2 键调用现有的点名，如果点名已经存在，仪器会提示是否覆盖已有数据。确认点名之后进入图 2.5.37（c）所示的界面，若点已经存在会显示点的现有坐标，输入或修改点的三维坐标，回车进入图 2.5.37（d）所示的输入编码界面，若不需要编码，则直接回车，至此一个点的坐标输入完毕，仪器回到图 2.5.37（b）所示的界面，点号会自动增加 1，可以接着输入或修改下一个点的坐标，也可以按 ESC 键退出坐标输入。

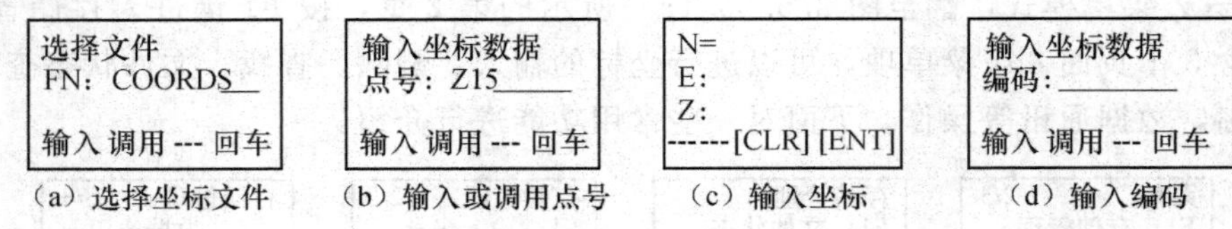

（a）选择坐标文件　（b）输入或调用点号　（c）输入坐标　（d）输入编码

图 2.5.37　输入或修改坐标

在存储管理第 2 页按 F2 键执行删除点的操作，根据提示依次选择坐标文件和点号，仪器显示选择的点的坐标并提示是否删除，选择“是”点被删除。

（5）查找数据。

以查找坐标数据为例，在存储管理第 1 页按 F2 键进入“查找”页面，显示“F1：测量数据”“F2：坐标数据”“F3：编码库”三个选项，按 F2 键选择坐标数据，进入选择文件页面，选择存放数据的文件名称，进入“坐标数据查找”页面，显示“F1：第一个数据”“F2：最后一个数据”“F3：按点号查找”三个选项，根据需要选择一种查找方式（第三种需要输入点号）后，仪器显示指定点的坐标数据，可以按上下光标键翻看与该点前后相邻的其他点的坐标数据。也可以通过“文件维护”菜单中的查找功能查找数据。

2）测站设置

（1）选择文件。

全站仪在测站点上经过设站定向操作之后，就可以测定碎部点，碎部点数据以文件形式存储在仪器内存中。一般每天使用一个碎部点文件，为清晰起见，建议按照小组代码加测量日期的格式命名，如第一组在 10 月 19 日测量的数据文件命名为“A1019”。在采集碎部点之前，需要先建立一个已知点坐标文件，通过手工键入或数据通讯的方式把控制点坐标存储到该文件，并仔细检查，确保没有错误，以便设站定向使用。不要把碎部点数据存储到已知点数据文件中，以免引起不必要的混乱。

在主菜单第 1 页按 F2 键，进入图 2.5.38（a）所示的“选择文件”页面，输入一个新文件名或调用一个已经存在的文件，回车后进入图 2.5.38（b）所示的“数据采集”页面第 1 页。注意刚才选择的文件是用来存放碎部点数据的，输入一个文件名“A1019”，仪器会同时建立“A1019.M”和“A1019.C”两个文件。前者用来存储碎部点的原始测量数据，称为测量数据文件；后者用来存储碎部点坐标数据，称为坐标数据文件。翻页至图 2.5.38（c）所示的“数据采集”页面第 2 页，按 F1 键进入图 2.5.38（d）所示的“选择文件”页面，按 F1 键查看当前选择的测量数据文件，按 F2 键查看当前选择的坐标数据文件，发现这两个操作都会进入图 2.5.38（a）所示的“选择文件”页面，并且当前选择的文件都是“A1019”。因为下一步设站定向需要使用已知点坐标，所以需要将当前选择的坐标文件改变为已知点坐标文件，在图 2.5.38（d）所示页面按 F2 键，进入图 2.5.38（a）所示页面，按 F2 键，仪器显示坐标文件列表，按上下光标键定位到已知点坐标文件，按回车键选定该文件，返回到图 2.5.38（c）所示页面。

选择文件 FN：A1019_ 输入 调用 --- 回车	数据采集　1/2 F1：测站点输入 F2：后视 F3：前视/侧视 P↓	数据采集　2/2 F1：选择文件 F2：编码输入 F3：设置　P↓	选择文件 F1：测量数据 F2：坐标数据
（a）选择碎部点文件	（b）数据采集第1页	（c）数据采集第2页	（d）选择文件

图 2.5.38　选择数据文件

（2）设站。

设站就是将测站点三维坐标和仪器高输入仪器，让仪器知道自身所处的位置。全站仪在测站点上精确对中整平后，在图 2.5.38（b）所示页面按 F1 键进入图 2.5.39（a）所示页面，再按 F4 键进入图 2.5.39（b）所示页面，在该页面设置测站点的点号和三维坐标，分为“输入”“调用”和“坐标”三种方式：方式一是按 F1 键输入已知点点号，若该点存在，仪器会在图 2.5.39（d）所示页面显示该点坐标并让观测者确认，若输入不存在的点号，仪器会提示“点号不存在”；方式二是按 F2 键进入图 2.5.39（c）所示的已知点列表，用光标键定位到测站点后回车，仪器会显示图 2.5.39（d）所示页面；方式三是按 F3 键后根据提示手工输入测站点的三维坐标。一般采用前两种方式。设置并确认测站点的点名和坐标之后，仪器会回到图 2.5.39（a）所示页面，并且测站点的点号会显示在该页面。精确量取仪器高并输入，如图 2.5.39（a）中的“1.457”，仪器提示“>记录？[是] [否]”，选择“是”完成设站。需要注意的是设站的最后一步必须是“记录”，如果不修改仪器高，仪器不会提示记录，这时需要按 F3 键执行“记录”操作，设站完成后仪器返回到图 2.5.38（b）所示页面。

点号→________ 标识符:______ 仪高：1.457 m 输入 查找 记录 测站	测站点 点号：________ 输入 调用 坐标 回车	[YZD] → N1 N2 阅读 查找 --- 回车	N: 23068.497 m E: 17966.603 m Z: 560.412 m >OK? [是] [否]
（a）设站主页面	（b）调用已有测站点	（c）已知点列表	（d）测站点坐标

图 2.5.39　设站操作

（3）定向。

为保证定向的准确性，需要在定向点架设棱镜并精确对中整平，不能用对中杆代替。定向之后，仪器可以随时测出测站点至目标点的坐标方位角，为测定碎部点坐标打下基础。定向在该仪器中被称为“后视”，定向操作分为设置定向点信息和对定向点进行测量两个步骤，下面分别进行介绍。

在图 2.5.38（b）所示页面按 F2 键，进入图 2.5.40（a）所示页面，再按 F4 键进入图 2.5.40（b）所示页面，在该页面设置定向点信息，有四种设置方式：方式一是按 F1 键输入定向点点号，若该点存在，仪器会显示定向点坐标并让观测者确认；方式二是按

F2 键调用已知点列表，用光标键选定定向点；方式三是按 F3 键进入图 2.5.40（c）所示页面，输入定向点的北坐标和东坐标；方式四是在图 2.5.40（c）所示页面再按 F3 键进入图 2.5.40（d）所示页面，直接输入测站点至定向点的坐标方位角。一般采用前两种方式。

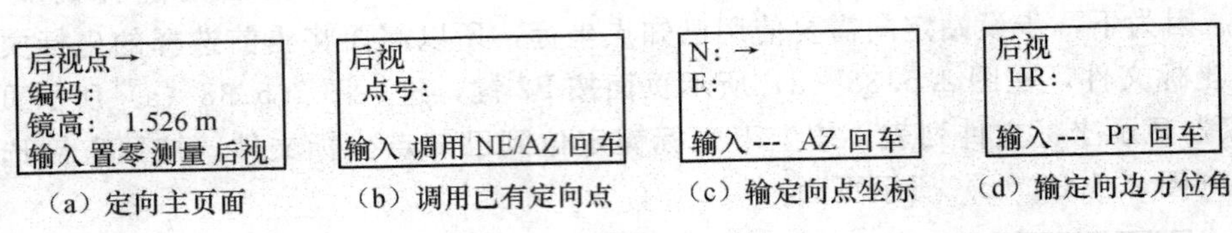

（a）定向主页面 （b）调用已有定向点 （c）输定向点坐标 （d）输定向边方位角

图 2.5.40 设置定向点信息

设置定向点信息之后，仪器返回到图 2.5.40（a）所示页面，按 F3 键进入图 2.5.41（a）所示的测量页面，可以选择进行角度测量、距离测量或坐标测量。在盘左位置用仪器的十字丝中心精确照准定向点上的棱镜中心，输入定向点棱镜高，按 F3 键进行坐标测量，测量完成后仪器在图 2.5.41（b）所示页面显示定向点坐标测量结果，将测定的定向点三维坐标和高程与已知数据比较，如果二者一致，就选择“是”进行确认，仪器依次显示“〈完成〉”和“〈记录!〉”的提示信息，并显示图 2.5.41（c）所示页面，提示是否用刚测量的定向点坐标覆盖仪器中已经存在的定向点坐标，一定要选择“否”。除了测量定向点的坐标之外，也可以选择测量角度或距离，测量结果如图 2.5.41（d）和图 2.5.41（e）所示，可以根据实际情况选择三种测量方式中的一种。需要注意的是，测量定向点之前要将“设置”菜单中的“数据确认”选项设为“是”，测量之后才会显示测量结果并让观测者确认，若设为“否”，则不显示测量结果直接记录。完成定向点测量步骤之后，仪器回到图 2.5.38（b）所示页面。

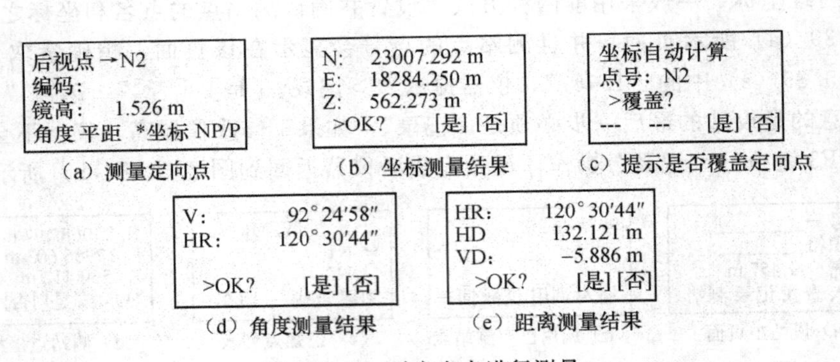

（a）测量定向点 （b）坐标测量结果 （c）提示是否覆盖定向点

（d）角度测量结果 （e）距离测量结果

图 2.5.41 对定向点进行测量

3）碎部点采集

（1）检查设站定向。

正确设站、定向之后，就可以开始测定碎部点。由于将测量的定向点坐标与已知数据进行比对，只能在一定程度上检查设站、定向的正确性，为保证设站、定向准确无误，在测定碎部点之前，必须测量第三个已知点并与已知数据进行比对。

将装有棱镜的对中杆树立在检查点上，全站仪精确照准棱镜中心，在图 2.5.38（b）所示页面按 F3 键进入图 2.5.42（a）所示的“前视/侧视”页面，再按 F3 键进入图 2.5.42（b）所示页面，修改“镜高”与棱镜的实际高度一致，按 F3 键进行坐标测量，测量完成后，将测量结果与已知数据进行比对，提示是否覆盖时选择“否”。若测量的坐标和高程与已知数据一致，说明设站、定向正确，否则需要检查出错的原因后重新进行设站、定向和检查，直到检查合格。出错的可能原因包括已知点坐标输入错误、仪器操作步骤错误、照准偏差大、实地找错点位等。

（2）测定碎部点。

由于设站定向过程中将坐标文件选择为已知点文件，为避免将碎部点数据存入已知点文件造成混乱，需要将坐标文件重新选择为碎部点文件。

点号 →
编码:
镜高:　1.526 m
输入 查找 测量 同前

（a）“前视/侧视”页面

点号 →1
编码:
镜高:　1.500 m
角度 平距 *坐标 P1

（b）测量第1页

图 2.5.42　对检查点进行测量

测定碎部点与测定检查点的方法相同，在碎部点上树立装有棱镜的对中杆，在图 2.5.42（a）所示页面中输入正确的点号和棱镜高，全站仪精确照准棱镜中心，按 F3 键进入图 2.5.42（b）所示的测量页面，再按 F3 键进行坐标测量。测量完成后，显示测量结果，提示用户是否保存，选择“是”确认保存，碎部点数据被存储，点号自动增加 1。用相同的方法可以测定下一个碎部点，以此类推，直到完成一个测站的碎部点采集工作为止。

按照上面介绍的步骤，需要先在图 2.5.42（a）所示页面按 F3 键，进入图 2.5.42（b）所示页面再按 F3 键才能测定一个点的坐标。实际上，按该步骤测完一个点之后，对于其他碎部点，只要在图 2.5.42（a）所示页面直接按 F4 键选择“同前”，就可以直接测定点位坐标，进一步加快测量速度。

（3）数据采集设置。

在图 2.5.38（c）页面按 F3 键，进入图 2.5.43（a）所示的“设置”页面第 1 页，翻页后进入图 2.5.43（b）所示的“设置”页面第 2 页，共有 6 个项目。

设置　1/2
F1：测距模式
F2：平距/斜距
F3：测量顺序 P↓

（a）“设置”页面第1页

设置　2/2
F1：数据确认
F2：采集顺序
F3：坐标自动计算 P↓

（b）“设置”页面第2页

图 2.5.43　数据采集设置

“测距模式”项目包含“F1：精测”“F2：粗测（1）”和“F3：粗测（10）”三个选项，可以选择测距模式为精测或粗测，粗测模式下又可以选择距离观测值显示到 1mm 或 10mm，一般采用精测模式。

“平距/斜距”项目包含“F1：平距”和“F2：斜距”两个选项，在测量定向点和碎部点的页面中，这里选定的“平距”或“斜距”会显示在屏幕的底行，一般采用“平距”，如图 2.5.42（b）所示。

“测量顺序”项目包含“F1：N一次”“F2：单次”和“F3：重复”三个选项，用来设置距离测量的次数，选择“单次”即可。

“数据确认”项目包含“F1：是”和“F2：否”两个选项。如果选择“是”，测量点位坐标之后，仪器会显示测量结果并提示是否保存数据；如果选择“否”，仪器直接保存数据而不提示，并且不显示测量结果。一般测量定向点和检查点时选“是”，测量碎部点选“否”，以加快测量速度。

“采集顺序”项目包含“F1：编辑→测量”和“F1：测量→编辑”两个选项，用来设置数据采集的操作步骤，前者需要先输入点名、棱镜高等数据后再进行测量，后者可以先进行测量再输入有关数据，一般选择“编辑→测量”。

“坐标自动计算”项目包含“F1：是”和“F2：否”两个选项，如果选“否”只保存角度、距离等原始数据到测量文件，而不保存坐标数据到坐标文件，因此测定碎部点时必须选择“是”。

4）数据下载

仪器具备串行通讯功能，用串口通讯线把仪器和计算机连接后，仪器存储的坐标数据和测量数据可以发送到计算机，仪器也可以接收计算机发送的坐标数据并保存到文件，供测定碎部点或点位放样时使用。下面以坐标数据的发送为例介绍数据通讯过程。

用串口通讯线把仪器和计算机正确连接，启动计算机中的数据通讯软件，设置端口号和其他通讯参数并打开串口。在存储管理菜单第 3 页按 F1 键进入图 2.5.44（a）所示页面，因为 SSS 格式比较清晰简单，一般选择该格式。之后进入图 2.5.44（b）所示页面，由于仪器和计算机必须设置相同的通讯参数才可以正常通讯，所以按 F3 键进入图 2.5.44（c）所示页面，按 F1、F2、F3 键对波特率、数据位和校验位、停止位分别进行设置。设置完成后按 ESC 键返回图 2.5.44（b）所示页面，再按 F1 键进入图 2.5.44（d）所示页面，按 F2 键选择发送坐标数据，然后选择要发送的数据文件，仪器要求确认是否发送坐标数据，选择“是”开始发送，发送完成后返回图 2.5.44（d）所示页面。图 2.5.45 显示了计算机成功接收到的坐标数据。

数据传输	数据传输	通讯参数	发送数据
F1: GTS 格式	F1: 发送数据	F1: 波特率	F1: 测量数据
F2: SSS 格式	F2: 接收数据	F2: 字符/校验	F2: 坐标数据
	F3: 通讯参数	F3: 停止位	
（a）选择数据格式	（b）选择收、发数据	（c）设置通讯参数	（d）选择数据类型

图 2.5.44 数据通讯

仪器接收计算机发送的数据的过程与上述数据通讯过程类似。在图 2.5.44（b）所示页面按 F2 键选择接收数据，并输入一个新的坐标文件名，根据提示操作仪器直到出现“〈等待数据!〉”的提示，在计算机上启动具有数据发送功能的串口通讯软件，将事先编辑好的 SSS 格式坐标文件发送到仪器，仪器显示“〈正在接收数据!〉”的提示，计算机发送完数据后，在仪器上按 F4 键停止，返回到图 2.5.44（b）所示页面。可以用查找功能检查仪器接收的坐标数据。

4. 南方 NTS-360 系列全站仪数据采集

1）数据存储管理

在菜单第 1 页按数字键 3 进入图 2.5.46（a）所示的“存储管理”页面，该模式下可以完成的工作包括：文件维护操作，包括文件新建、改名、查找、删除以及点位坐标输入等；设置通讯参数，发送或接收测量数据、坐标数据等数据传输操作；在本地磁盘和 SD 卡之间进行文件导入和导出；初始化参数设置。下面对一些常用功能进行介绍。

（1）检查磁盘的内存状态和格式化磁盘。

如图 2.5.46 所示，在“存储管理”页面按数字键 1 进入文件维护页面，选择一种文件类型（例如坐标文件）后进入磁盘列表页面。“Disk：A”表示全站仪内存空间，“Disk：B”表示 SD 卡。如果 SD 卡有多个分区会显示更多盘符，若未插入 SD 卡则只有磁盘 A。定位到一个盘符，按 F1 键可以查看磁盘类型、文件系统、已用空间、可用空间等磁盘信息，按 F2 键可以格式化选定的磁盘。

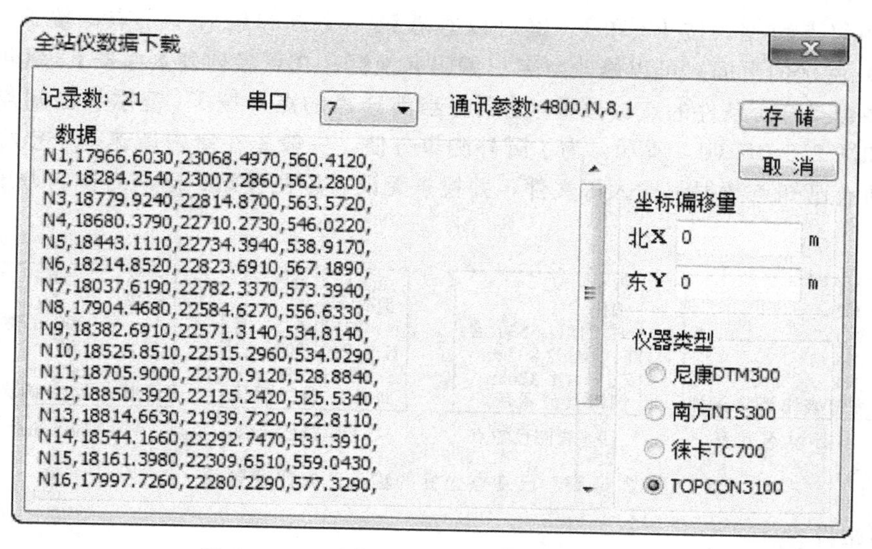

图 2.5.45　计算机接收仪器发送的坐标数据

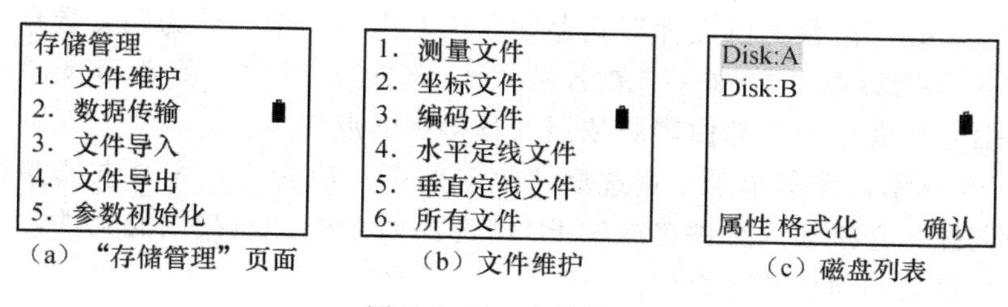

（a）“存储管理”页面　（b）文件维护　（c）磁盘列表

图 2.5.46　存储管理

（2）文件维护。

以维护全站仪内存中的坐标文件为例，在图 2.5.46（b）所示页面选择坐标文件，在图 2.5.46（c）所示页面选择“Disk：A”，按 F4 键确认，进入图 2.5.47 所示的文件列表页面，可以用上下光标键选择文件，用左右光标键进行文件快速翻页，按 F4 键进行状态行翻页。在文件列表第 1 页按 F1 键查看文件占用的内存大小、数据记录条数、创建的时间和日期等属性信息，按 F2 键可以查找名称含有输入关键字的文件；在文件列表第 2 页按 F1 键建立新文件，按 F2 键修改文件名称，按 F3 键删除文件。

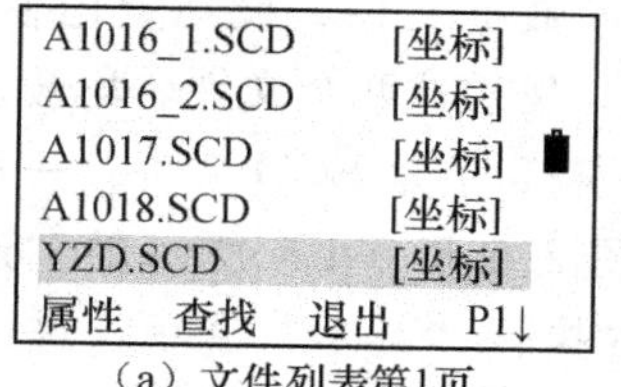

（a）文件列表第1页

A1016_1.SCD [坐标]
A1016_2.SCD [坐标]
A1017.SCD [坐标]
A1018.SCD [坐标]
YZD.SCD [坐标]
新建　改名　删除　P2↓

（b）文件列表第2页

图 2.5.47　文件列表

（3）已知点坐标的输入、修改和删除。

在文件列表中选择坐标文件后按回车键，进入图 2.5.48（a）所示的点名列表页面。选择一个点按 F1 键查看该点数据，结果如图 2.5.48（b）所示，在查阅页面用光标键能够前后翻看各相邻点数据。按 F2 和 F3 键可以查看第一个点和最后一个点，按 F1 键进入图 2.5.48（c）所示的页面，可以修改点名、编码和坐标；在点名列表页面按 F2 键可以根据输入的关键字查找符合条件的点，按 F3 键删除当前选择的点，按 F4 键添加已知点，输入数据的页面如图 2.5.48（d）所示。为了野外测量方便，一般先在室内新建一个坐标文件，将测区内的所有已知点数据都输入该文件，并检查无误，以便设站、定向时作为调用坐标文件使用。

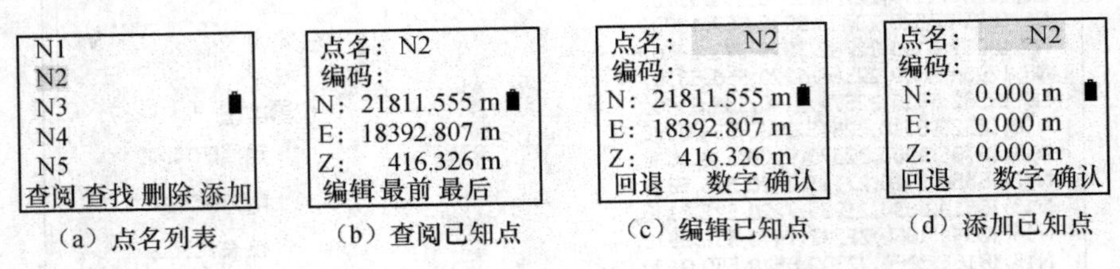

图 2.5.48 已知点坐标的输入、修改和删除

2）测站设置

（1）选择文件。

全站仪测定的碎部点数据以文件形式存储在仪器内存当中，分为测量数据文件（扩展名是“*.SMD”）和坐标数据文件（扩展名是“*.SCD”）两种，前者用来存储角度、距离等原始测量数据，后者用来存储由观测数据计算得到的点位坐标。

如图 2.5.49 所示，在菜单第 1 页选择“数据采集”功能，首先要求选择存储测量数据和坐标数据的文件，直接输入文件名或按 F2 键选择内存中已经存在的文件，进入“数据采集”功能菜单，该菜单包含两个页面。

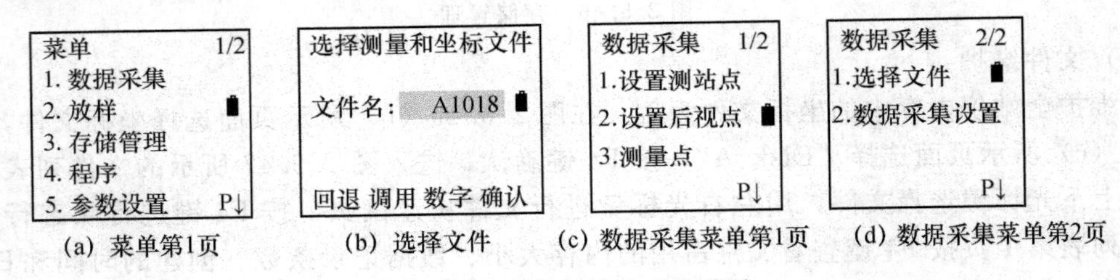

图 2.5.49 数据采集功能菜单

在“数据采集”菜单第 2 页，按数字键 1 进入图 2.5.50（a）所示的“选择文件”页面，该页面有 3 个选项，分别用来设置原始测量数据文件、设站定向使用的已知点坐标文件、存储碎部点坐标的文件。分别检查 1、3 两项，发现这两个文件名均被设置成图 2.5.49（b）中选择的文件名，只不过第 1 个是 SMD 文件，第 3 个是 SCD 文件，一般不需要进行修改。我们需要设置的是第 2 项，按数字键 2，进入图 2.5.50（b）所示的“选择调用坐标文件”页面，直接输入已知点坐标文件名，或按 F2 键执行“调用”选项，进入图 2.5.50（c）所示的盘符列表页面，按 F4 键选择盘符，进入图 2.5.47 所示的坐标文件列表页面，用上下光标键定位到已知点坐标文件，按回车键完成文件选择。若需要新建坐标文件，可在文件列表第 2 页按 F1 键新建文件。

（2）设站。

设站包括设置测站点的点号、坐标和仪器高。测站点坐标可以利用调用坐标文件中的已

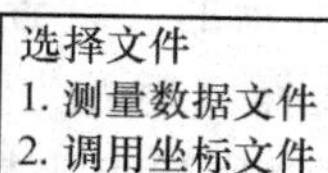

（a）选择文件

选择调用坐标文件
文件名：　A101 8
回退　调用　数字　确认

（b）选择调用坐标文件

Disk：A
属性　格式化　确认

（c）选择盘符

图 2.5.50　选择文件

知点数据来设定，也可以直接由键盘输入，一般使用前一种方法。在数据采集第 1 页按数字键 1，进入图 2.5.51（a）所示的“设置测站点”页面，仪器显示上次设站使用的已知点名称和仪器高。按 F4 键选择“测站”选项，进入图 2.5.51（b）所示的“数据采集 设置测站点”页面。在该页面设置测站点坐标，有以下三种方式。第一种方式是按 F1 键选择“输入”选项，直接输入测站点名称，若调用坐标文件中存在该已知点，则将点位坐标显示在图 2.5.51（c)所示的页面，若坐标正确无误按 F4 键确认，若点名不存在则显示相应提示信息。第二种方式是按 F2 键选择“调用”选项，在图 2.5.51（d）所示页面显示调用坐标文件中的点名列表，用上下光标键定位到测站所在的已知点并回车，仪器也会显示图 2.5.51（c）所示的页面让用户确认。如果测站点坐标还没有输入到调用坐标文件中，可以在图 2.5.51（d）所示页面按 F4 键，进入图 2.5.51（e）所示页面，输入已知点名称和坐标，最好在出测之前将测区内的所有已知点数据输入调用坐标文件并检查无误，以方便野外设站定向时使用。第三种方式是按 F3 键选择“坐标”选项，仪器显示图 2.5.51（f）所示页面，现场输入测站点坐标后按 F4 键确认。需要注意的是，使用该方式输入的测站点坐标不会保存到调用坐标文件中，只能使用一次，并且点名需要在图 2.5.51（a）所示页面中输入。无论采用哪一种设站方式，确认测站点坐标后，仪器都会返回到 2.5.51（a）所示页面，精确量取仪器高并输入，按 F3 键记录，仪器再次显示图 2.5.51（c）所示的确认测站点页面，按 F4 键确认后返回到数据采集第 1 页，设置测站点工作完成。

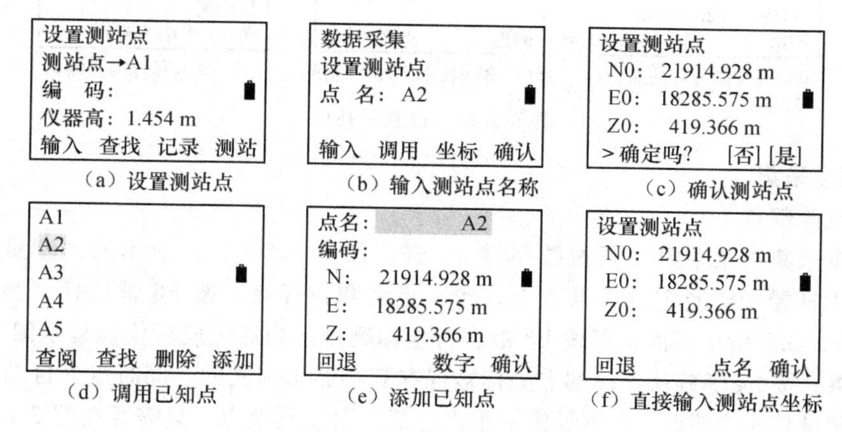

（a）设置测站点　（b）输入测站点名称　（c）确认测站点

（d）调用已知点　（e）添加已知点　（f）直接输入测站点坐标

图 2.5.51　设置测站点

（3）定向。

定向点在本仪器中被称为后视点，定向被称为设置后视点。操作步骤是首先设置定向点坐标或方位角并输入目标高，然后精确照准定向点进行测量。定向操作完成后，仪器的水平角被设置为测站点到定向点的坐标方位角。

在“数据采集”菜单第 1 页按数字键 2，进入图 2.5.52（a）所示的“设置后视点”页面，仪器显示上次定向使用的后视点名称和目标高。按 F4 键选择“后视”选项，进入图 2.5.52（b）所示的“数据采集 设置后视点”页面，在该页面设置后视点坐标或方位角，设置的方式有四种。第一种方式是按 F1 键选择“输入”选项，直接输入调用坐标文件中存在的点名。第二种方式是按 F2 键选择“调用”选项，从调用坐标文件中的点名列表选择后视点。使用这两种方式设置后视点，仪器都会显示图 2.5.52（c）所示的页面让用户确认。第三种方式是按 F3 键选择“NE/AZ”选项，仪器显示图 2.5.52（d）所示页面，现场输入后视点坐标后按 F4 键确认。第四种方式是在图 2.5.52（d）所示页面按 F3 键选择“角度”选项，仪器显示图 2.5.52（e）所示页面，直接输入测站点到后视点的坐标方位角。无论采用哪一种方式，确认后视点坐标或方位角之后，仪器都会返回到图 2.5.52（a）所示页面。仔细量取后视点目标高并输入，用盘左位置精确照准后视点棱镜中心，然后按 F3 键选择“测量”选项，仪器显示图 2.5.52（f）所示页面，选择一种测量模式并按相应的软键进行测量（按 F1 键测角度，按 F2 键测距离，按 F3 键测坐标）。测量完成后仪器显示测量结果（选择不同测量模式，显示的项目不同），并要求用户确认，检查测量结果无误后按 F4 键确认，仪器返回到数据采集第 1 页，设置后视点工作完成。切记定向的最后一步是精确照准后视点测量并确认，否则将前功尽弃！

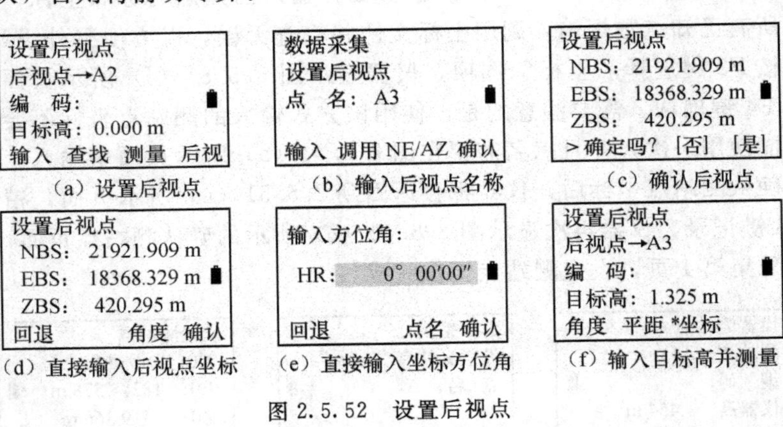

（a）设置后视点 （b）输入后视点名称 （c）确认后视点

（d）直接输入后视点坐标 （e）直接输入坐标方位角 （f）输入目标高并测量

图 2.5.52 设置后视点

3）碎部点采集

（1）测定碎部点。

在“数据采集”菜单第 1 页按数字键 3，进入图 2.5.53（a）所示的“测量点”页面。将棱镜用对中杆置于要测定的碎部点上，输入点名和目标高，按 F3 键选择“测量”选项，进入图 2.5.53（b）所示页面。再按 F3 键进行坐标测量，测量完成后仪器显示图 2.5.53（c）所示测量结果。按 F4 键确认，碎部点坐标被保存到存储坐标文件，同时点号自动增加 1，按照同样方法测量其他碎部点。在测量第一个点之后，对于其他点，只需要在图 2.5.53（a）页面按 F4 键选择“同前”选项，就可以直接测量坐标，不需要再选择测量模式，这样可以加快速度。

需要注意的是，为验证设站、定向操作的正确性，确保碎部点坐标的准确性，在测量碎部点之前以及一个测站测量完成收测之前，都要按照上述方法测定一个已知点，并将测量得到的平面坐标和高程与已知点成果进行比对，若两者的差值超限，应检查原因并重新设站

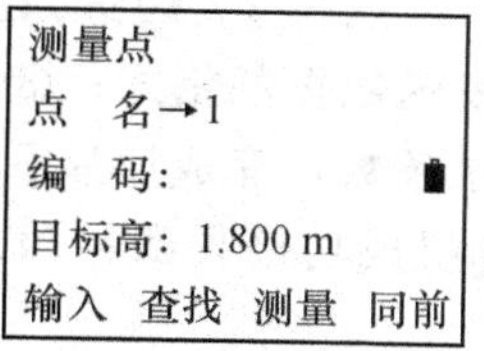

（a）测量点

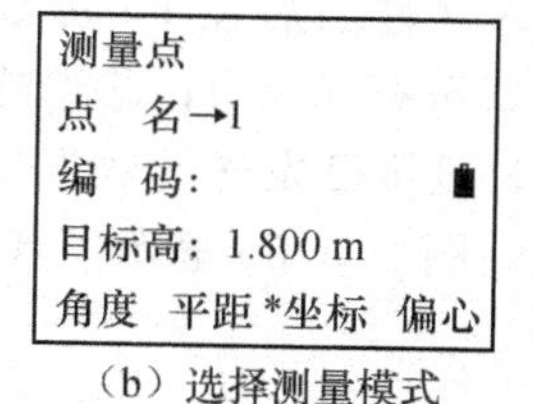

（b）选择测量模式

V:　85°29′20″
HR:　5°58′13″
N:　21921.909 m
E:　18368.329 m
Z:　420.295 m
>确定吗?　[否]　[是]

（c）确认测量结果

图 2.5.53　测量碎部点

定向。

（2）数据采集设置。

在“数据采集”菜单第 2 页，按数字键 2 进入图 2.5.54（a）所示的“数据采集设置”页面，该页面有 4 个项目，可以对数据采集中的一些参数进行设置。

数据采集设置
1. 坐标自动转换
2. 数据采集顺序
3. 数据采集确认
4. 数据采集距离

（a）“数据采集设置”页面

测量点
点　名→　10
编　码:
目标高: 1.800 m
回退　查找　数字　记录

（b）先采集后编辑模式

图 2.5.54　数据采集设置

“坐标自动转换”项目有“开”“关”两个选项。若选择“开”，则仪器自动根据原始测量数据计算碎部点坐标并存入坐标文件，选择“关”则不计算坐标，所以该选项一定要选择“开”。

“数据采集顺序”项目有“先编辑后采集”“先采集后编辑”两个选项，前者要求先设置点名、编码以及目标高后再对碎部点进行测量，后者允许先测量碎部点，测量完成后显示图 2.5.54（b)所示的页面，允许用户对点名、编码以及目标高进行编辑，然后按 F4 键记录碎部点坐标。为加快测量速度，一般选择“先编辑后采集”选项。

“数据采集确认”项目有“开”“关”两个选项，若选择“开”，则会显示图 2.5.53（c）所示的页面，提示用户是否记录测定的碎部点，选择“关”则直接记录测量结果而不提示。在测定检查点时应当选择“开”，以便将测量结果与已知点坐标成果进行对比检查；测定碎部点时应选择“关”，以加快测量速度。

“数据采集距离”项目有“斜距和平距”“平距和高差”两个选项，用来设置数据采集的显示顺序，两者的差别仅仅在图 2.5.53（b）所示页面最底行的第二项有所体现，选择前者时该项显示为“斜距”，选择后者时该项显示为“平距”。

4）数据下载

南方 NTS-360 系列全站仪提供了丰富的数据通讯功能，具备 RS232 传输、USB 传输、存储器模式三种数据通讯模式，传送的数据格式也分为 NTS300 格式、NTS660 格式和自定义格式三种，可以将仪器内存中的各种数据发送到计算机，也可以接收计算机发送的数据。下面介绍常用的向计算机发送坐标数据的串行通讯过程。

用串口通讯线把仪器和计算机正确连接，启动计算机中的数据通讯软件，设置端口号和其他通讯参数并打开串口。在全站仪上的操作如图 2.5.55 所示，步骤如下：①在存储管理页面按 F2 键进入“数据传输”页面；②按数字键 1 进入“RS232 传输模式”页面；③按数字键 3 进入“通讯参数”页面，用上下光标键定位到通讯参数上，用左右光标键修改参数值，使之与计算机中设置的参数一致，按 F4 键完成设置并返回到“RS232 传输模式”页面；④按数字键 1 进入“发送数据”页面；⑤选择发送坐标数据，进入“选择坐标文件”页面；⑥在“选择坐标文件”页面输入文件名后按 F4 键确认，或按 F2 键进入坐标文件列表并选择一个文件后按回车键（如图 2.5.47 所示）；⑦选择发送数据的格式；⑧全站仪开始向计算机发送指定的数据文件，并实时显示已发送的数据记录条数，完成后显示“发送数据结束”，发送过程中可以按 F4 键终止。图 2.5.56 显示了计算机成功接收到的 NTS 300 格式坐标数据。

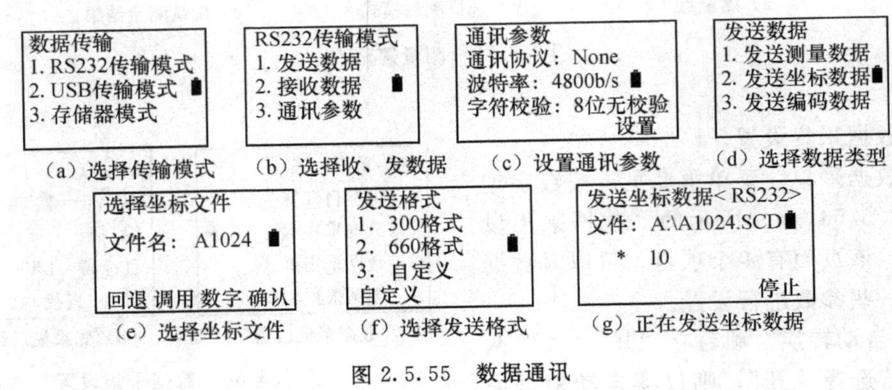

（a）选择传输模式　（b）选择收、发数据　（c）设置通讯参数　（d）选择数据类型

（e）选择坐标文件　（f）选择发送格式　（g）正在发送坐标数据

图 2.5.55　数据通讯

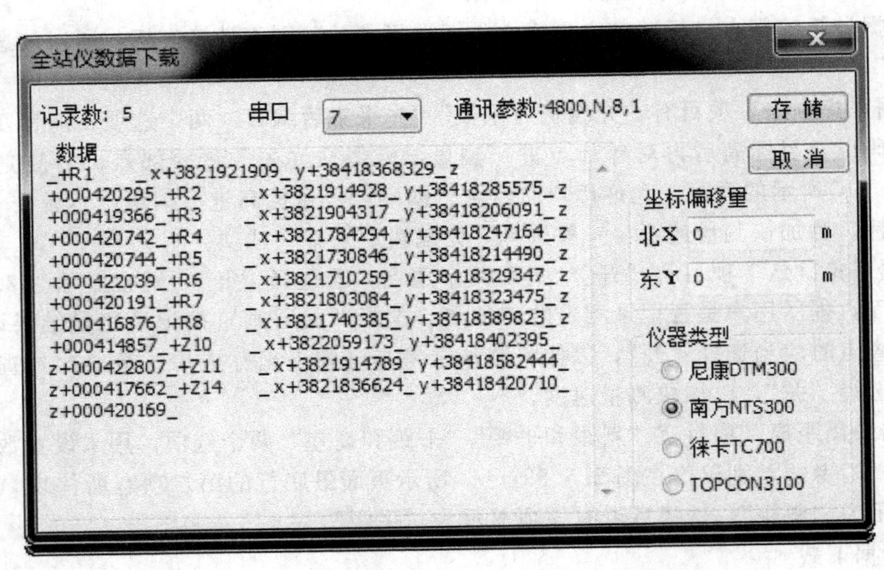

图 2.5.56　计算机接收仪器发送的坐标数据

5. 徕卡 TC402、TC702 全站仪数据采集

徕卡 TC402 全站仪具有无棱镜激光测距功能，其他功能与操作和徕卡 TC702 全站仪相同。

1）仪器基本设置

（1）设置数据记录方式。按“菜单”键，再按“翻页”键进入菜单功能 2/2，按 F1 键进入系统设置，按“翻页”键两次进入系统设置 3/4，如图 2.5.57 所示。

按 F4 键完成设定后，按“退出/取消”键退出设置。

（2）设置通讯参数。按“菜单”“翻页”键到菜单 2/2，按 F3 键进入通讯设置，如图 2.5.58 所示。

数据输出——内存
GSI/8/16——GSI8
MASK1/2　—　—
MASK2

图 2.5.57　系统设置

波特率— —9600
数据位— —8
奇偶位- —无
行标志— —回车换行
停止位— —1

图 2.5.58　通讯参数设置

按 F4 键完成设置后，按“退出/取消”键退出设置。

2）测站设置

按“菜单”键、F1 键进入“应用程序”页面，按 F1 键进入“测量”功能，按 F1 键开始设置作业，选择“作业”项或按 F1 键“增加”作业，按 F4 键“确定”作业设置完成。

按 F2 键进入测站设置，输入测站点点号，可用列表选取或坐标输入两种方式：选择“列表”项后，选定测站号按 F4 键确定；选择“坐标”项后输入点号、X、Y、H，按“保存”键，继续输入仪器高，按 F4 键确定测站设置完成。

按 F3 键定向，出现两种定向方式，F1 键人工输入和 F2 键坐标定向。人工定向需输入后视点点号、棱镜高、定向角（按左右光标键开始输入），输入完成后，精确照准后视方向按 F4 键设定；坐标定向利用“列表”方式或“坐标”方式输入定向点坐标、棱镜高，按 F4 键确定定向完成。

按 F4 键开始，进入采集过程，起始点号和棱镜高的修改方法为：移动上下光标键使项目高亮显示，按左右光标键便可开始修改。

3）数据下载

按“菜单”键、F4 键进入传输设置，设置项目为：作业——待传输作业名，数据——测量值，格式——GSI。按 F4 键开始发送。按“取消”键两次退出菜单。

2.5.4　注意事项

1. 数据采集

（1）数据采集应首先确定地物地貌的综合取舍，明确需要采集地形要素的内容、表示方法，以及各种要素的特征点位置，做到心中有图。采集过程由近到远逐片逐地物进行，避免漏测重测，组成员各负其责、积极沟通，出现问题集体分析协调解决。

（2）草图上地形要素之间的相互位置必须清楚正确，各种名称、地物属性等必须标注清楚，字头向北。

（3）点状要素（独立地物）能按比例表示时，应按实际形状采集，不能按比例表示时应精确测定其定位点或定向点。有方向性的点状要素应先采集其定位点，再采集其方向点（线）。

（4）线状地物要采集转折点，曲线形状的地物需要适当增加测点的密度，以保证曲线的准确拟合。

（5）具有多种属性的线状要素（线状地物、面状地物公共边、线状地物与面状地物边界线的重合部分），只可采集一次。

（6）隐蔽区域可采用支站、量距、交会等方法测定。

（7）测量过程中，绘草图者要经常和观测者核对点号（一般每测定 10 个点左右核对一次），确保草图的点号与仪器的点号严格对应，防止错乱。

2. 仪器操作

(1) 定向和测定碎部点一般都使用盘左位置。对于有些全站仪，如果用盘左位置定向，用盘右位置测定碎部点，测定的点位坐标将以测站为中心旋转 180°。为了防止误操作，设站时首先用盘左瞄准定向目标，然后再进行测站设置。

(2) 如果定向检查不合格，需要认真检查出错原因后重新定向，直到合格为止。定向出错的常见原因包括已知点坐标输入错误、仪器操作步骤错误（例如忘记测量定向点）、照准偏差大、实地找错已知点等。

(3) 对大多数全站仪来讲，关机后只要照准部不动，重新开机其方位不会发生变化，但为了确保数据安全可靠，重新开机后必须进行方位检查方可继续测量。

(4) 由于测量过程中可能存在仪器被碰动、误操作破坏定向等问题，所以结束测量之前要再次检查定向的正确性，确保测定的碎部点数据没有错误。

(5) 不同仪器的操作方法差别较大，尤其是设站定向的操作更甚。有的仪器直接将采集数据保存到内存，有的仪器必须通过设置将数据保存到指定介质（内存、串口、屏幕），因此，在采集数据之前必须检查存储位置是否正确。

(6) 设站定向时需要调用已知点坐标文件，测定的碎部点要存储到碎部点坐标文件，应及时切换当前使用的文件，避免已知点和碎部点混在一起造成不便。

(7) 点号要尽量简短，点号太长，展点后会在计算机屏幕上互相压盖。

(8) 必须保证仪器上设置的棱镜高与实际高度一致，调整对中杆高度之后及时修改棱镜高，以免高程测定错误。

(9) 可以每个测站创建一个碎部点文件，也可以每半天或每天创建一个碎部点文件。

2.5.5 成　果

本科目成果包括野外绘制的草图和下载到计算机的测量数据等两部分，它们是后期数字地形图绘制和编辑的基础。

2.5.6 建议或体会

2.6　南方 S82T GPS RTK 测记法数据采集

2.6.1　教学目的及要求

（1）了解 GPS RTK 测量系统的系统组成和操作方法。

（2）理解 GPS RTK 测量系统的测量原理、各种作业模式及其特点。

（3）掌握利用 GPS RTK 技术进行图根控制测量和碎部点测量的作业方法。

（4）每 2～3 名学生为一组，计划 4 学时。

2.6.2　教学准备

1. 器材

（1）南方 S82T GPS RTK 基准站 1 套（公用）。

（2）每组南方 S82T GPS RTK 移动站 1 套。

（3）已知控制点成果 1 份，Microsoft ActiveSync 4.5 软件 1 份。

2. 场地

由教师指定的训练场。

2.6.3　教学过程

1. 认识 RTK 测量系统

1）RTK 系统组成

RTK 测量系统可工作在 1＋N 电台模式、1＋N 网络模式和 CORS（连续运行基准站）网络模式，不同模式系统组成各异。

（1）1＋N 电台模式。基准站包括 S82T 1 台、GDL 电台 1 台、电瓶 1 个，以及 Y 电缆、特高频（UHF）发射天线、附件等。移动站包括 N 台 S82T、手簿、对中杆、UHF 接收天线、配件等。如图 2.6.1 所示。

（2）1＋N 网络模式。此模式与电台模式的区别在于数据链的不同，即用联通或移动网络替代电台。基准站包括 S82T 主机、手机卡（开通 GPRS 上网业务）、网络天线、附件等。移动站包括 N 台 S82T、手簿、手机卡（开通 GPRS 上网业务）、网络天线、对中杆、附件等。

（3）CORS 网络模式。此模式用户无需自设基准站，基准站功能由 CORS 服务中心通过虚拟参考站数据服务替代。用户只需移动站设备，以及 N 台 S82T 主机、手机卡（已在当地 CORS 服务中心注册）、手簿、对中杆、附件等。

2）系统硬件连接

网络模式和 CORS 模式只需将手机卡装入主机手机卡槽即可，电台模式按以下步骤连接设备。

（1）基准站。用 Y 电缆将基准站接收机、PDL 电台、电瓶连接起来，注意红色夹子接电瓶正极，黑色夹子接负极，接反可能损坏接收机和电台。将电台与 UHF 发射天线连接。

（2）移动站。将手簿托架套在对中杆上，调节合适高度，再将手簿固定在托架上。将

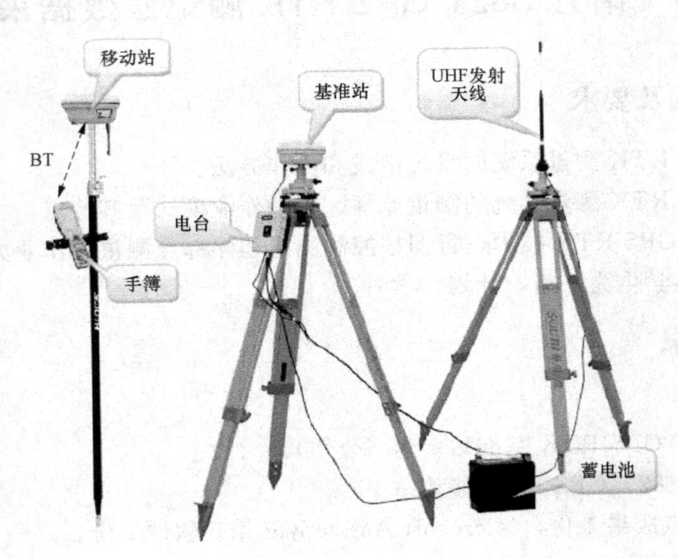

图 2.6.1 RTK1＋N 电台模式系统组成

UHF 接收天线安装在移动站主机上。

3）手簿

南方公司 RTK 测量软件工程之星 3.0 可安装于 Psion7527 和 S730 手簿。以图 2.6.2 所示的 Psion7527 手簿为例手簿各部名称及使用方法如下。

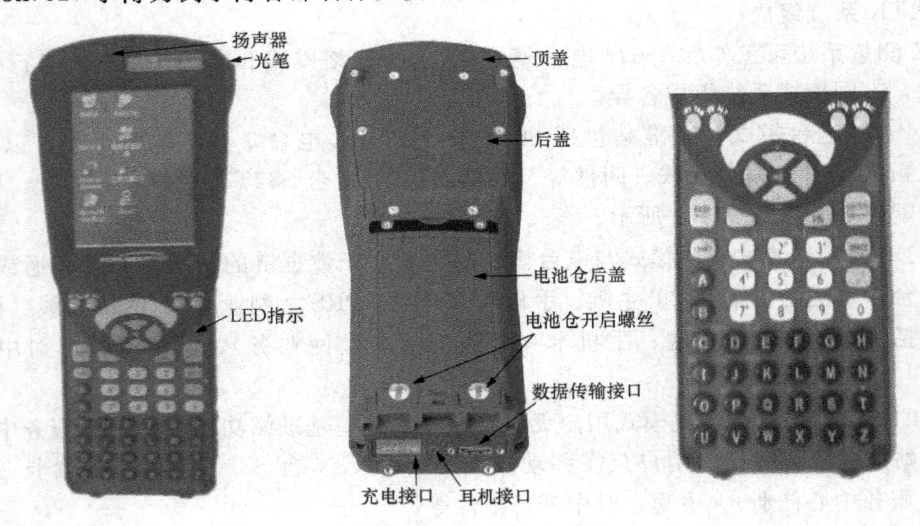

图 2.6.2 Psion7527 手簿

（1）开/关机：至少按住 ENTER 键 1 秒，当指示灯闪绿时，松开 ENTER 键将开机。先按蓝色〈FN〉键，再按〈ENTER/ON〉键将关机。

（2）操作方式：手簿支持触摸屏操作，也可使用键盘操作。配备了 52 键字母型和背光灯式的标准键盘，其中部分按键为辅助功能键。从手簿键盘上可以看到灰色键区域和白色键区域。

（3）功能键：手簿键盘中的 SHIFT、CTRL、ALT、黄色 FN 和蓝色 FN 键为功能键，所有的功能键均为一次性使用键。SHIFT、CTRL 和 ALT 键的功能与计算机键盘上的功能相同，只是手簿上不能同时按下两个键，使用功能键时必须先按下该键，再选取你要实现的键。而且所有的功能键均为一次性使用键。当按下一次功能键时，该键的名称以小写字母的形式出现在屏幕下方的工具栏内。

（4）组合键和快捷键：如果触摸屏出现问题或是反应不灵敏，可以用键盘来实现，见表 2.6.1。

表 2.6.1　组合键和快捷键

功能	快捷键或组合键
应用程序间切换	ALT 和 TAB 键
打开任务管理器	ALT 和 ESC 键
移动光标	箭头键
打开文件夹或文件	ENTER 键
退出（保存）	ENTER 键
关闭或退出（不保存）	ESC 键
增加空格	SPACE 键
调出开始菜单	蓝色 FN 和 . 键

4）工程之星软件

工程之星程序名为 EGStar. exe（图标为黄色安全帽），启动后界面如图 2.6.3 所示，界面主要分为三个区。

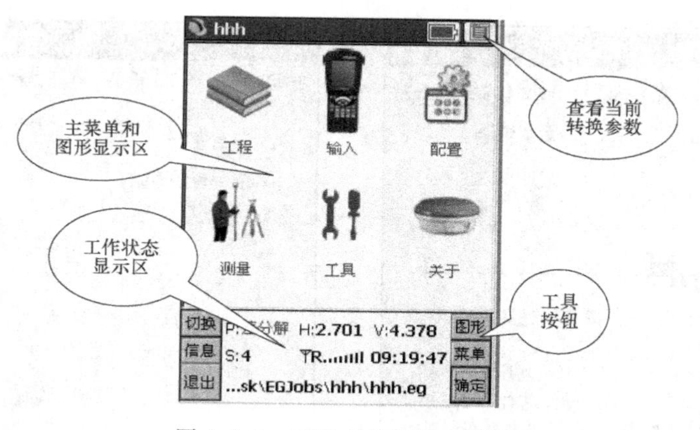

图 2.6.3　工程之星软件主界面

（1）菜单和图形显示区：用于执行各种功能组，点选某个组后弹出改组功能菜单，在进入测量功能后，显示测量点位。

（2）工具按钮区：主要用于图形/菜单切换、卫星和基站信息查阅、功能的退出和确认，在进行点测量时，工作状态显示区底部，显示图形移动、缩放操作，点位测量数据的存储、设置等功能键。

(3) 工作状态显示区：显示 RTK 差分解状态、精度、卫星数、数据链状态等信息。

窗口右上角功能键，用于查阅当前工程的转换参数等信息。

5) 手簿与主机蓝牙配对

打开接收机电源后，手簿操作步骤如下：

单击【开始】→【设置】→【控制面板】选项，在控制面板窗口中双击【电源】图标，如图 2.6.4 所示。

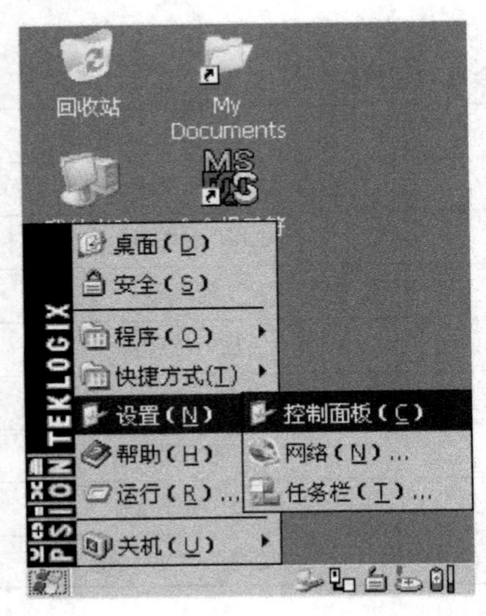

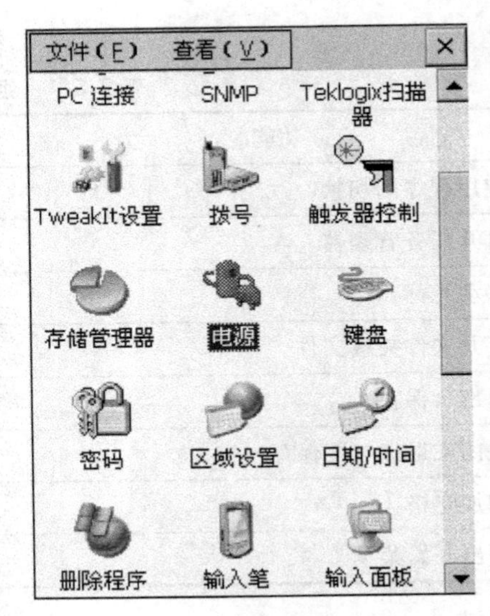

图 2.6.4 蓝牙连接-1

第一步：启用蓝牙。在【电源属性】对话框中单击【内建设备】标签，勾选【启用蓝牙】复选框，单击【OK】按钮返回控制面板，如图 2.6.5 所示。

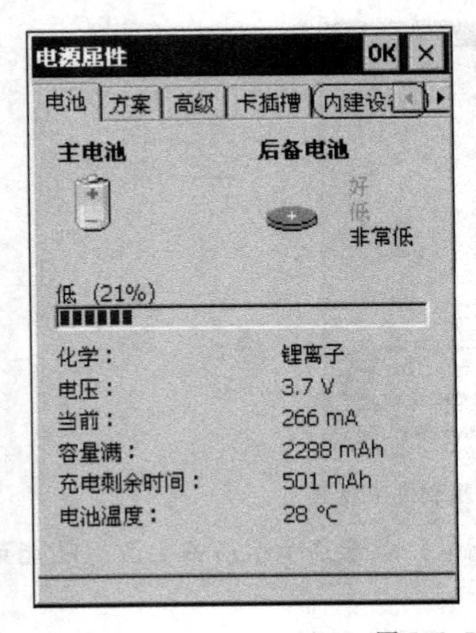

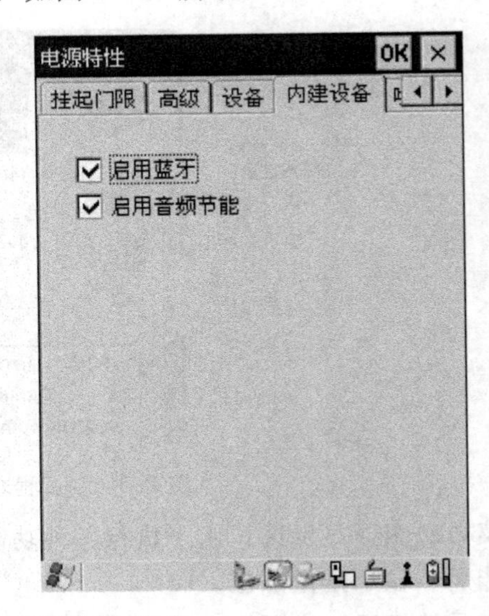

图 2.6.5 蓝牙连接-2

第二步：进入蓝牙设备管理。单击【Bluetooth 设备属性】图标，进入【设备】标签页面，如图 2.6.6 所示。

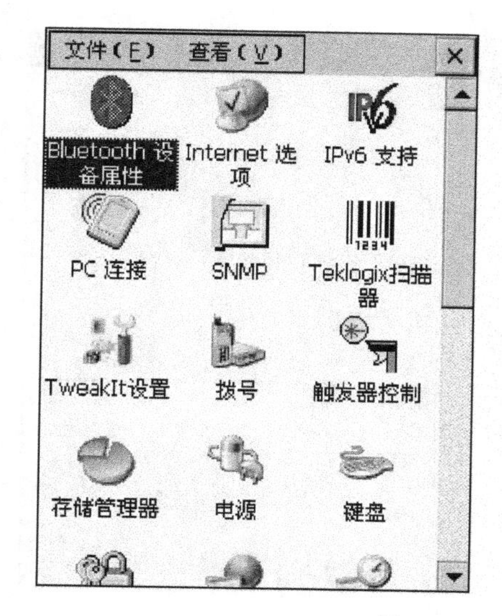

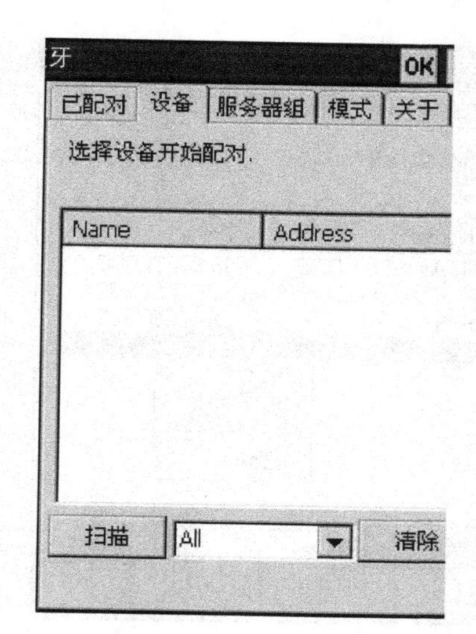

图 2.6.6　蓝牙连接-3

第四步：扫描设备。单击【扫描】按钮，搜索附近的蓝牙设备，完成后显示蓝牙设备名称和地址，如图 2.6.7 所示。

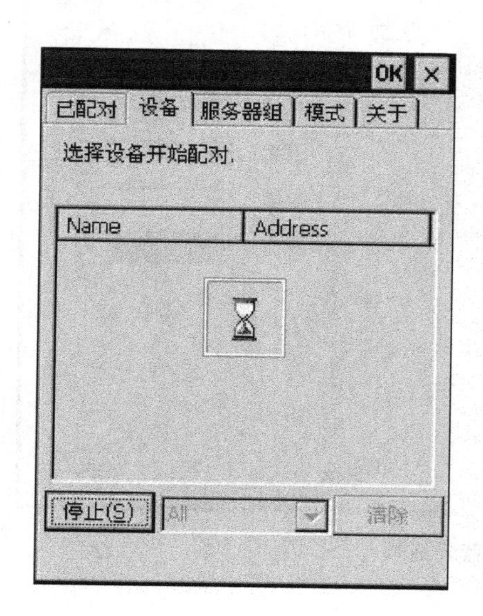

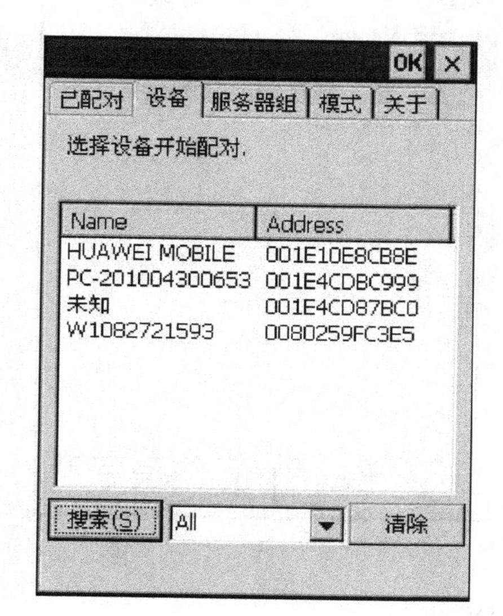

图 2.6.7　蓝牙连接-4

第五步：选择设备。单击并保持要连接的主机编号，弹出快捷菜单，选择【配对】选项进入认证界面，忽略密码输入进入下一步，如图 2.6.8 所示。

第六步：指定端口。勾选串口项“Serial Port”，单击“完成”弹出串口方式界面，模式选择“串”，加密选择“禁用”，任选一个空闲端口“COM×”，如 COM0，单击“下一步”返回服务界面，单击“完成”该设备配对结束，如图 2.6.9 所示。

采用同样方法将其他主机与手簿配对，注意记住不同的接收机对应的 COM 端口号，在使用手簿控制接收机时，需要打开相应的端口号。

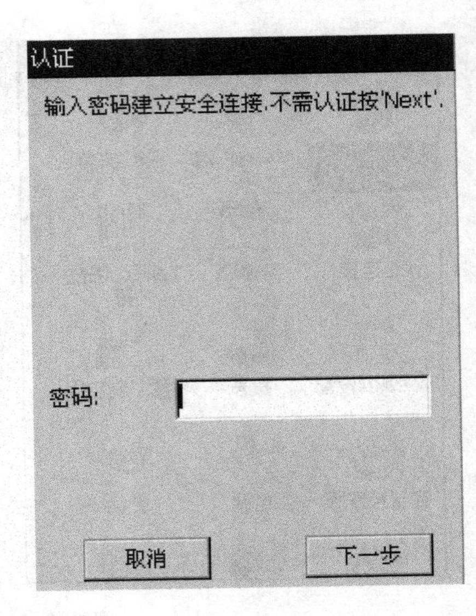

图 2.6.8 蓝牙连接-5

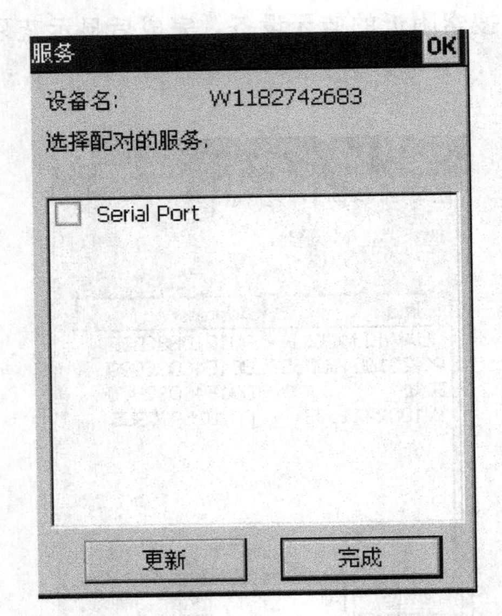

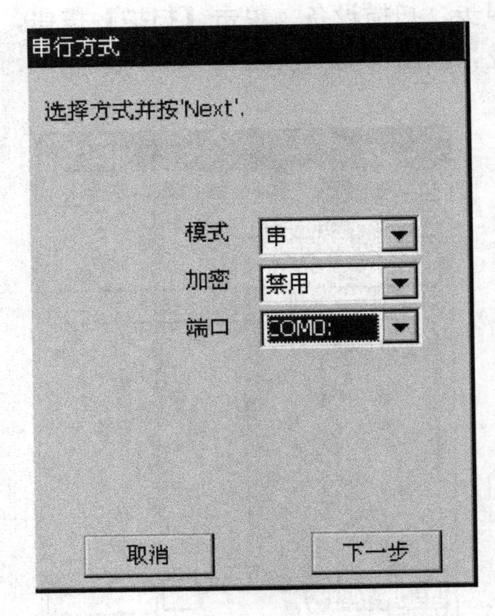

图 2.6.9 蓝牙连接-6

6）GDL 电台

GDL 电台用于将基准站观测数据发送到移动站，其外观及各部功能如图 2.6.10 所示。GDL 电台具有 8（1～8）个频道，有 15W 和 25W 两种功率模式。

2. 基准站模式设置

基准站可工作在两种模式下，作业前应进行设置，接收机自动存储设置模式，以后若不改变设置，开机即进入上次设置模式。

1）基准站＋外接模块

按照 GPS 静态控制测量中方法，设置接收机为“基准站＋外接模块”模式。F 功能键查询显示如图 2.6.11 所示。

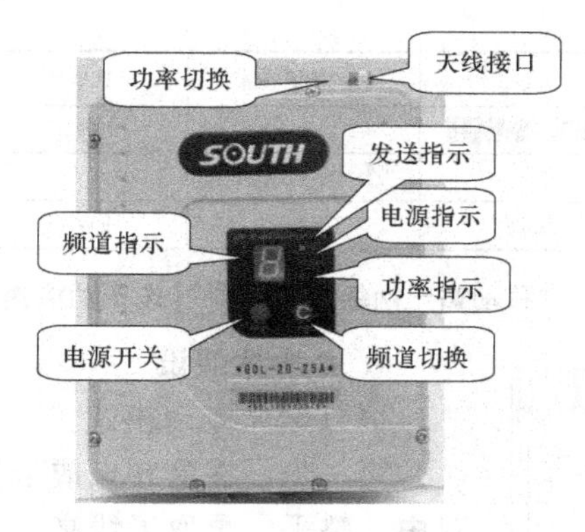

图 2.6.10　GDL 电台

F	STA	BT	BAT	P
	DL	SAT	PWA	

图 2.6.11　“基准站＋外接模块”模式 F 功能键查询显示

2）基准站＋网络

按照 GPS 静态控制测量中方法，设置接收机为“基准站＋网络”模式。F 功能键查询显示如图 2.6.12 所示。

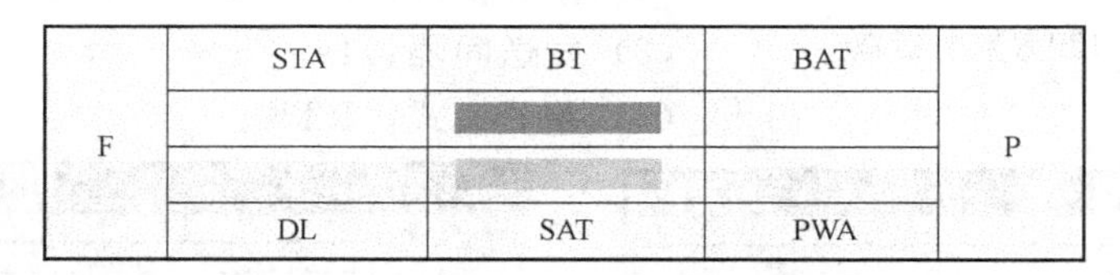

F	STA	BT	BAT	P
	DL	SAT	PWA	

图 2.6.12　“基准站＋网络”模式 F 功能键查询显示

3. 移动站模式设置

移动站可工作在三种模式下，作业前应进行设置，接收机自动存储设置模式，以后若不改变设置，开机即进入上次设置模式。移动站与基准站数据链模式应一致。

1）移动站＋内置电台

按照 GPS 静态控制测量中方法，设置接收机为“移动站＋内置电台”模式。F 功能键查询显示如图 2.6.13 所示。

F	STA	BT	BAT	P
	DL	SAT	PWA	

图 2.6.13　“移动站＋内置电台”模式 F 功能键查询显示

2）移动站＋网络/CORS

按照 GPS 静态控制测量中方法，设置接收机为“移动站＋网络”模式。F 功能键查询显示如图 2.6.14 所示。

F	STA	BT	BAT	P
	DL	SAT	PWA	

图 2.6.14 “移动站＋网络/CORS”模式 F 功能键查询显示

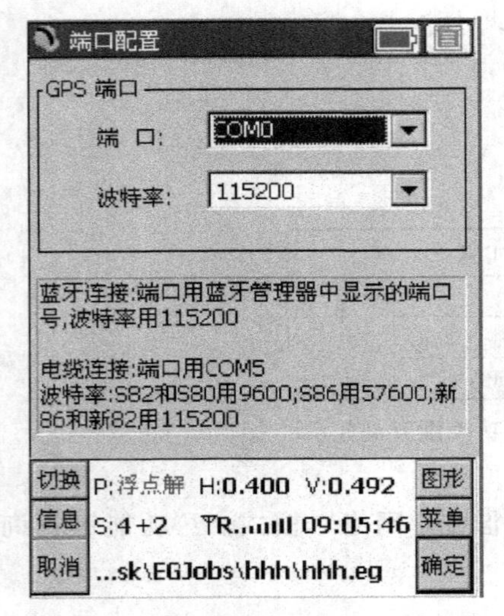

图 2.6.15 【端口配置】对话框

4. 基准站架设

1）1＋N 电台模式

第一步：在已知点或未知点设站。在已知点设站需对中、整平、量取天线高；在未知点只需整平即可。连接主机、电台、电瓶、天线等后开机。

第二步：手簿与接收机建立蓝牙连接。启动工程之星软件，选择【配置】→【端口配置】选项，如图 2.6.15 所示，选择基准站的配对端口号，单击【确定】按钮，软件读取接收机模式等信息返回主菜单。

第三步：设置基准站参数。选择【配置】→【仪器设置】→【基准站设置】选项，如图 2.6.16 所示。各项参数意义及设置如下。

（1）差分格式：RTCM3。

（2）发送间隔：1s。

（3）差分模式：RTK。

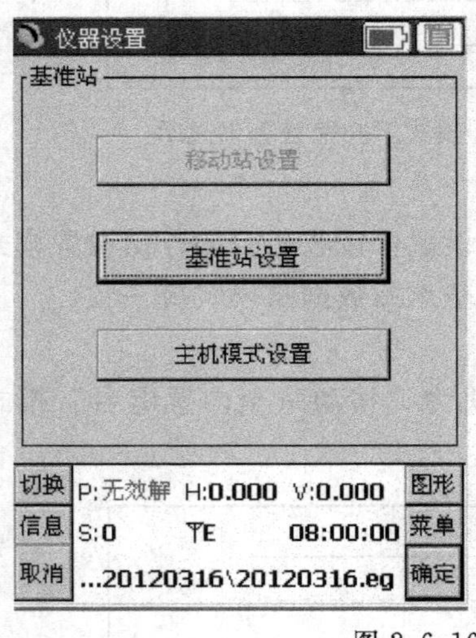

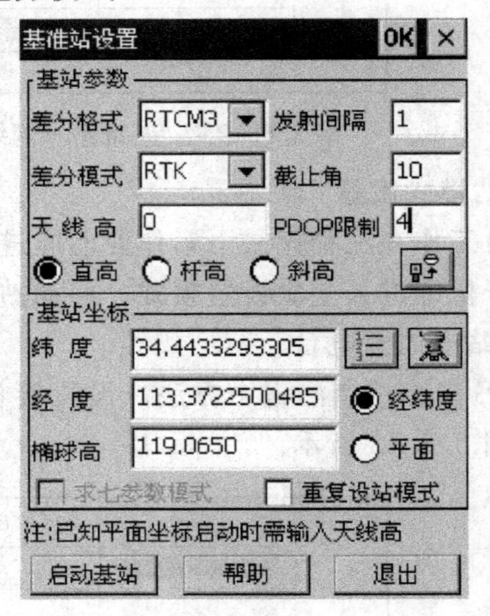

图 2.6.16 基准站设置

（4）截至角：使用卫星高度角限制，建议为 10°。

（5）天线高：分为斜高、杆高和直高三种，通常基准站量取斜高，流动站输入杆高，直高为系统计算的相位中心的垂高。

（6）PDOP：使用卫星 PDOP 限制，通常输入 3，若 PDOP 限制较松时，达到固定解时间较长。

单击图标设置参数发送至接收机。已知点设站时，需要输入已知点坐标（静态控制网平差值），可键入或从点库提取；未知点设站时，使用接收机的单点定位值，单击图标提取。重复设站一般不用，只有接收机高度和点位不变时，选择此选项下次开机后自动开始工作。单击【启动基准站】按钮，基准站开始工作，当 PDOP 达到设定要求时，发送差分信号，STA 灯闪烁，电台 TX 发射灯同步闪烁。按 C 键电台频道在 1～8 间切换。

2）1＋N 网络模式

此模式与 1＋N 电台模式的区别在于使用网络替代了电台通信，故在“1＋N 电台模式”中设置的基础上还需要对基准站进行网络配置。

选择【配置】→【仪器设置】→【主机模式设置】→【模块】→【编辑】选项。设定方式为“EAGLE”，地址“58.248.35.130”和端口“6060”为南方公司提供，用户名和密码可任意输入，接入点为基准站编号。单击【确定】按钮进入参数配置阶段，如图 2.6.17 所示。再单击【确定】按钮返回到网络配置界面。单击【连接】按钮主机会根据程序步骤一步一步地进行拨号连接，如图 2.6.18 所示。连接成功单击【确定】按钮，进入到工程之星初始界面。

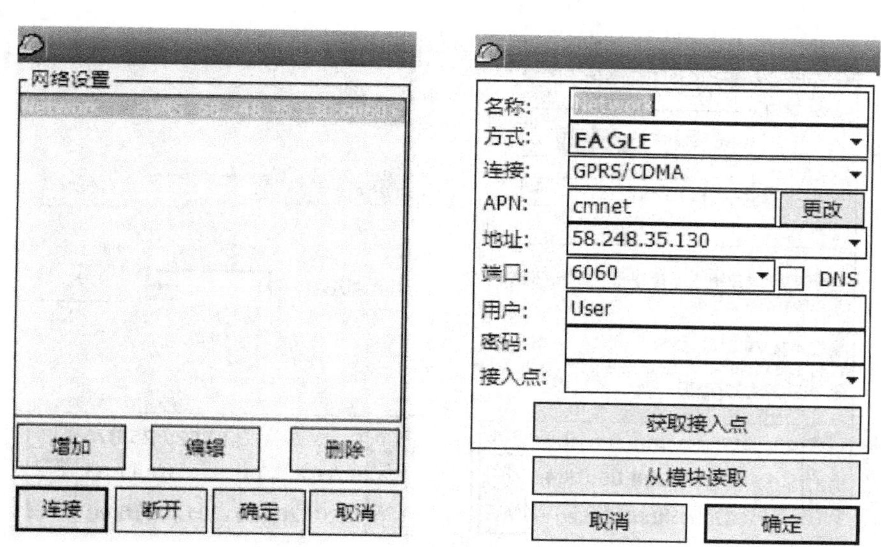

图 2.6.17　网络参数配置

5. 移动站架设

1）电台模式

第一步：手簿与接收机连接。选择【配置】→【端口配置】选项，选择移动站对应端口号，单击【确定】按钮，软件读取接收机工作模式等设置信息，如图 2.6.19 所示。

第二步：设定电台频道。选择【配置】→【仪器设置】→【主机模式设置】→【电台】选项，出现如图 2.6.20 所示界面，在此可读取、设置流动站频道。注意流动站接收频道应与电台频道一致。

第三步：设置移动站参数。选择【配置】→【仪器设置】→【移动站设置】选项，出现如图 2.6.21 所示界面。

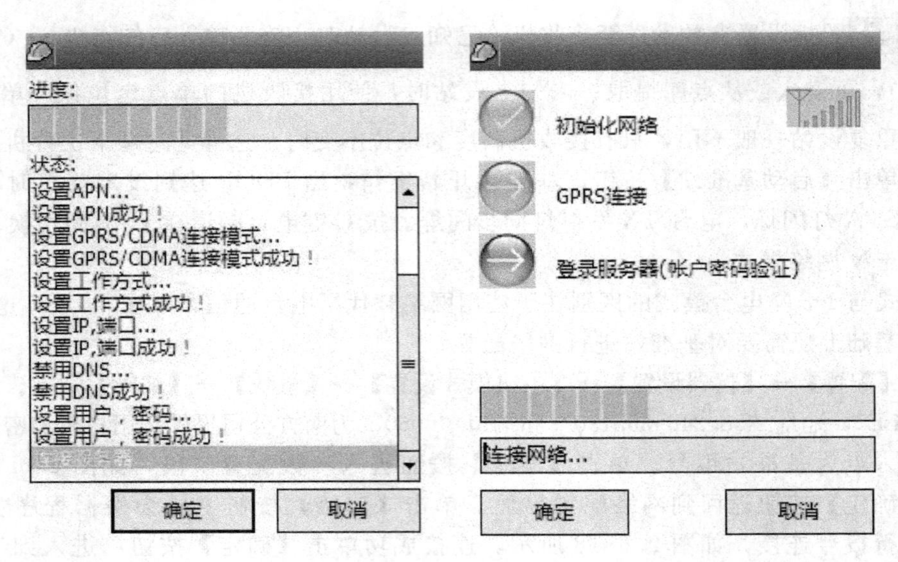

图 2.6.18 网络连接

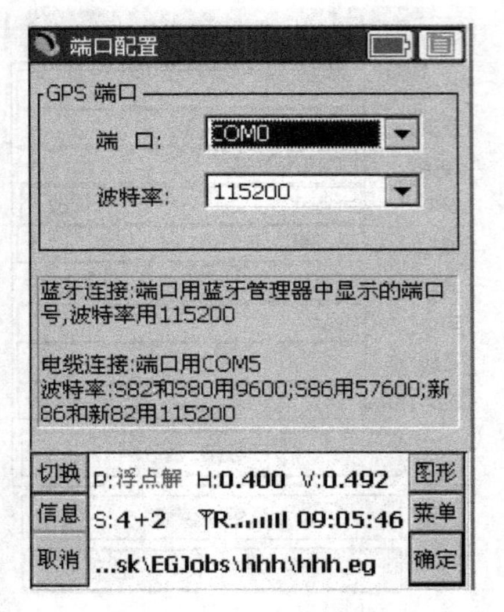

图 2.6.19 【端口配置】对话框

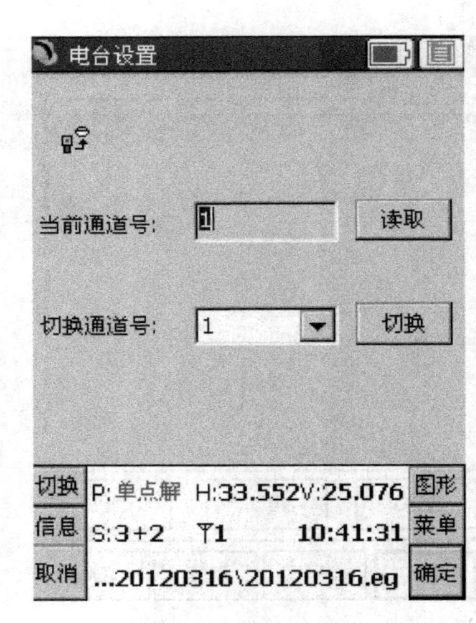

图 2.6.20 设定电台频道

解算精度水平：通常选“high”窄带解，“common”宽带解较“high”精度低 2～3cm，“low”一般不用。

RTK 解算模式：“NORMAL”。

差分数据格式：选“RTCM3”，应与基准站设置一致。

NetWork Mode：选“disable”，禁用网络模式。

SBAS Control：选“disable”，禁用卫星差分。

GLONASS：选“enable”，使用 GLONASS 卫星。

单击【确定】按钮完成设置，返回到【仪器设置】界面，再单击【确定】按钮返回到主界面。

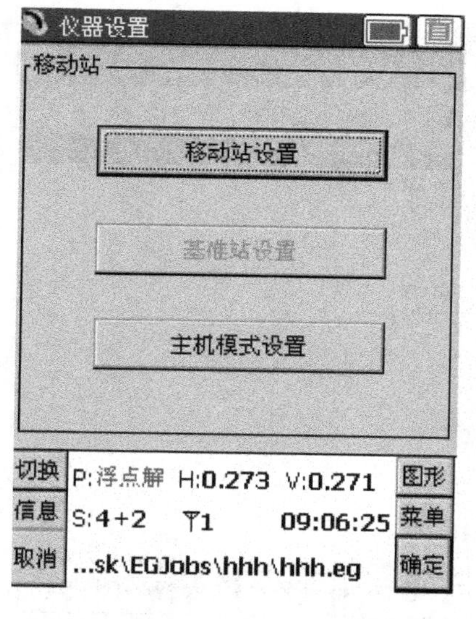

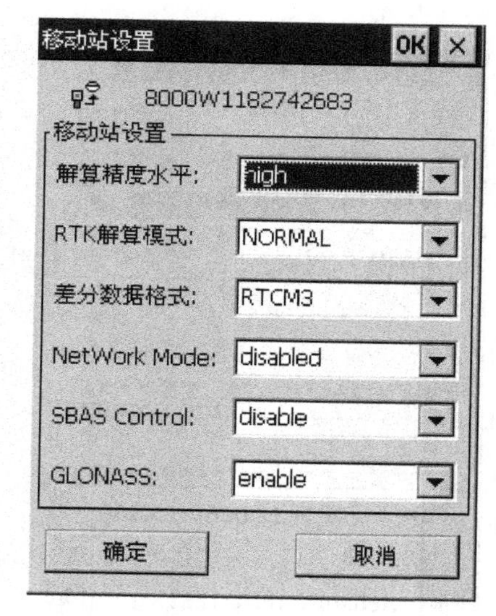

图 2.6.21　移动站设置

2）1＋N 网络模式

移动站网络配置信息与基准站内容基本一致，设置时注意以下两点。

（1）接入点应与基准站相同，差分格式与基准站一致。

（2）移动站参数设置与电台模式相同。

3）CORS 网络模式

第一步：网络配置各项填写规则为：名称可任意命名，方式为“NTRIP-VRS”，连接为“GPRS/CDMA”，APN 为“cmnet”（联通），地址和端口由 CORS 服务商提供（如河南省测绘地理信息局 CORS 网，地址为 192.168.1.2，端口为 48665），DNS 勾选，用户名和密码按注册上网卡填写，单击【获取接入点】选项，程序连接登录 CORS 服务器后，在列表框中选择“NS/RTCM3”，单击【确定】按钮返回到网络设置界面，再单击【确定】按钮返回主界面。

第二步：移动站参数设置与电台模式相同。

6. 创建工程

启动工程之星软件自动打开上次的工程文件，工程名在窗口标题显示。在【项目】功能组中选择【新建工程】选项，出现如图 2.6.22 所示界面。

勾选【套用模式】选框，单击【选择套用工程】按钮可打开一个先前的“＊.egg”工程文件，新建工程在先前工程设置基础上做修改即可。

输入工程名单击【确定】按钮，开始新建工程，出现【工程设置】对话框，如图 2.6.23 所示。

在【工程设置】对话框中，主要内容是要建立坐标系统，其他内容保持默认。

浏览：查看当前坐标系统的定义、转换参数。

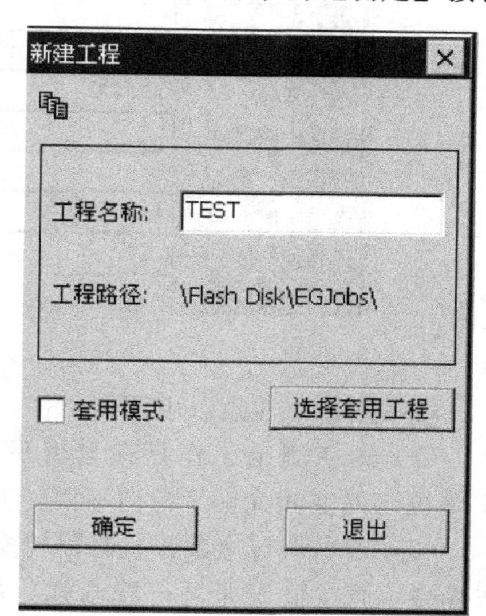

图 2.6.22　【新建工程】对话框

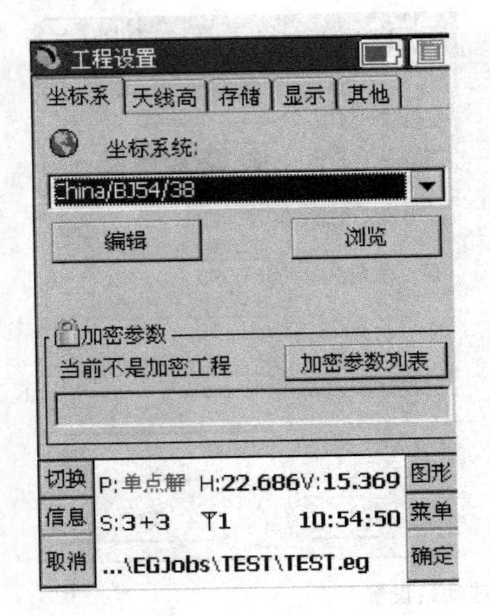

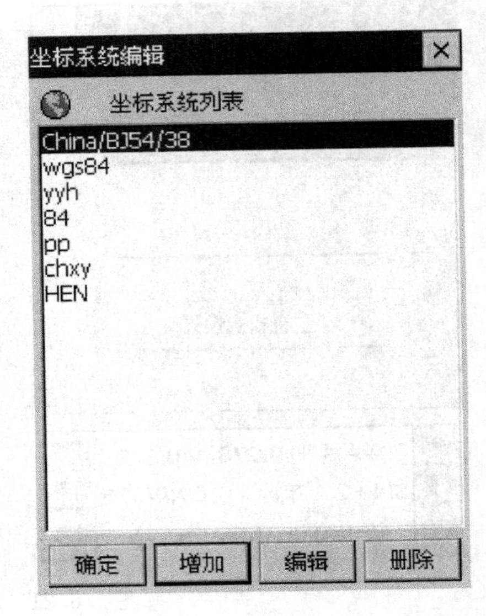

图 2.6.23 创建坐标系

编辑：可对已有坐标系统进行编辑修改，或单击【增加】按钮新建，如图 2.6.24 所示。

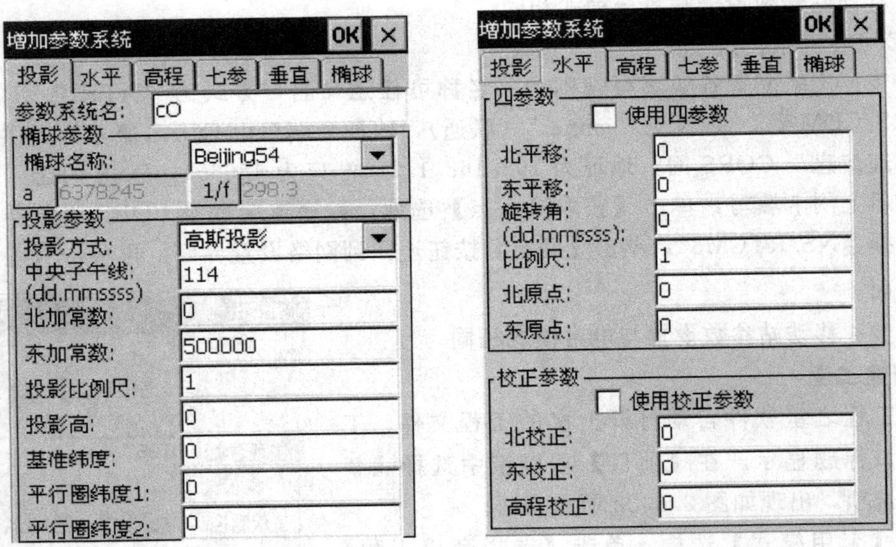

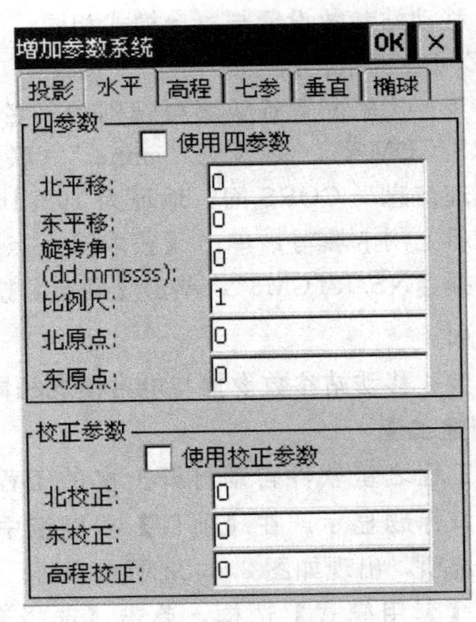

图 2.6.24 创建坐标系

填写参数时注意以下两点：

(1) 即使测量工作是在自由平面坐标系中进行时，也必须选择一个椭球，这是由于 GPS 测定的空间大地坐标向平面转换必须指定一个椭球。

(2) 若水平转换参数、高程转换参数、七参数、垂直参数已由静态后处理软件或其他方法算得，直接输入即可；若未知，新建工程中可不输入，通过现场测量求定，软件自动应用。

7. 求定转换参数

GPS 接收机输出的原始数据是 WGS-84 经纬度坐标，而实际中用的是在施工坐标系下的投影坐标，因此需要把 GPS 输出的原始数据转换到施工坐标系上。转换方法主要有四参数、七参数和高程拟合参数方法。七参数方法适合测区较大（几十平方千米）时使用，四参数方法适合测区较小（十平方千米以内）使用。若已有测区的四参数或七参数，可在新建工程时直接输入；若没有测区转换参数，可现场求定。注意七参数和四参数不可同时使用。

平面四参数原则上至少要用 2 个或 2 个以上的点，控制点等级的高低和分布直接决定了四参数的控制范围。高程拟合使用 3 个点时，拟合参数类型为加权平均；使用 4～6 个点的高程时，高程拟合参数类型为平面拟合；使用 7 个以上点时，高程拟合参数类型为曲面拟合。转换参数求取过程如下。

第一步：采集控制点 WGS-84 坐标。直接在控制点上对中采点，注意主机应达到固定解状态。

第二步：输入控制点施工坐标。选择【输入】→【求坐标转换参数】选项，如图 2.6.25 所示，打开之后单击【增加】按钮，输入控制点施工坐标，单击【确定】按钮。

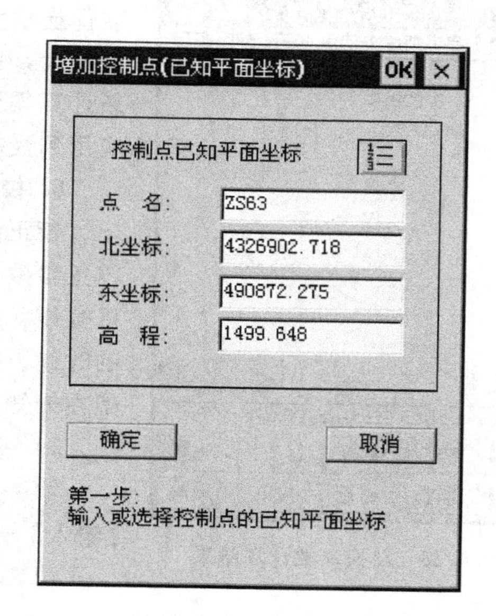

图 2.6.25　输入控制点施工坐标

第三步：输入控制点的大地坐标（控制点的 WGS-84 原始坐标）。输入点的施工坐标后，软件提示其 WGS-84 原始坐标，在图 2.6.26 所示对话框中可键入或单击图标从坐标管理库中提取之前采集值。

第四步：设置四参数转换和高程拟合方法。单击【设置】按钮，在图 2.6.27 所示的对话框中选择坐标转换“一步法”和高程拟合方法“自动判断”，其他默认，单击【确定】按钮。

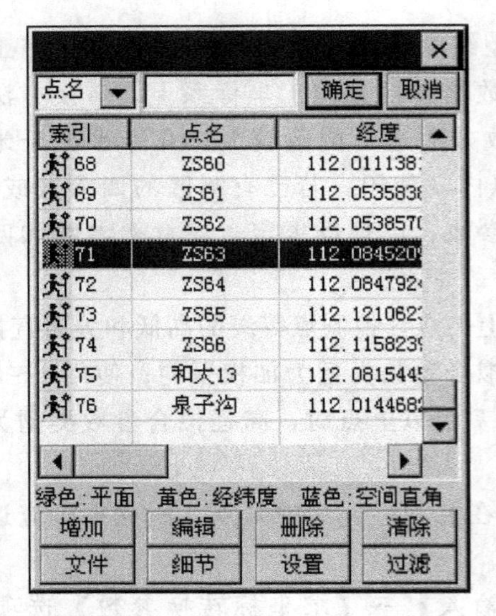

图 2.6.26 输入控制点大地坐标

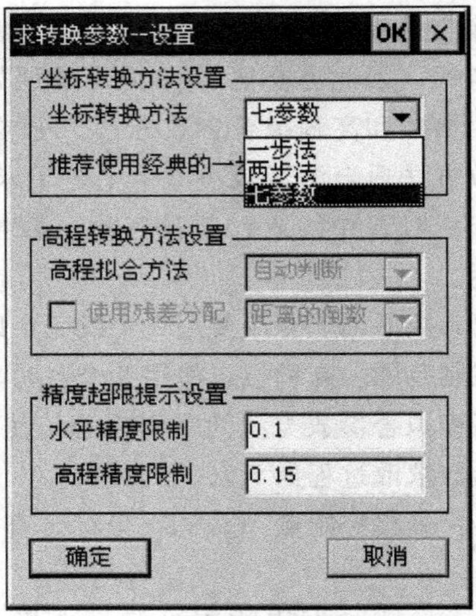

图 2.6.27 转换方法设置

图 2.6.28 转换参数计算结果

第五步：转换参数计算结果及应用。经过前四步软件显示参数计算结果，如图 2.6.28 所示。若某点残差过大，可通过修改其坐标和高程是否使用状态，重新计算得到满意结果。单击【应用】按钮将计算结果应用到当前工程中。

8. 校正参数

校正向导需要在已经打开转换参数的基础上进行。校正参数一般是用在求完转换参数而基站进行过开关机操作，或是有工作区域的转换参数，可以直接输入的时候。校正向导有两种途径：基站架在已知点上和架在未知点上。

1）基准站架设在已知点

第一步：启动校正向导。如图 2.6.29 所示，选择【输入】→【校正向导】选项。

第二步：如图 2.6.30 所示，选择【基准站架设在已知点】选项，单击【下一步】按钮。

第三步：在图 2.6.31 所示窗口中输入基准站架设点的已知坐标及天线高，并且选择天线高形式，输入完后即可单击【校正】按钮。

第四步：系统提示是否校正，单击【确定】按钮，如图 2.6.32 所示。基站架设在已知点时，校正中移动站对中杆无需对中、整平。

2）基准站架设在未知点

基准站架设在未知点和架设在已知点的校正过程类似，此时移动站需要到一已知点上，输入该点坐标，注意确保校正时应在对中、整平状态下完成。

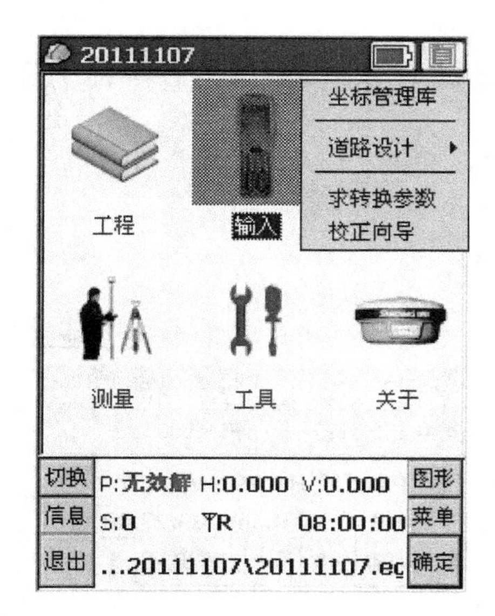

图 2.6.29　启动校正向导

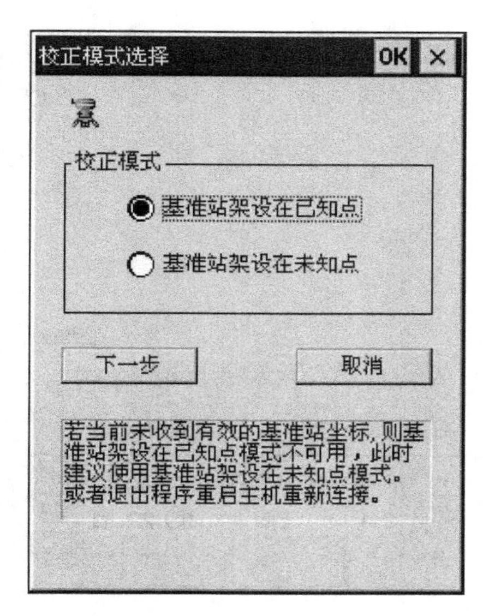

图 2.6.30　选择基准站架设类型

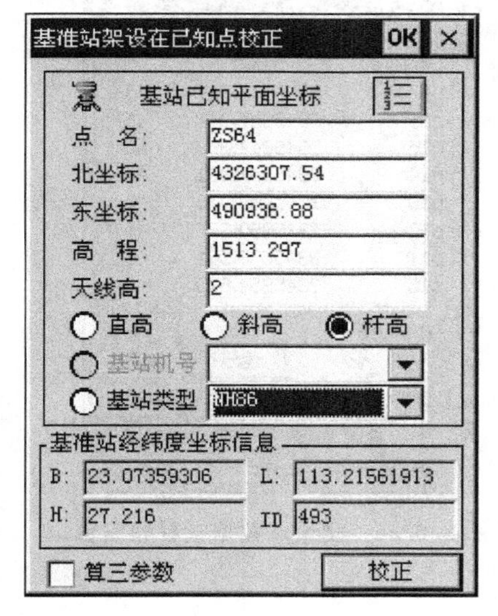

图 2.6.31　输入基准站坐标

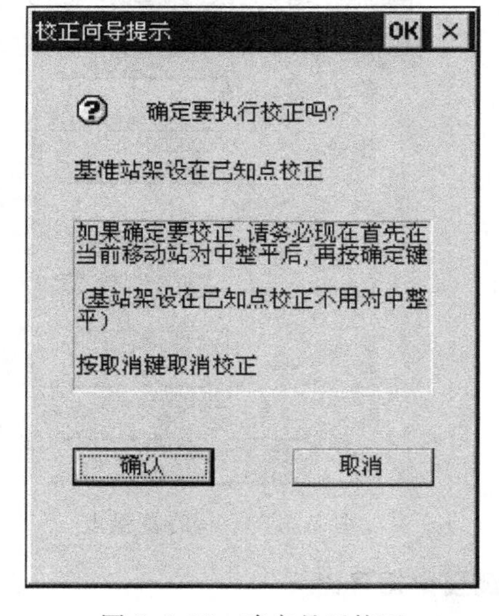

图 2.6.32　确定是否校正

9. 数据采集

第一步：启动点测量。在主菜单下选择【测量】→【点测量】选项，系统进入点采集状态，如图 2.6.33 示。单击上箭头按钮，可切换工具条，在点测量模式有保存、偏移、平滑、查看和选项操作选项。

第二步：保存测量点。当达到固定解状态时，单击【保存】按钮，出现【测量点存储】对话框，如图 2.6.34 所示，此时可修改点名、点编码和对中杆高。

第三步：测量点的查看和编辑。单击【查看】按钮可打开点库，如图 2.6.35 所示，对已测量点进行修改、编辑和删除。

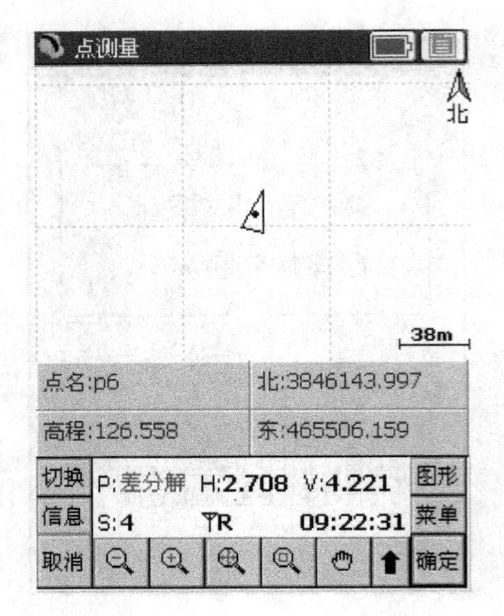

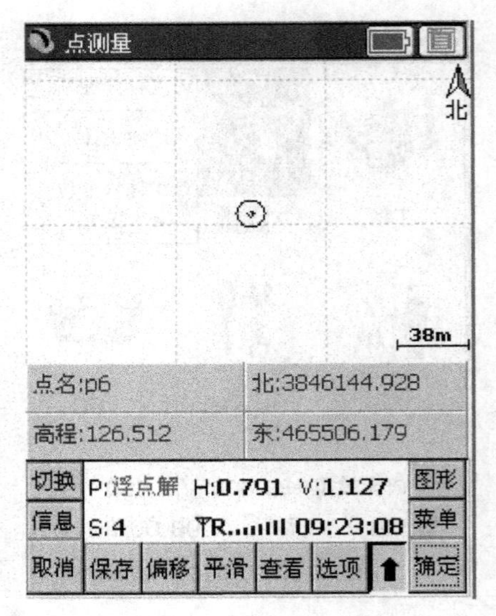

图 2.6.33　启动点测量

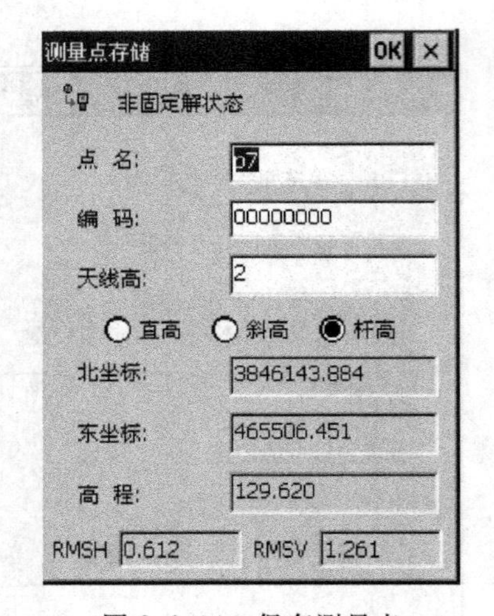

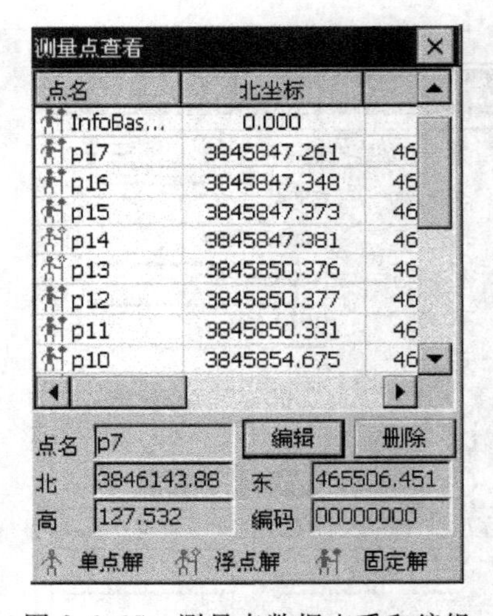

图 2.6.34　保存测量点　　　　　图 2.6.35　测量点数据查看和编辑

10. 测量数据导出

RTK 测量数据存储于手簿中，一般需按一定的格式导出到计算机上，以供其他软件（如数字成图软件）使用。

第一步：在计算机上安装 Microsoft ActiveSync 4.5 简体中文版同步软件，程序界面如图 2.6.36 所示。

第二步：生成成果文件。在手簿主菜单下选择【工程】→【文件导入导出】→【文件导出】选项。如图 2.6.37 所示，选择或自定义导出文件格式类型，选择测量文件，输入导出的成果文件，单击【导出】按钮。转换格式后的数据文件保存在“\Storage Card\EGJobs\工程名\data\”目录下。

第三步：使用同步数据线连接计算机与手簿，Microsoft ActiveSync 4.5 软件发现手簿设备并与之连接，Windows 系统添加了“移动设备”，像打开普通 U 盘一样打开移动设备浏

图 2.6.36 Microsoft ActiveSync 4.5 界面

导出文件类型:
编辑 删除 自定义
测量文件
成果文件
导出 退出

导出文件类型:
南方测绘(*.dat)-测试使用
编辑 删除 自定义
测量文件
...\20100526\Data\20100526.dat
成果文件
...\20100526\Data\20100526转换.dat
导出 退出

图 2.6.37 生成成果文件

览，将导出的成果文件拷贝到计算机。

2.6.4 成 果

（1）利用 GPS RTK 技术进行碎部点数据采集作业过程总结。

（2）导出成果文件。

2.6.5 建议或体会

2.7　数字测图内业编辑

2.7.1　教学目的及要求

（1）了解数字成图软件的基本功能和内业作业过程。

（2）掌握常见地形要素的内业编辑方法。

（3）加深对数字测图的数据采集要求、地形符号运用等知识的理解。

（4）计划 8 学时。

2.7.2　教学准备

1. 仪器及器材

（1）碎部点数据文件和地形略图（2.5 全站仪测记法数据采集实验成果）。

（2）计算机 1 台（安装有 Windows XP 系统和数字成图软件）。

2. 场地

数字地形测量综合实验室。

2.7.3　教学过程

1. 熟悉数字成图软件

数字成图软件是基于 AutoCAD 2008 软件二次开发所成。双击桌面数字测图软件图标（注意不是“AutoCAD 2008-Simplified Chinese”图标），启动 AutoCAD 2008 并自动加载数字测图软件，启动后自动以 xdclx. dwt 为模板新建绘图文件，如图 2.7.1 所示。

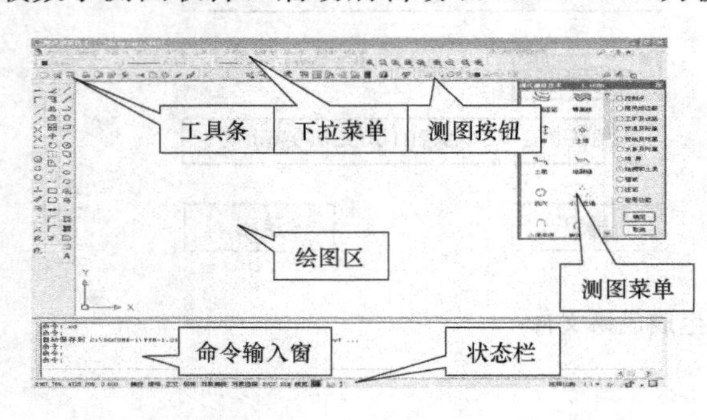

图 2.7.1　数字成图软件界面

用户界面由下拉菜单、工具条、绘图区、命令输入窗和状态栏等组成。工具条可通过在工具条区按鼠标右键在弹出菜单上进行定制，一般选定【标准】、【对象捕捉】、【绘图】、【数字测图】、【缩放】、【特性】和【修改】选项即可。关于 AutoCAD 2008 的更多操作和功能，请参阅相关书籍和联机帮助。

在 AutoCAD 2008 软件的绘图区，其坐标轴的指向与测量坐标系不同，当需要用坐标形式输入点位时，应按照横坐标、纵坐标、高程顺序输入，高程可省略，采用默认值 0。

单击【数字测图】工具图标或在命令输入窗键入 XD 命令，可弹出测图菜单，该菜单是图形编辑中使用最为频繁的菜单，其图标项目排列顺序依照单击率不断调整，使用频率越高排序越靠前，提高了菜单选择的速度。

数字测图菜单将各种地形符号按照《国家基本比例尺地图图式　第一部分：1∶500　1∶1 000　1∶2 000 地形图图式》（GB/T 20257.1—2007）进行分类，包括有控制点、居民地垣栅、工矿及设施、交通及附属、管线及附属、水系及附属、境界、地貌和土质、植被、注记和应用功能。执行某项功能可单击其图标，使其变为被选中状态，再单击【确定】按钮。也可通过双击其图标的方式实现。

2. 设置比例尺

软件默认测图比例尺为1：1000，选择【应用功能】→【设置比例尺】选项，在命令输入窗中按提示更改。比例尺只需在图形编辑前设置一次即可。

3. 地物符号编辑

1）展点

选择【应用功能】→【展点号】选项，出现文件选择对话框，选择全站仪下载的细部点数据文件“.xyh”打开，细部点将展绘在绘图区，如图2.7.2所示。

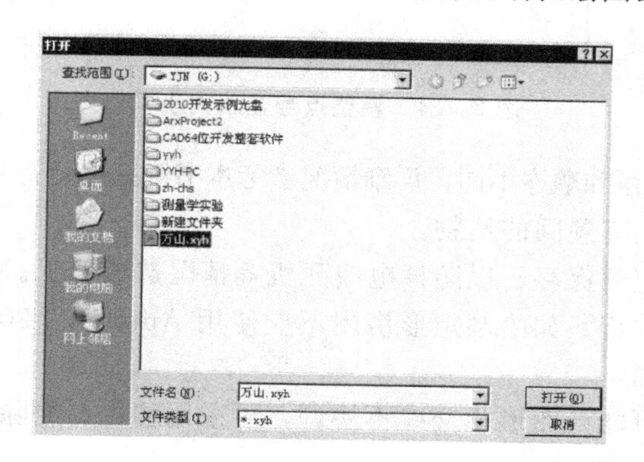

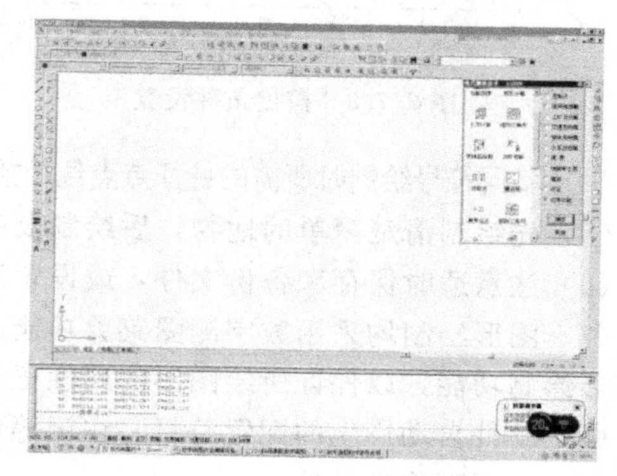

图2.7.2　展绘点号

2）对照草图编辑地物符号

首先确定所绘符号的类别（控制点、居民地垣栅、工矿及设施、交通及附属、管线及附属、水系及附属、境界、地貌和土质、植被、注记），单击测图菜单相应的单选按钮，在显示的地形符号中单击选中符号按【确定】按钮或直接双击开始绘制符号。按照命令输入窗中软件提示输入点号、选项等完成符号编辑（各符号编辑详细操作参见3.1）。地物符号编辑应注意以下事项。

（1）输入点位有绘图区拾取和输入点号两种形式，在绘图区拾取点位时应使用AutoCAD 2008的捕捉功能，以进行精确绘图。单击状态栏中的【对象捕捉】按钮，对捕捉条件进行设置，如图2.7.3所示。

（2）使用AutoCAD 2008的缩放功能使图形显示大小合适，以便清楚观察所绘图形是否正确。

（3）点密集时点号显示相互压盖，可对部分点号拖拽移动位置，或调整点号文字大小。如图2.7.4所示，调整方法为选中一个点号文字，单击属性图标，在弹出的属性对话框中单击【快速选择】按钮，在快速选择对话框中做如下选择：

【应用到】选项：选“整个图形”。

【对象类型】选项：选“文字”。

【特性】选项：选“图层”。

【运算符】选项：选“等于”。

【值】选项：选“C碎部点层”。

单击【确定】按钮选中全部文字，在属性对话框中修改【文字高度】选项。

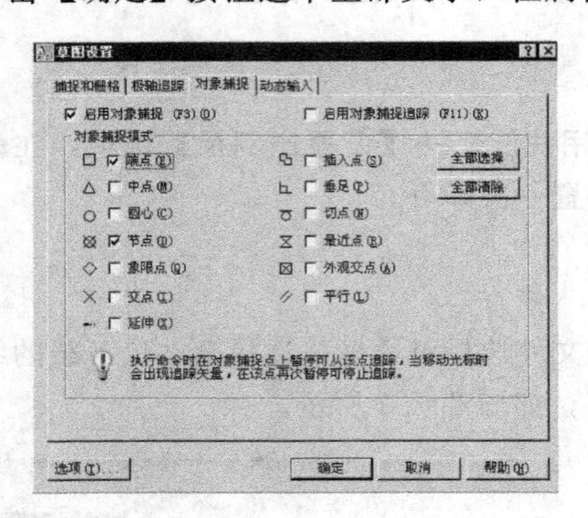

图 2.7.3 捕捉条件设置

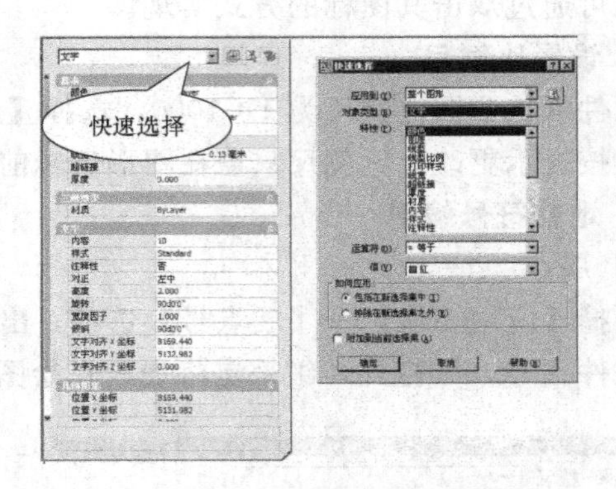

图 2.7.4 调整点号显示大小

(4) 不同符号绘制时所需的特征点点位、数量和顺序不同，详细情况参考本书第三单元。

(5) 先绘制清楚简单的地物，后绘制复杂有疑问的地物。

(6) 注意适时保存和备份文件，或设置定时保存，以防掉电或死机等情况造成返工。

(7) 图形绘制均采用数字测图菜单功能进行，如绘制矩形房屋不应使用 AutoCAD 2008 的矩形绘制功能，以保证所绘图形的属性正确。

(8) 软件自动产生的配置符号、注记等可能与图形相交或不协调，可采用移位、删除方法处理，使图面清晰易读。

(9) 利用【应用功能】菜单中的【支点量距】选项等的功能和丈量数据，可解析计算出地物特征点，再按照实测特征点相同方法进行图形编辑。

4. 地貌编辑

地貌分为特殊地貌和一般地貌，特殊地貌编辑方法与地物符号编辑方法相同。一般地貌的表示主要是通过高程点注记和等高线表示。等高线绘制又分为单条手工绘制和区域自动绘制两种方式。

1) 展高程点

选择【应用功能】→【展高程点】选项，出现文件选择对话框，选择全站仪下载的细部点数据文件“.xyh”打开，高程点将展绘在绘图区，如图 2.7.5 所示。

2) 逐条手工绘制等高线

选择【地貌和土质】→【等高线】选项，按软件提示选择等高线类型（计曲线、首曲线和间曲线），输入等高线的高程。根据图上展绘的地貌特征点高程，目估出等高线通过点位置，利用鼠标依次选定各通过点，系统自动拟合出等高线，如图 2.7.6 所示。该方法适合等高线数量较少、地物情况复杂，等高线与地物关系处理复杂的场合。

3) 自动绘制等高线

该方法适合等高线数量较多、地物稀少的区域，绘制步骤如下。

第一步：构建三角网。等高线自动绘制是以单个封闭区域为单位进行的，区域由临时绘制的封闭多段线构成，在绘图区可以有多个封闭区域，也可以只有一个封闭区域。利用 AutoCAD 2008软件的【绘图】工具条中【多段线】选项功能，绘制封闭多段线，如图 2.7.7 所示。

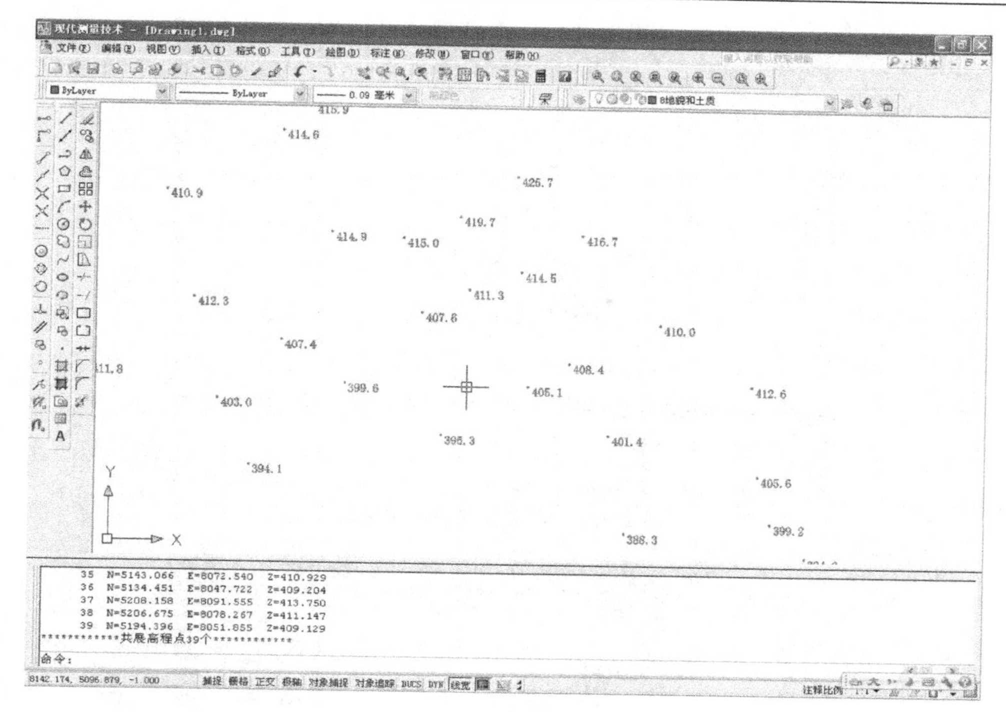

图 2.7.5 展绘高程点

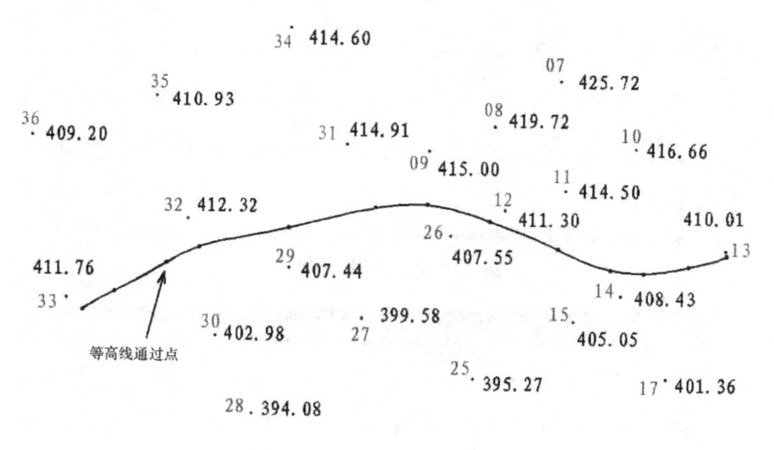

图 2.7.6 手工绘制等高线

启动菜单【应用功能】→【构三角网】选项，系统提示选择一个多边形区域，选中所绘多段线，系统将使用该区域内的高程点自动构建出三角网。需要注意的是，因 AutoCAD 2008 软件在进行选择集操作时仅可操作图形可见部分，故在各步骤选中多段线前，应使用【缩放】工具条功能调整绘图区，使多边形区域内的高程点可见，如图 2.7.8 所示。

第二步：三角网的删除和添加。自动构建的三角网外部边沿为凸多边形，实际采样区域可能有凹边沿部分，如果边沿三角形不符合实际情况则需要删除。利用 AutoCAD 2008 软件的【绘图】→【删除】选项功能可删除多余三角形。当出现误删或增加新的高程点后，可利用【应用功能】→【增加三角形】选项功能人工指定三点添加三角形，如图 2.7.9 所示。

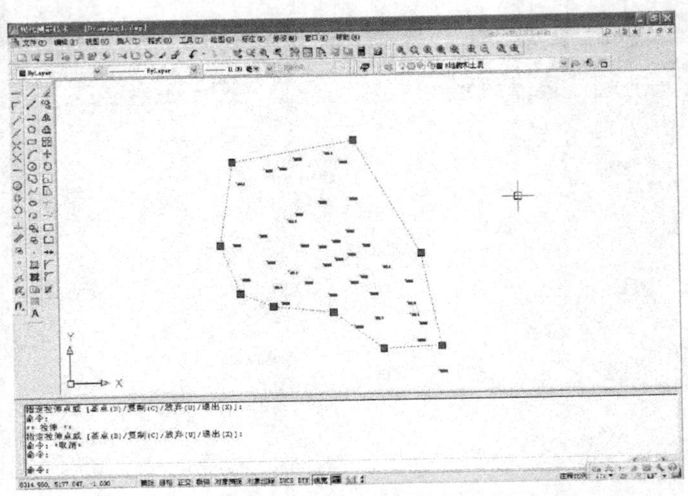

图 2.7.7　定义等高线绘制区域

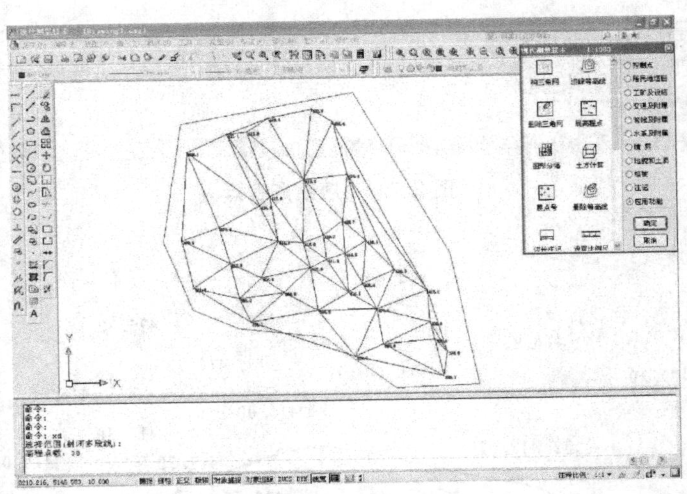

图 2.7.8　构建三角网

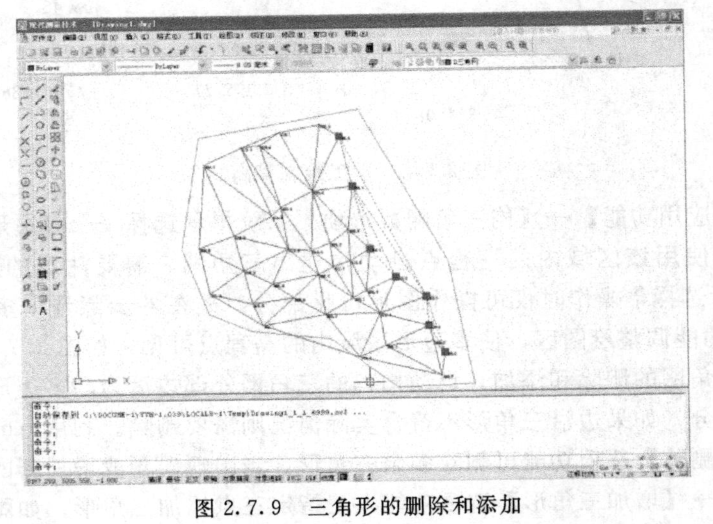

图 2.7.9　三角形的删除和添加

第三步：追踪等高线。三角网构建完成后，启动【应用功能】→【追踪等高线】选项，按系统提示选择已经构网的区域，再输入等高距值，等高线将自动绘出，如图 2.7.10 所示。

第四步：删除三角网、临时多段线。等高线绘制后，利用【应用功能】→【删除三角网】选项功能删除区域内的三角网，多段线区域可利用 AutoCAD 2008 软件的【删除】选项功能删除。

4）注记等高线

等高线绘制完成后，需要在适当的位置添加一定数量的等高线注记，逐个添加。启动菜单【地貌和土质】→【等高线注记】选项，利用 AutoCAD 2008 软件捕捉工具条中的【捕捉

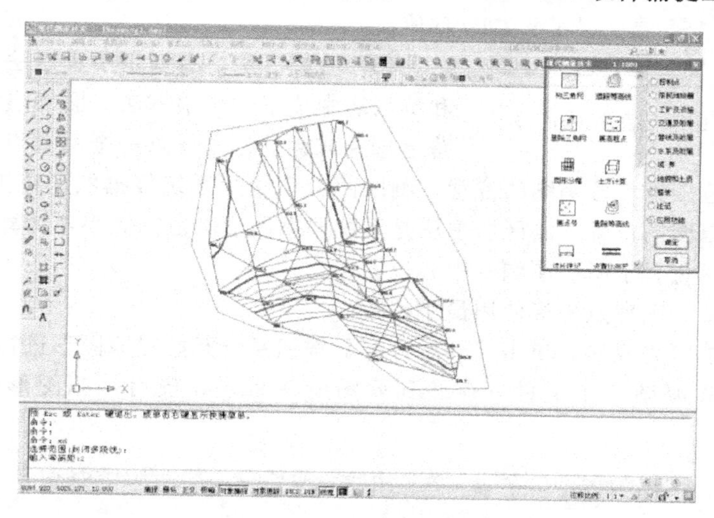

图 2.7.10　等高线自动绘制

到最近点】选项功能捕捉一条等高线，将会显示该条等高线的注记值。再移动光标旋转文字注记方向，方向合适后点鼠标左键确定，注记方向一般朝向山顶和北方向。注记压盖等高线，但等高线数据保持完整，如图 2.7.11 所示。

在图形编辑完成后，可能会出现如图 2.7.12（a）所示高程点注记压盖图形的情况，利用【高程注记前置】选项功能可使图中高程注记置于图形最上层，如图 2.7.12（b）所示，被压盖图形数据结构仍保持完整性。

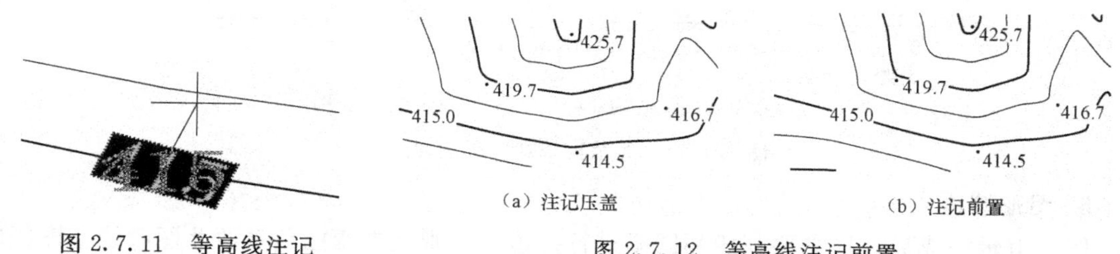

（a）注记压盖　（b）注记前置

图 2.7.11　等高线注记　图 2.7.12　等高线注记前置

5. 图形裁剪和添加图廓

启动菜单【应用功能】→【分幅】选项，出现如图 2.7.13 所示【图廓信息】对话框，需要设置如下内容。

（1）图廓信息。每幅图生成时所要添加的默认图廓说明。

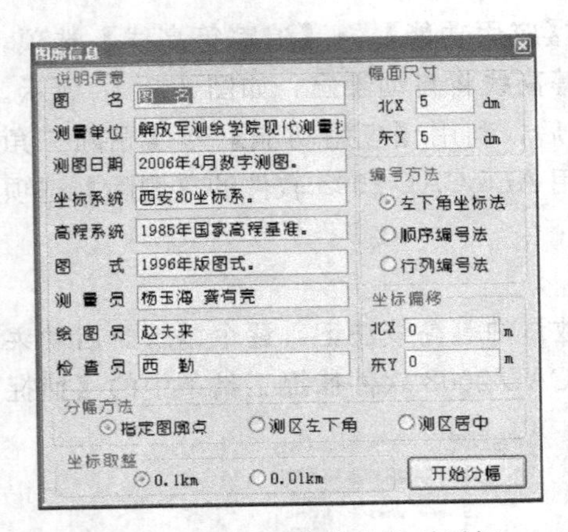

图 2.7.13 【图廓信息】对话框

（2）图廓尺寸。图廓纵横向大小，以分米为单位，只能输入 2～10 之间的整数。

（3）编号方法。三种常用编号方法，选择其中之一。

（4）坐标偏移。受全站仪坐标输入位数的限制或为了减少键入坐标位数过多的麻烦，通常全站仪使用的坐标是省略坐标值的前面几位大数，即对坐标系进行了平移。为使图廓坐标注记完整，在此需要输入偏移值。

（5）分幅方法。有指定图廓点法、测区西南角法和测区居中法三种分幅方法。图廓点法需要人工在屏幕上选择或键盘输入任意一个图廓点，由此点开始系统自动根据图形范围推求各幅图的位置。测区西南角法为系统根据图形范围找出西南角点，据此点推求出各幅图的位置。测区居中法是系统根据图形的范围大小，计算出所需的最少图幅数，并将图形尽量置于所有图幅的中心位置。

（6）坐标取整。图廓点坐标使用最小整数。

对话框信息填写完成后，单击【开始分幅】按钮系统开始对原图形进行裁剪，生成若干分幅图形文件，每幅图一个文件，存储到原图所在目录，最后一幅图形保持打开，如图 2.7.14 所示。

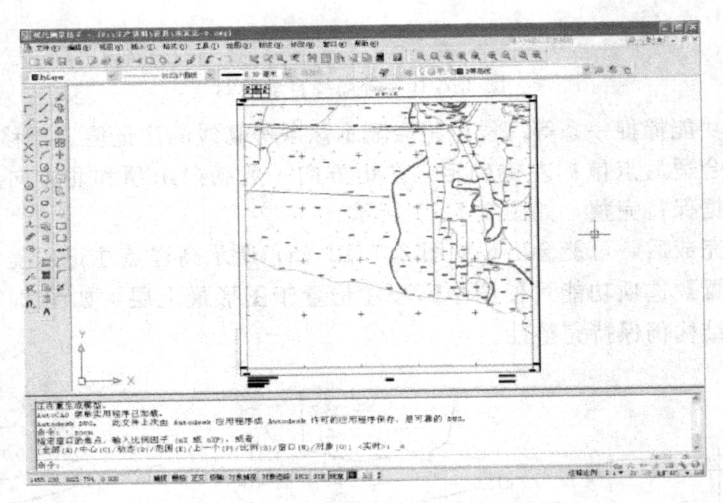

图 2.7.14 经裁剪添加图廓的地形图

6. 图形接边

图形编辑完成后，还需要与相邻图幅进行接边，原则上本幅图负责西北图廓线上图幅的接边。方法是将邻接图幅作为参照插入到图中，量测地物平面位置接边较差和等高线高程接边较差，若较差小于规定的细部点点位和等高线中误差的 $2\sqrt{2}$倍时，可采用平均配赋，即相邻图幅地物要素均平移较差的一半。接边时应注意避免生硬连接，保证拼接后的地物和等高线光滑、自然。此外，还应检查相邻图幅中接边地物要素的属性是否一致。当较差大于相应

中误差的 $2\sqrt{2}$ 倍时，视为存在粗差，应查明原因后再实施接边。

7. 打印输出

打开所要输出的图形，执行【文件】→【打印】菜单命令，出现如图 2.7.15 所示【打印】对话框，需要设置如下项目。

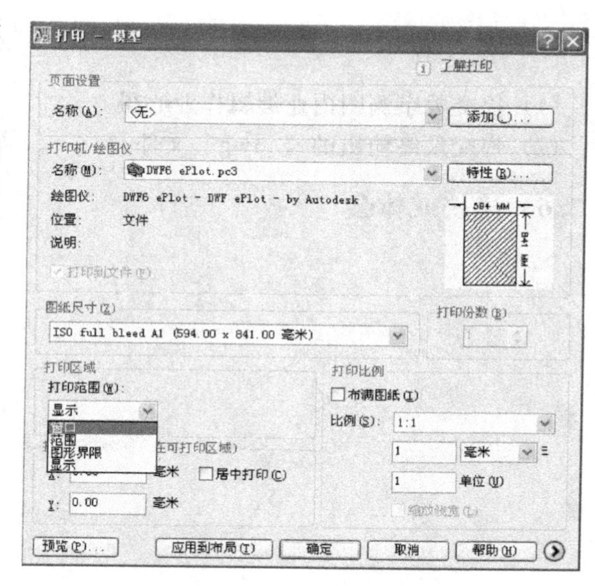

图 2.7.15　【打印】对话框

(1) 在对话框中选择连接的绘图机、图纸尺寸。

(2) 设定打印区域。在【打印范围】列表框中选择“范围”，将打印所有图形，选择“窗口”需在图形区域指定一个矩形打印范围，选择“显示”将打印当前图形区域显示内容，选择“图形界限”将打印图形界限以内的内容。

(3) 在【打印偏移】选项区域中选中【居中打印】选项。

(4) 不选【布满图纸】选项，根据测图比例尺设置图上 1 mm 对应的实地距离（单位为米）。

(5) 若需要输出黑白图形，单击绘图仪特性按钮，出现【绘图仪配置编辑器】对话框，如图 2.7.16 所示。

(6) 在【设备与文档设置】标签页中，展开图形节点，选择【矢量图形】选项，在【分辨率与颜色深度】组合框中，设置为“2 级灰度”“单色”即可。

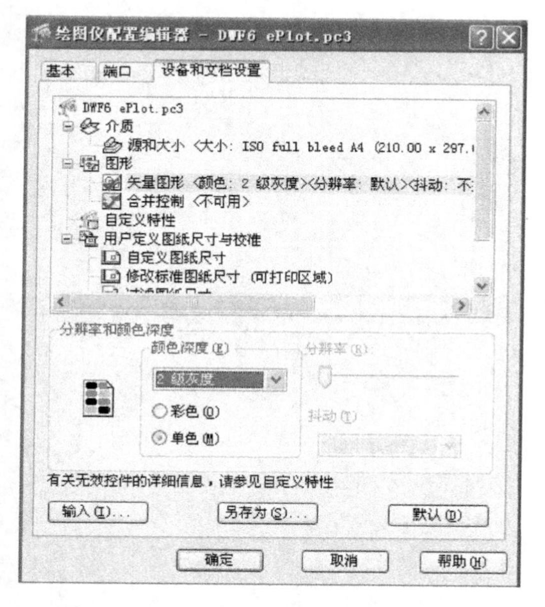

图 2.7.16　【绘图机配置编辑器】对话框

上述各项设置完成后，单击【预览】按钮可查看打印效果，单击【确定】按钮开始打印输出。

2.7.4　注意事项

(1) 在编辑过程中如果把屏幕比例尺缩小，系统有时会自动把一些线状符号（如陡坎等）显示成单线符号，在命令行输入“regen”（重生成）即可恢复显示。

(2) 当系统提示无法保存文件时，用 wblock 命令，“源”选择“整个图形”，给一个新的名字，保存到新文件。

(3) 当命令行消失时，在 Windows 底部的工具条单击右键出现右键菜单，单击菜单中的【属性】选项，在【自动隐藏】复选框前打勾，命令行会显示出来，拖到原来的位置即可。

2.7.5 成　果

（1）提交数字测图内业编辑作业心得。

（2）提交最终输出的“.dwg”文件。

2.7.6 建议或体会

2.8　数字测图成果质量检查

2.8.1　教学目的及要求

（1）理解数字测图成果质量要求和内容。

（2）掌握数字测图成果质量检查方法。

（3）以小组为单位，采用小组互查方式进行，计划4学时。

2.8.2　教学准备

（1）以数字测图综合实习各组上交成果作为检查资料，包括控制技术设计书、测量观测手簿、控制点展点图、点之记、平差计算表、电子地形图文件等，采用小组互换成果方式进行检查。

（2）每组需要外业检查仪器1套（包括1台全站仪、2个棱镜），1把50 m钢尺，检查记录表若干。

2.8.3　教学过程

参照《城市测量规范》（CJJ/T 8—2011）、《国家基本比例尺地图图式　第一部分：1∶500 1∶1 000　1∶2 000地形图图式》（GB/T 20257.1—2007）、《1∶500 1∶1 000 1∶2 000外业数字测图技术规程》（GB/T 14912—2005）和《测绘成果质量检查与验收》（GB/T 24356—2009）数字地形图质量要求和检查方法，结合教学实习具体情况，按以下几个方面进行检查，并填写检查记录表。

1. 数学基础

（1）采用核实相关计算资料的方式，检查平面坐标系统、高程基准的正确性。该项为内业检查，主要检查项目包括：

采用坐标系统和高程基准正确性，已知点数据正确性等。

控制测量观测手簿记录的规范性、项目齐全性，字迹清晰程度，计算正确性，记录真实性，限差符合情况等。

导线布设形式、点数、长度、边长等符合规范情况。

导线平差表书写规范性，计算过程正确性，结果符合规范要求情况等。

（2）采用在数字图上读取坐标和已知坐标相比对的方式，检查图廓点、控制点展点精度情况。

（3）检查图根点密度符合规范情况。

2. 平面位置精度

按照测图相同的作业方式，野外在图根点上设站测定检测点，视地形复杂程度每幅图检测点数在20～50之间，点位应均匀、随机、明显，测定其坐标（x_i，y_i），内业在图上读取各点的坐标（X_i，Y_i），按下式计算细部点点位中误差m_P。

$$\Delta x_i = x_i - X_i$$

$$\Delta y_i = y_i - Y_i$$

$$m_P = \sqrt{\frac{\sum(\Delta x_i^2 + \Delta y_i^2)}{2n}}$$

式中，n 为检测点数。

3. 地物间距精度

实地用钢尺或测距仪量测明显地物间距离，与地形图上软件查询的距离比较，计算较差 d_i，按下式计算相邻地物点间距中误差 m_d。要求每幅图量测边数不少于 20 条。

$$m_d = \sqrt{\frac{\sum d_i^2}{2n}}$$

式中，n 为量测边数。

4. 高程精度

采用野外设站方式检测，视地形复杂程度确定，每幅图选择 20～50 个地貌特征点（如山头、鞍部、坡度变换点等）测定其高程值，与地形图上软件读取或内插的同名点高程比较，计算较差 Δh_i，按下式计算细部点程中误差 m_h。

$$m_h = \sqrt{\frac{\sum \Delta h_i^2}{2n}}$$

式中，n 为检测点数。

5. 接边精度

（1）将相邻图幅作为参照插入，量取相邻图幅接边处要素端点的距离是否等于 0 来检查接边精度，未连接的要素记录其偏离值。

（2）检查接边要素几何上自然连接情况，是否有生硬连接情况。

（3）检查面域属性、线划属性是否一致，并做记录。

6. 地理及属性精度

（1）检查各层命名、颜色等属性是否正确，有无漏层。

（2）检查各地理要素属性是否正确。

（3）野外巡视与内业检查、分析相结合，核查各地物要素有无遗漏或错误。

（4）野外巡视，核对各类地貌要素的表示是否完整、正确，地貌特征表示是否充分。

（5）实地核实各种名称注记表示是否齐全、正确。

（6）实地核实地物、地貌属性表示的正确性。

（7）检查地物要素综合取舍是否合理。

（8）内业检查地理要素间主次关系、取舍的正确性。

7. 逻辑一致性

（1）检查各层有无重复的要素。

（2）检查有向符号、有向线状要素的方向是否正确。

（3）检查多边形闭合情况。

（4）检查线状要素结点匹配情况。

（5）检查各要素的关系表示是否合理，有无地理适应性矛盾，是否能正确反映各要素的分布特点和密度特征。

（6）检查水系、道路等要素是否连续。

8. 整饰质量

（1）检查地形图符号使用、配置的正确性。

（2）检查线划规格，注记字体、大小、位置、方向是否规范。

（3）检查各要素关系是否合理，是否有重叠、压盖现象。

（4）检查曲线要素是否光滑，能否反映要素的真实形状。

（5）检查图廓外内容、规格、位置正确性。

9. 附件质量

检查上交各资料填写是否正确、完整。

2.8.4 成　果

根据检查情况填写检查表。

平面位置精度检查表

日期：　　　　　　图幅：　　　　　　检查者：

序号	x 坐标测定值	X 坐标读取值	较差 Δx
	y 坐标测定值	Y 坐标读取值	较差 Δy

$$m_P = \sqrt{\frac{\sum(\Delta x_i^2 + \Delta y_i^2)}{2n}} =$$

地物间距检查表

日期：　　　　　　　　图幅：　　　　　　　　检查者：

序号	边长测定值 S_1	边长读取值 S_2	较差 d

$m_d = \sqrt{\dfrac{\sum d_i^2}{2n}} =$

高程精度检查表

日期：　　　　　　　　图幅：　　　　　　　　检查者：

序号	高程测定值 H_1	高程读取值 S_2	较差 Δh

$$m_h = \sqrt{\frac{\sum \Delta h_i^2}{2n}} =$$

数字测图成果质量检查表

日期： 图幅： 检查者：

检查内容	检查情况	问题说明及解决办法
数学基础	(1) 坐标系统正确 □是 □否 (2) 高程基准正确 □是 □否 (3) 已知点数据正确 □是 □否 (4) 手簿记录清晰、规范、项目齐全 □良好 □一般 □差 (5) 手簿记录真实可靠 □是 □否 (6) 手簿计算正确 □正确 □一般错误 □严重错误 (7) 观测数据符合限差 □是 □否 (8) 导线布设符合规范 □是 □否 (9) 导线平差计算规范性 □良好 □一般 □差 (10) 导线计算正确性 □正确 □一般错误 □严重错误 (11) 导线计算结果符合规范 □是 □否 (12) 控制点展点正确 □是 □否 (13) 图廓点展点正确 □是 □否 (14) 图根点密度符合规范 □是 □否	
平面位置精度	检测值： m 限差值： m 符合规范要求 □是 □否	
地物间距精度	检测值： m 限差值： m 符合规范要求 □是 □否	
高程精度	检测值： m 限差值： m 符合规范要求 □是 □否	
接边精度	(1) 未连接要素及偏离值	
	(2) 存在生硬连接情况 □有 □无	
	(3) 接边要素属性不一致情况 □有 □无	
地理及属性精度	(1) 图层及其属性设置正确 □是 □否 (2) 地理要素属性正确 □是 □否 (3) 地理要素漏测或错误 □有 □无 (4) 地貌要素表示正确 □良好 □一般 □差 (5) 注记正确 □良好 □一般 □差 (6) 地物表示及符号运用正确 □良好 □一般 □差 (7) 地物要素综合取舍合理 □良好 □一般 □差 (8) 地物符号主次关系与取舍正确 □良好 □一般 □差	
逻辑一致性	(1) 重复要素情况 □有 □无 (2) 有向符号及有向线状要素方向正确 □是 □否 (3) 多边形要素闭合 □是 □否 (4) 线状要素结点匹配 □良好 □一般 □差 (5) 各要素关系表示合理 □是 □否 (6) 水系、道路连续 □是 □否	
整饰质量	(1) 符号使用、配置正确 □良好 □一般 □差 (2) 注记规范 □良好 □一般 □差 (3) 各要素重叠、压盖 □有 □无 (4) 曲线要素光滑、自然 □良好 □一般 □差 (5) 图廓外内容正确、规范 □良好 □一般 □差	
附件质量	上交资料填写规范、正确 □是 □否	

2.8.5 建议或体会

第三单元　数字测图软件功能介绍

3.1　数字测图软件基本图形功能

3.1.1　控制点

各类控制点的绘制方法相同，以图根点为例说明其绘制过程。单击【控制点】→【图根点】选项后，在命令窗口选择单个控制点或由文件展控制点。选择单个控制点后，按系统提示输入点名，再在绘图区利用节点捕捉功能拾取点位即可。选择由文件展控制点后，按系统提示输入控制点文件，系统自动完成多个控制点的展绘。控制点文件格式与碎部点文件格式相同，需预先根据控制测量成果进行编辑和生成。

3.1.2　居民地垣栅

（1）依比例尺圆支柱：可采集支柱上对径两点或支柱圆上任意三点，系统自动根据采集点数进行判别。

（2）斜台阶：野外需按顺序采集 3 个点或 4 个点，顺时针和逆时针均可，起点应由台阶下端开始，采集点数为 3 时按 3 个点构成平行四边形绘制，采集点数为 4 时按 1、2、4 点构成平行四边形绘制，如图 3.1.1 所示。

（3）U 型台阶：如图 3.1.2 所示，采集台阶的上边线或下边线点 1、2、3、4，按提示选择是否光滑，再按提示选择 1（输入台阶宽度）或 2（拾取对边一点），指示系统如何绘制台阶。当另一边线上测有点时选择 2（如点 5），否则选择 1 输入量取的台阶宽度，并按照提示指定台阶的绘制方向。

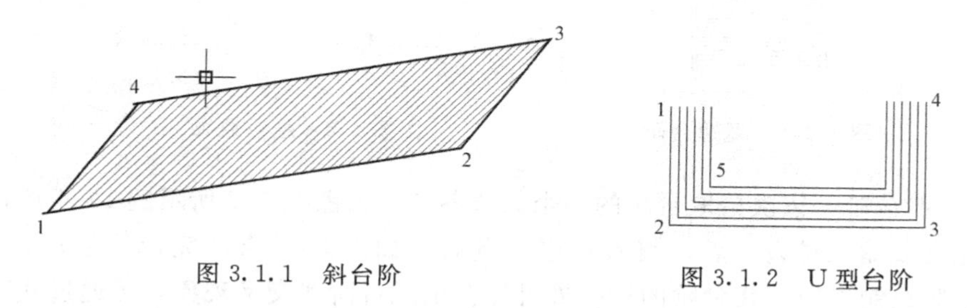

图 3.1.1　斜台阶

图 3.1.2　U 型台阶

（4）围墙：选择 0（依比例尺围墙）或 1（不依比例尺围墙）。绘制依比例尺围墙按照提示输入围墙的宽度，直接回车取默认值 0.24 m，依次拾取围墙各点，再按提示指定围墙的绘制方向。绘制不依比例尺围墙，在拾取围墙各点后，按系统提示选择墙垛方向是否变换。

（5）室外楼梯：如图 3.1.3 所示，由楼梯下边开始依次拾取两点或三点。若输入三点，系统根据三点构成的平行四边形绘制楼梯；若拾取（两）点需按提示输入宽度，并指示楼梯绘制方向。由于存在测量误差，楼梯线与墙体线会出现相交和相离现象，可利用软件的裁剪和延伸图形编辑功能进行修正。

(6) 固定门墩：拾取门墩位置，再移动鼠标旋转门墩直至门墩方向合适为止。

(7) 条形支柱：如图 3.1.4 所示，按顺序拾取柱体直线与圆弧交点 1、2 或 1、2、3。若拾取两点，需按系统提示输入柱宽度，并指定绘制方向，若拾取三点自动完成绘制。

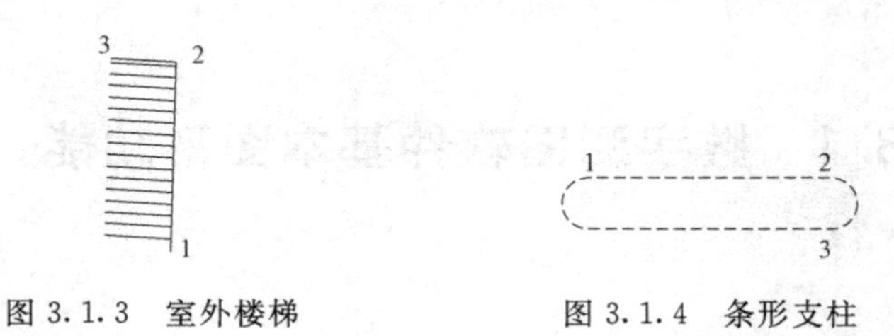

图 3.1.3　室外楼梯　　　　图 3.1.4　条形支柱

(8) 多点房：首先选择房屋类别：0（一般房屋）、1（简单房屋）、2（在建房屋）、3（破坏房屋）、4（棚房）、5（羣线房）、6（架空房）。再顺序拾取房屋各点。若为简单房屋，需再拾取两个端点绘制其中斜线；若为在建房屋，则需要指定“建”字的注记位置；若为破坏房屋，需要指定“破”字注记位置；若为棚房，则需要按照提示指定内部短线的绘制方向。

(9) 铁丝网：顺序拾取铁丝网各拐点位置，而后按提示选择是否光滑。

(10) 城墙：分为完整和破坏两种，城墙垛线和内线分别绘制，通过选择项完成：0（完整城墙垛线）、1（完整城墙内线）、2（破坏城墙垛线）、3（破坏城墙内线）。绘制垛线时系统提示可变换垛的方向，城墙可以是折线或光滑曲线。

(11) 宽边台阶：如图 3.1.5 所示，由台阶下边开始，拾取两点或三点。若点数为 3 绘制自动完成；若点数为 2，则需要输入台阶长度，并指定台阶绘制方向。

(12) 悬空通廊：如图 3.1.6 (a) 所示拾取通廊 1、2、3 点，或如图 3.1.6 (b) 所示拾取通廊的 1、2 两点，再输入宽度或在屏幕上拾取通廊的宽度，并指定通廊的绘制方向。

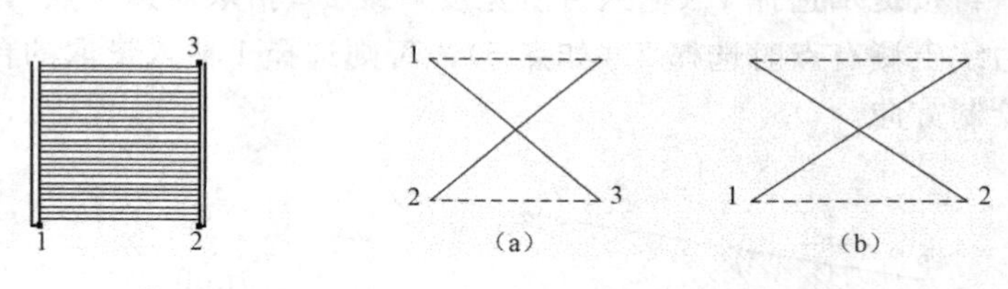

图 3.1.5　宽边台阶　　　　图 3.1.6　悬空通廊

(13) 一般台阶：依次拾取台阶的一个边线各点，如图 3.1.7 所示的 1～4 点，而后选择输入台阶宽度或输入对边一点。输入对边一点后（如点 5），自动完成绘制；若输入宽度，还需指定台阶绘制方向。在台阶的转折处可能会出现台阶线交叉现象，可通过裁剪或删除功能进行修正。

(14) 各种廊：通过选择 0（柱廊）、1（门廊）、2（檐廊）、3（走廊）可绘制各种廊线。绘制方法相同，仅线型属性不同，依次拾取廊线的各转点即可。

(15) 固定圆支柱：为不依比例尺符号，拾取支柱定位点即可。

(16) 地下建筑天窗：该功能可绘制建筑物地下室天窗和其他通风口。如图 3.1.8 所示，可拾取 1、2、3 三点完成；也可采用拾取 2、3 两点，输入天窗宽度并指定绘制方向的方式完成。其他通风口为不依比例尺符号，直接拾取符号定位点即可。

（17）地下窑洞：为不依比例尺符号，直接拾取符号定位点即可。

（18）地上窑洞：分为依比例尺和不依比例尺两种。不依比例尺窑洞直接拾取符号定位点即可；依比例尺窑洞如图 3.1.9 所示，应拾取 1、2 两点，再指定一个绘制方向点 3。

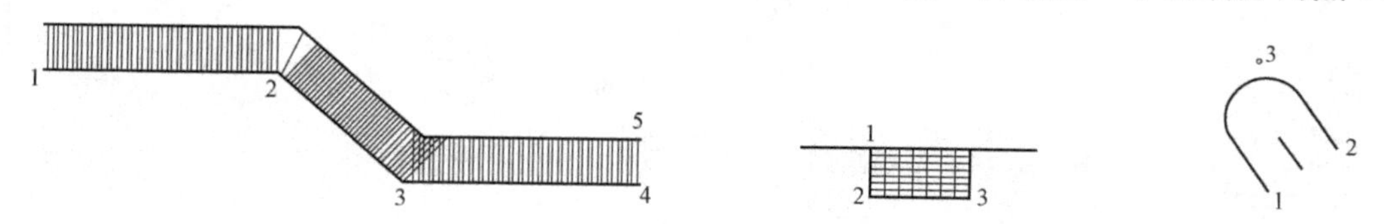

图 3.1.7　一般台阶　　图 3.1.8　地下建筑物天窗　　图 3.1.9　地上窑洞

（19）四点房屋：该功能绘制矩形房屋。首先选择房屋类别：0（一般房屋）、1（简单房屋）、2（在建房屋）、3（破坏房屋）、4（棚房）、5（晕线房）。如图 3.1.10 所示，可通过拾取 1、2 两点，输入宽度并指定绘制方向完成；也可拾取 1、2、3 三点自动完成；还可拾取四点完成。拾取点数为 3 或 4 时，由于点位误差所绘图形可能不为矩形，系统不加纠正。

（20）架空房屋：如图 3.1.11 所示，拾取架空房屋一条边线各点，如 1、2 两点，按提示选择是否绘制对边，若需绘制对边，可选择两种方式进行：指定对边一点如 3 点，或输入宽度并指定绘制方向。

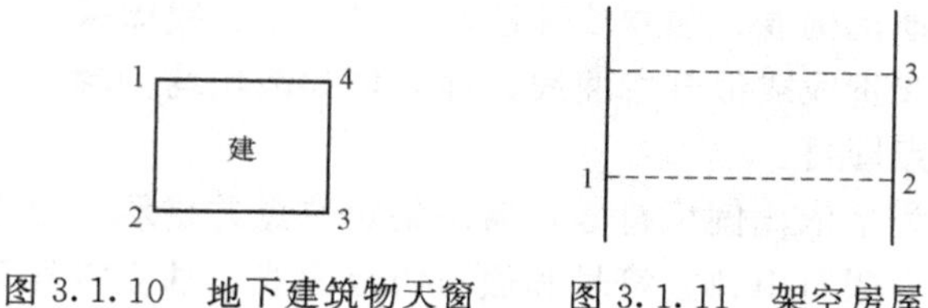

图 3.1.10　地下建筑物天窗　　图 3.1.11　架空房屋

（21）栏杆：顺序拾取栏杆各拐点位置，而后按提示选择是否光滑，是否变换方向。

（22）比例门墩：与四点房屋绘制方法相同。

（23）比例方支柱：与四点房屋绘制方法相同。

（24）活树篱笆：顺序拾取篱笆各拐点位置，而后按提示选择是否光滑。

（25）篱笆：顺序拾取篱笆各拐点位置，而后按提示选择是否光滑。

（26）蒙古包：不依比例尺蒙古包只需拾取符号定位点；如图 3.1.12 所示，依比例尺蒙古包可拾取两点或三点进行，点数为 2 时必须为对径位置，点数为 3 时位置任意。

（27）通道：可拾取两点输入宽度或拾取三点完成。拾取三点需要连续，起始位置任意，如图 3.1.13 中顺序为 1、2、3，也可以是 3、2、1，系统自动以较长边为通道通行方向。采用拾取两点量取宽度方式时，若两点间长度小于宽度时，则以量宽方向作为通道通行方向。

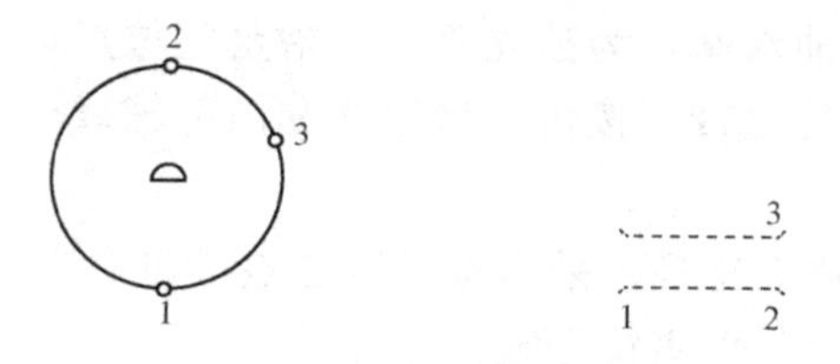

图 3.1.12　依比例尺蒙古包　　图 3.1.13　通道

(28) 门顶：绘制方法与四点房屋相同。

(29) 院门：可绘制围墙院门和门房院门。围墙院门如图 3.1.14 所示，需拾取围墙中心两点 1、2。门房院门如图 3.1.15 所示，需拾取门房角点 1、2，院门短线在 1、2 连线左侧绘制。

图 3.1.14 围墙院门

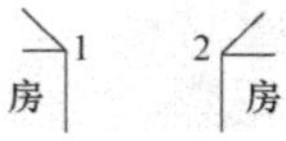

图 3.1.15 门房院门

3.1.3 工矿及设施

(1) 过街天桥：分解为天桥台阶和台阶连接线绘制。台阶绘制需依次拾取其一边线各点，如图 3.1.16 中的点 1、2、3、4，而后拾取对边一点（如点 5)，或输入宽度并指示方向绘制。台阶转折处可能出现台阶线不合理现象，利用图形编辑功能修正。天桥线绘制功能与 AutoCAD 2008 中多段线相同，可绘制折线和弧线。

(2) 体育场：分解为跑道、看台、检阅台、门洞几部分分别绘制。系统调用 AutoCAD 2008 中的 Pline 命令进行绘制，可包含折线和弧线。命令详细使用方法参阅 AutoCAD 2008 中帮助。

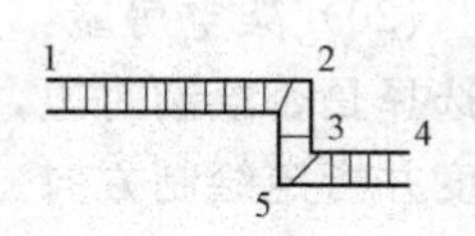

图 3.1.16 过街天桥

(3) 坟地：分为坟地范围线、独立坟和散坟。坟地范围线需采集边线特征点，可连接成折线或拟合成曲线。独立坟和散坟均为独立符号，只需采集定位点即可。

(4) 固定方支柱：为不依比例尺符号，需采集定位点并指示符号方向。

(5) 假石山：分解为假石山独立符号和假石山范围线。独立符号只需采集定位点，范围线需采集其边线特征点，可以是折线或拟合为曲线。

(6) 喷水池：分为独立符号，圆形的、矩形的和由折线构成的任意形状。独立符号采集定位点；圆形的采集对径两点或圆上任意三点；矩形采集两点、三点或四点，采集两点需要输入宽度并指示绘制方向，采集三点时按三点构成平行四边形，采集四点直接由四点构成闭合图形。圆形和矩形在图形中心加绘独立符号，任意形状需要指定独立符号注记位置。

(7) 探槽：依次采集探槽边线各点。

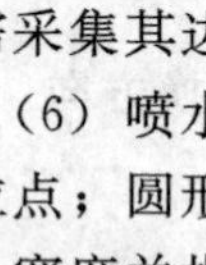

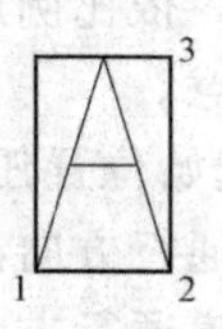

图 3.1.17 地下出入口

(8) 地下出入口：分为依比例尺和不依比例尺两种。依比例尺出入口可采集，如图 3.1.17 中的点 1、2 或 1、2、3。采集两点时，需要输入宽度并指定绘制方向；采集三点自动完成。不依比例尺符号需要指定定位点，并指定符号方向。

(9) 旗杆：为独立符号，指定符号定位点即可。

(10) 抽水站：为独立符号，指定定位点即可。

(11) 传送带：按传送带边线和内部辅线分别绘制。边线可以是折线或曲线，内部辅线为折线。

(12) 固定圆支柱：为独立符号，采集符号定位点即可。

(13) 地磅：为独立符号，采集符号定位点即可。

(14) 亭：分为不依比例尺和依比例尺两种。不依比例尺亭为独立符号，采集符号定位点即可；依比例尺亭仅绘制正多边形亭，如图 3.1.18 所示，采集多边形亭相邻两点 1、2，在指定绘制方向点 3，独立符号自动插入到亭中心。

(15) 坑内漏斗：仅绘制圆形漏斗。可采集圆对径两点或圆上任意三点。

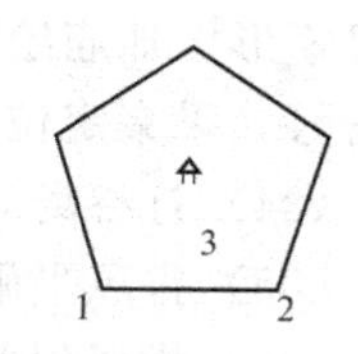

图 3.1.18　依比例尺亭

(16) 垃圾台：为独立符号，指定符号定位点即可。

(17) 城楼鼓楼：分为不依比例尺符号和依比例尺两种。不依比例尺符号只需采集定位点；依比例尺城楼鼓楼绘制矩形轮廓，内部加绘独立符号。矩形轮廓可采集两点、三点或四点，绘制方法与四点房屋相同。

(18) 塑像：分为不依比例尺符号和依比例尺两种。不依比例尺符号只需采集定位点；依比例尺塑像绘制矩形轮廓，内部加绘独立符号。矩形轮廓可采集两点、三点或四点，绘制方法与四点房屋相同。

(19) 塔形物：分为依比例尺和不依比例尺两种。不依比例尺符号只需采集定位点；依比例尺塔形物为圆形，圆轮廓可采集对径两点或圆上三点，内部自动加绘独立符号。

(20) 天吊：如图 3.1.19 所示，采集天吊轨道两点 1、2 量取轨道宽度，宽度可输入或由屏幕拾取，并需指示绘制方向；或采集轨道三点 1、2、3，自动完成绘制。

(21) 学校：为独立符号，采集符号定位点即可。

(22) 宝塔：分为依比例尺和不依比例尺两种。不依比例尺宝塔为独立符号，采集定位点即可；依比例尺宝塔为正多边形，如图 3.1.20 所示采集多边形相邻两点 1、2，再指定绘制方向。

(23) 小矿井：为独立符号，采集符号定位点即可。

(24) 岗亭：为独立符号，采集符号定位点即可。

(25) 平硐口：为独立符号，采集符号定位点，并指定符号方向。

(26) 广告牌：如图 3.1.21 所示，采集广告牌两端柱位置 1、2，并指定符号绘制方向。

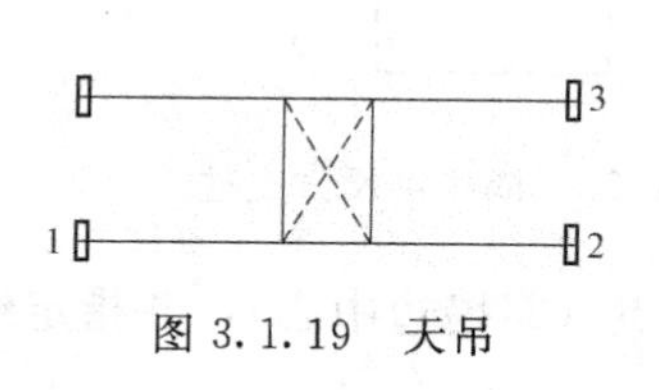

图 3.1.19　天吊

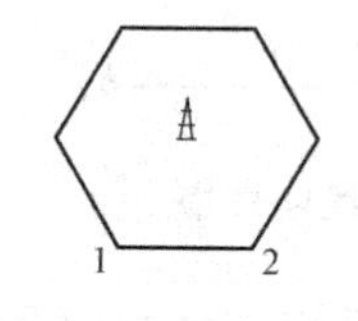

图 3.1.20　依比例尺宝塔

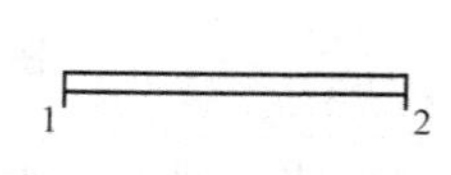

图 3.1.21　广告牌

(27) 庙宇：分为依比例尺矩形庙宇、不依比例尺庙宇和任意形状庙宇。依比例尺矩形庙宇绘制方法与矩形房屋相同，内部自动加绘独立符号；不依比例尺庙宇为独立符号，采集定位点即可；任意形状庙宇由折线多边形构成，需指定独立符号绘制位置。

(28) 废圆竖井口：为独立符号，采集符号定位点即可。

(29) 废小矿井：为独立符号，采集符号定位点即可。

(30) 废平硐口：为独立符号，采集符号定位点即可。

(31) 废斜井口：为独立符号，采集符号定位点并指定符号方向。“废”字利用注记功能加注。

(32) 废方竖井口：为独立符号，采集符号定位点并指定符号方向。“废”字利用注记功能加注。

(33) 土地庙：分为依比例尺矩形土地庙、不依比例尺土地庙和任意形状土地庙。依比例尺矩形土地庙绘制方法与矩形房屋相同，内部自动加绘独立符号；不依比例尺土地庙为独立符号，采集定位点即可；任意形状土地庙由折线多边形构成，需指定独立符号绘制位置。

(34) 打谷场球场：采集场地边线各点，指定“谷”或“球”字注记位置。

(35) 排风平硐口：为独立符号，采集符号定位点，并指定符号方向。

(36) 排风斜井口：为独立符号，采集符号定位点，并指定符号方向。

(37) 排风竖井口：为独立符号，采集符号定位点。

(38) 探井：为独立符号，采集符号定位点。

(39) 卫生所：为独立符号，采集符号定位点。

(40) 敖包：分为范围线和独立符号。范围线采集边线特征点，可绘制为折线或曲线；独立符号需指定定位点。

(41) 教堂：分为依比例尺矩形教堂、不依比例尺教堂和任意形状教堂。依比例尺矩形教堂绘制方法与矩形房屋相同，内部自动加绘独立符号；不依比例尺教堂为独立符号，采集定位点即可；任意形状教堂由折线多边形构成，需指定独立符号绘制位置。

(42) 无线电杆塔：分为不依比例尺独立符号、实线塔和虚线塔。不依比例尺独立符号采集定位点，塔为矩形，如图 3.1.22 所示，采集两点或三点，采集两点需输入宽度并指定绘制方向，采集三点自动完成绘制。

(43) 旧碉堡：分为依比例尺和不依比例尺两种。不依比例尺旧碉堡为独立符号，只需采集定位点；依比例尺旧碉堡为圆形碉堡，采集圆对径两点或圆上三点。

(44) 依比例尺圆支柱：绘制依比例尺圆形支柱，采集圆上任意三点或对径两点。

(45) 依比例尺方支柱：绘制依比例尺矩形支柱时，如图 3.1.23 所示采集两点 1、2 或三点 1、2、3。采集两点需输入宽度并指定绘制方向；采集三点自动完成。

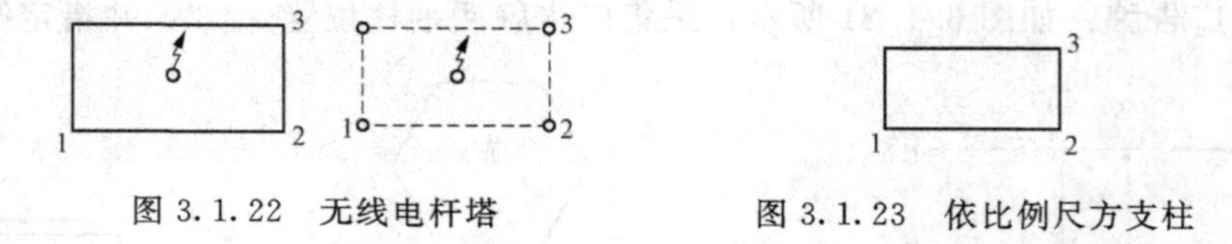

图 3.1.22 无线电杆塔　　图 3.1.23 依比例尺方支柱

(46) 墙上漏斗：为不依比例尺变向独立符号。采集定位点（靠墙边中心），并指定绘制方向。

(47) 水塔：分为依比例尺和不依比例尺两种。不依比例尺水塔为独立符号，采集定位点即可；依比例尺水塔为圆形，采集对径两点或圆上三点。

(48) 水塔烟囱：为依比例尺和不依比例尺两种。不依比例尺水塔烟囱为独立符号，采集定位点即可；依比例尺水塔烟囱为圆形，采集对径两点或圆上三点。

(49) 气象站：为独立符号，采用独立符号绘制方法。

(50) 水文站：为独立符号，采用独立符号绘制方法。

(51) 水车：为独立符号，采用独立符号绘制方法。

(52) 油气井：为独立符号，采用独立符号绘制方法。

(53) 液气设备：分为独立符号、依比例尺圆形设备和依比例尺矩形设备。独立符号采集定位点；依比例尺圆形液体设备采集对径两点或圆上三点；依比例尺矩形液体设备采集两点输入宽度并指定绘制方向，或采集三点自动完成。液气种类注记利用注记功能实现。

(54) 清真寺：分为不依比例尺、依比例尺矩形、依比例尺任意形状三种。不依比例尺清真寺采用独立符号绘制方法；依比例尺矩形清真寺采用矩形地物绘制方法；任意形状清真寺采用任意形状地物绘制方法。

(55) 过街地道：分为地道口和地下通道两部分。如图 3.1.24 所示，地道口可采集两点 1、2 或三点 1、2、3。采集点数为 2 时需要输入宽度并指定绘制方向；采集点数为 3 时，绘制自动完成，三点可顺时针或逆时针排序。地下通道为虚折线，顺序采集一边各拐点，按系统提示可绘制对边或放弃。

(56) 漏斗：漏斗按边线、支柱、内部辅线和漏斗口分别绘制。边线顺序采集其各拐点；支柱为不依比例尺符号，采集定位点并指定符号方向即可；内部辅线顺序采集其各拐点；漏斗口为不依比例尺符号，采集漏斗口中心点。

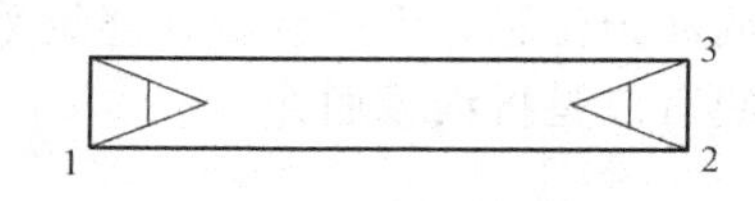

图 3.1.24　过街地道

(57) 牌坊彩门：按牌坊支柱和牌坊虚线分别绘制。牌坊支柱为不依比例尺符号，采集定位点并指定符号方向即可；牌坊虚线顺序采集其两端点。

(58) 电视发射塔：为不依比例尺符号，采集定位点。

(59) 温室菜窖花房：与多点房屋绘制方法相同，边线绘制后指定文字注记位置。

(60) 露天设备：分为露天设备范围线、圆形独立露天设备和露天设备独立符号。露天设备范围线为折线，顺序采集各拐点后，指定独立符号注记位置；圆形独露天设备可采集对径两点或三点，绘制自动完成；独立符号采集定位点即可。

(61) 饲养场：为多段线，顺序采集各拐点，指定“牲”字注记位置。

(62) 游泳池：为多段线，顺序采集各拐点，指定“泳”字注记位置。

(63) 烟囱：分依比例尺烟囱、不依比例尺烟囱、烟道、架空烟道、烟道支柱几部分绘制。依比例尺烟囱为圆形，采集对径两点或圆上三点；不依比例尺烟囱为独立符号，采集定位点即可；烟道和架空烟道为顺序采集一边线各点，按提示可绘制对边或放弃，烟道可是折线或曲线；烟道支柱为不依比例尺符号，采集定位点即可。

(64) 烽火台：顺序采集台边线各拐点，边线为多段线，指定“烽”字注记位置。

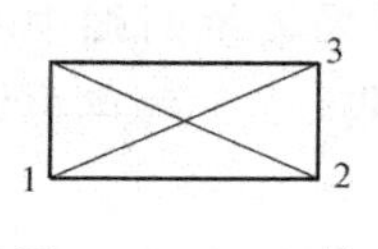

图 3.1.25　照射灯桥头

(65) 照射灯：分为杆式照射灯、照射灯桥头、照射灯桥、塔式照射灯。杆式照射灯为独立符号，采集定位点即可；照射灯桥头为矩形，采集点 1、2 或 1、2、3，如图 3.1.25 所示，采集两点需输入宽度并指定绘制方向，采集三点自动绘制完成；照射灯桥为折线，顺序采集其一边端点或拐点，并可继续绘制对边或放弃；塔式照射灯为独立符号，采集定位点即可。

(66) 起重机：为独立符号，采集定位点。

(67) 窑：分为堆式窑和台式窑两种，每一种又分为圆形、矩形和任意形状。圆形窑采集圆对径两点或圆上三点；矩形窑可采集矩形一边两点并量取宽度或采集矩形连续三点；任意形状采集各拐点。

(68) 粮仓：分为依比例尺圆形粮仓、不依比例尺粮仓和任意形状粮仓三种。依比例尺圆形粮仓采集圆对径两点或圆上三点；不依比例尺粮仓为独立符号，采集粮仓中心点；任意形状采集各拐点，再指定独立符号注记位置。

(69) 肥气池：分为矩形肥气池、圆形肥气池、不依比例尺肥气池和任意形状肥气池几种。矩形肥气池采集矩形一边两点并量取宽度，或采集矩形连续三点；圆形肥气池采集圆上三点或对径两点；不依比例尺肥气池采集其中心点；任意形状肥气池采集边线各拐点，当边线闭合后，再采集填充范围。

(70) 碑柱墩：分为依比例尺和不依比例尺两种，不依比例尺碑柱墩采集其中心点；依比例尺碑柱墩为矩形，采集其一边两点量取宽度，或采集矩形的连续三点。

(71) 货栈：分为有平台和无平台两种。有平台货栈连续采集平台各拐点，再指定文字说明注记位置；无平台货栈连续采集其范围线上各点，再指定文字注记位置。平台边线和范围线可以是折线或曲线。

3.1.4 交通及附属

(1) 信号杆：为独立符号，采集定位点。

(2) 一般铁路：分为 1∶500 比例尺铁路和 1∶2 000 比例尺铁路两种。顺序采集铁路轨道一边各点，再指定轨道另一边所在方向。可选择是否进行曲线拟合处理。

(3) 公路：分为高速公路、等级公路、等外公路和公路收费站。公路需顺序采集其一条边线上各拐点，另一边线可采用量宽或采集一点方式自动绘出。公路可以是折线或曲线，等级、材料说明利用注记功能完成。公路收费站为矩形，采集其一边两点量取宽度或顺序采集三点绘出。

(4) 内部路：顺序采集道路一边线各拐点，可以绘制折线路或拟合成曲线。若需要绘制对边可采集对边上一点或输入道路宽度绘制。

(5) 乡村路：分依比例尺和不依比例尺两种。不依比例尺乡村路可顺序采集道路中心各拐点，绘制折线路或拟合成曲线；依比例尺乡村路采集道路一条边线各拐点，默认线型为实线，选择换向可变换为虚线，对边绘制可采集对边一点或输入道路宽度完成，道路可以是折线或拟合成曲线。

(6) 路堑：顺序采集路堑坎沿各拐点，可以绘制折线或拟合为曲线，选择换向可变换坎线方向，对边绘制可通过选择对边一点或量取路堑宽度完成。

(7) 人行桥：分为不依比例尺和依比例尺两种。不依比例尺人行桥采集桥两端中心点 1、2，如图 3.1.26 (a) 所示；依比例尺人行桥采集 1、2、3 点，或采集 1、2 两点再输入桥的宽度并指定绘制方向，如图 3.1.26 (b) 所示。

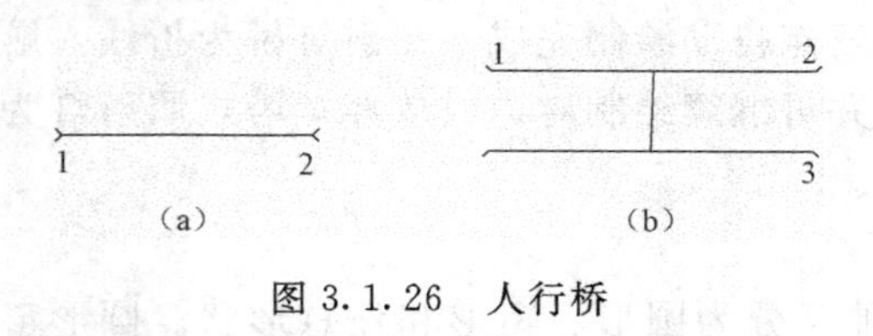

图 3.1.26 人行桥

(8) 亭桥：顺序采集亭桥三个端点，如图 3.1.27 中的 1、2、3 点，三点可顺时针或逆时针排列。系统计算点间距离，以距离较大两点方向作为亭桥通行方向；或采集 1、2 两点再输入桥的宽度并指定绘制方向。

(9) 停泊场：为独立符号，采集符号注记位置。

(10) 天桥：顺序采集天桥边线各拐点。天桥台阶部分按居民地垣栅类台阶绘制方法进行。

（11）地道：该功能仅绘制地道内部虚线，顺序采集地道边线各拐点。地道入口部分可按居民地垣栅类的地下出入口方法绘制。

（12）固定码头：分为顺岸式和堤坝式两种，两种码头测绘方法相同，均为顺序采集码头边线各点即可。

（13）信号杆：为独立符号，采集符号注记位置即可。

（14）在建铁路：分为1：500比例尺在建铁路和1：2 000比例尺在建铁路。采集方法均为顺序采集铁路一条边线上各点，再指定一个方向点引导系统绘制另一边线。

（15）大车路：顺序采集道路一条边线各拐点，默认线型为实线，选择换向可变换为虚线，对边绘制可采用采集对边一点或输入道路宽度完成，道路可以是折线或拟合成曲线。

（16）徒涉场：顺序采集徒涉场边线各点，所绘点线为折线。

（17）挡土墙：顺序采集挡土墙上沿各点，通过换向可变换三角齿所在方向，可选择绘制为折线或曲线。

（18）明洞：如图3.1.28所示，可采用三种方式绘制：采集1、2两点，再输入明洞宽度；采集1、2、3点，系统计算出点4，自动完成绘制；采集1、2、3、4点。三种方式采点的顺序应连续，可以是顺时针或逆时针。

（19）水鹤：为不依比例尺独立符号，采集符号注记位置即可。

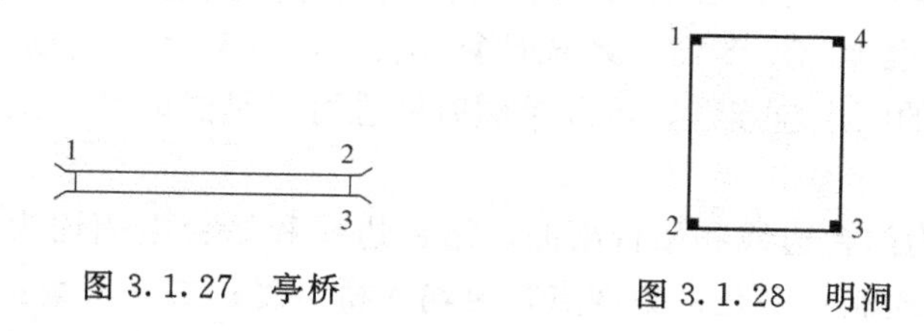

图3.1.27　亭桥　　图3.1.28　明洞

（20）浮标：分为左岸浮标和右岸浮标。均为不依比例尺独立符号，采集符号注记位置即可。

（21）索道：索道设施拆分为索道线、依比例尺索道墩、不依比例尺索道墩几部分绘制。索道线绘制时顺序采集沿线各拐点；依比例尺索道墩绘制方法与四点房屋相同，可采集2点、3点或4点；不依比例尺索道墩绘制时首先采集墩中心位置，再指定一个定向点。

（22）浮码头：顺序采集码头边线各点，内部附线单独绘制。

（23）渡口：顺序采集渡口中线各点，仅可绘制折线。

（24）涵洞：分为依比例尺涵洞和不依比例尺涵洞。不依比例尺涵洞采集涵洞中线两端点；依比例尺涵洞如图3.1.29所示，可采用三种方式绘制：采集1、2两点，再输入涵洞宽度；采集1、2、3点，系统计算出点4，自动完成绘制；采集1、2、3、4点。三种方式采点的顺序应连续，可以是顺时针或逆时针。

（25）漫水路：顺序采集路一条边线各点，该边默认绘制为实线，可通过换向选择变为虚线边，对边可选择绘制或不绘。若绘制对边，可通过在对边上选择一点或输入路宽度方式实现。

（26）灯标：为不依比例尺独立符号，采集符号注记位置即可。

（27）电气铁路：分为1：500比例尺电气铁路、1：2 000比例尺电气铁路和铁路电杆。线路部分绘制方法相同，均为顺序采集铁路一条边线上各点，再指定一个方向点引导系统绘制另一边线。铁路电杆分为1∶500比例尺和1∶2 000比例尺两种，绘制方法相同，首先采集电杆位置点1，再采集1点在线路中心线上的垂点2，如图3.1.30所示。

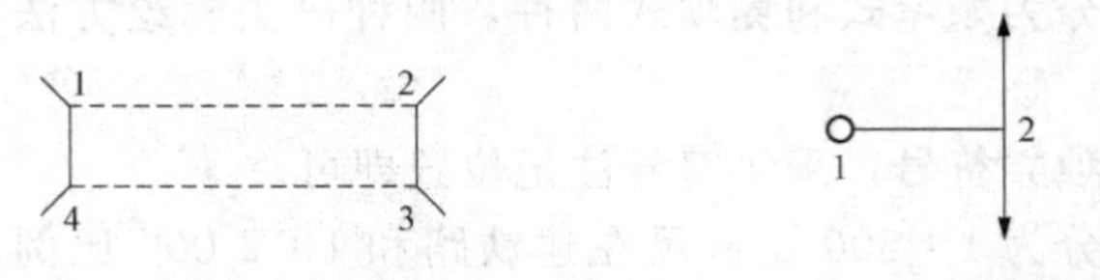

图3.1.29 依比例尺涵洞 图3.1.30 电气铁路电杆

(28) 电车轨道：分为电车轨道和电杆两部分。轨道部分绘制方法为：顺序采集轨道一边上各点，通过指定对边上一点或输入轨道宽度并指示方向绘制轨道另一边。电杆分为单杆和双杆。绘制双杆时采集轨道两侧的杆位；绘制单杆时，首先采集电杆位置点，再采集电杆位置点在线路边线上的垂点。

(29) 窄轨铁路：窄轨铁路的轨距可以是任意值，需要首先输入，线路绘制方法为：顺序采集轨道一边上各点，再指定绘制另一边的方向点。

(30) 立交桥墩：为不依比例尺变向独立符号，首先采集符号注记中心位置，再采集一个定向点。

(31) 立体交叉路：如图3.1.31所示，可采用三种方式绘制：一是采集1、2两点，再输入路宽度；二是采集1、2、3点，系统计算出点4，自动完成绘制；三是采集1、2、3、4点。三种方式采点的顺序应连续，可以是顺时针也可以是逆时针。系统以矩形边较长方向作为道路的通行方向。

(32) 站台：分为站台边线和站台雨棚。站台边线和站台雨棚均为矩形，可采用与四点房屋相同的三种方式绘制：一是采集两点，再输入桥宽度；二是采集三点，系统计算出第四点，自动完成绘制；三是采集四点。系统以矩形边较长方向作为站台的通行方向。雨棚支柱为配置符号，如图3.1.32所示。站台斜坡采用地貌与土质中的加固斜坡绘制。

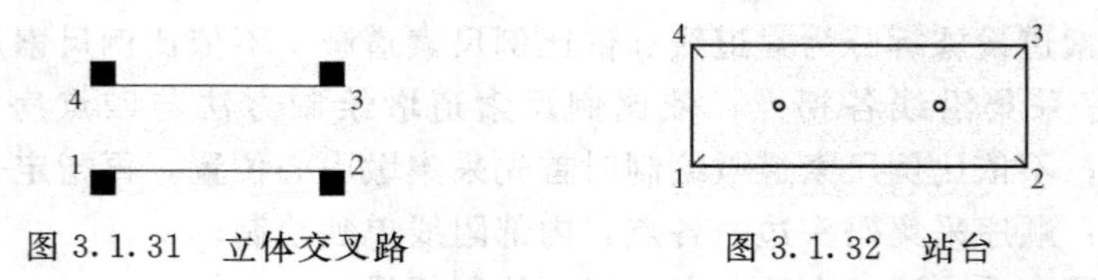

图3.1.31 立体交叉路 图3.1.32 站台

(33) 立标：为不依比例尺独立符号，采集符号注记位置即可。

(34) 系船浮筒：为不依比例尺独立符号，采集符号注记位置即可。

(35) 缆车轨道：分为1∶500比例尺和1∶2 000比例尺两种。绘制方法相同，均为顺序采集轨道一条边线上各点，再指定轨道另一边的绘制方向点。

(36) 臂板信号机：为不依比例尺独立符号，采集符号注记位置即可。

(37) 色灯信号机：分为高柱的和低柱的两种，为不依比例尺独立符号，采集符号注记位置即可。

(38) 航行危险区：分为露出沉船、淹没沉船、急流、旋涡、沙滩、石滩、险区范围线几种。露出沉船、淹没沉船、旋涡为不依比例尺符号，采集符号注记位置即可；急流为不依比例尺变向符号，采集符号注记位置后，再采集一个符号定向点；沙滩为面状符号，顺序采集其边线上各点，系统边线内配置点符号；险区范围线顺序采集边线上各点即可。

(39) 路口拦木：采集拦木的两个端点。

(40) 路堑：分为加固路堑和未加固路堑。顺序采集路堑一边上各点，可通过换向变换坡齿方向，当道路两边路堑平行时，可自动绘制出对边，对边可通过选取其上一点或输入宽度的方法确定。

(41) 路堤：分为加固路堤和未加固路堤。顺序采集路堤一边上各点，可通过换向变换坡齿方向，当道路两边路堤平行时，可自动绘制出对边，对边可通过选取其上一点或输入宽度的方法确定。

(42) 跳墩：顺序采集跳墩路线各拐点。

(43) 转车盘：分为 1∶500 比例尺和 1∶2 000 比例尺两种。如图 3.1.33 所示，采集转盘圆周上任意三点，或采集转盘圆周的一条直径两端。

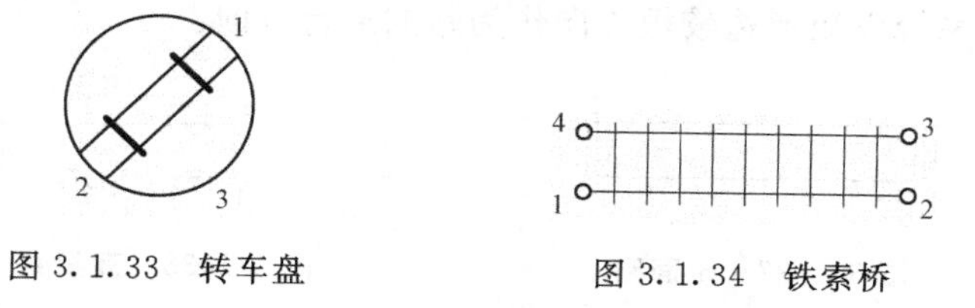

图 3.1.33　转车盘　　　图 3.1.34　铁索桥

(44) 过江管线标：为不依比例尺独立符号，采集符号注记位置即可。

(45) 过河缆：采集缆绳两个端点。

(46) 通航起讫点：为不依比例尺独立符号，采集符号注记位置即可。

(47) 道路标志：包括里程碑、坡度表、路标、汽车站几种标志。均为不依比例尺独立符号，采集符号注记位置即可。

(48) 铁索桥：如图 3.1.34 所示，可采用三种方式绘制：一是采集 1、2 两点，再输入桥宽度；二是采集 1、2、3 点，系统计算出点 4，自动完成绘制；三是采集 1、2、3、4 点。三种方式采点的顺序应连续，可以是顺时针也可以是逆时针。系统以矩形边较长方向作为桥的通行方向。

(49) 铁路、公路桥：如图 3.1.35 所示，可采用三种方式绘制：一是采集 1、2 两点，再输入桥宽度；二是采集 1、2、3 点，系统计算出点 4，自动完成绘制；三是采集 1、2、3、4 点。三种方式采点的顺序应连续，可以是顺时针也可以是逆时针。系统以矩形边较长方向作为桥的通行方向。桥墩按实测位置单独绘制。

(50) 阶梯路：顺序采集阶梯边线上各点，如图 3.1.36 所示的 1、2、3、4 点，若为曲线可选择拟合，对边绘制可采用在对边上选择一点或输入宽度并指示方向点绘制。阶梯线可能出现交叉等现象，如图 3.1.36 中点 3 处，此时可利用 AutoCAD 2008 的打断编辑功能予以修正。

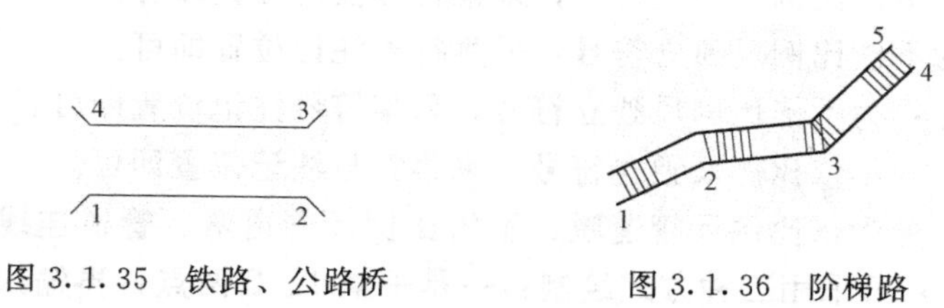

图 3.1.35　铁路、公路桥　　　图 3.1.36　阶梯路

(51) 轻便铁路：分为1∶500比例尺和1∶2 000比例尺两种。绘制1∶500比例尺轻便铁路时，铁路宽度依比例尺绘制，需要输入；1∶2 000轻便铁路为半依比例尺，顺序采集铁路一条边线上各点，再指定绘制对边时所需要的方向点。

(52) 阶面路：如图3.1.37所示，可采用三种方式绘制：一是采集1、2两点，再输入路宽度；二是采集1、2、3点，系统计算出点4，自动完成绘制；三是采集1、2、3、4点。三种方式采点的顺序应连续，可以是顺时针也可以是逆时针。系统以矩形边较长方向作为路的通行方向。不依比例尺阶面路采集路中心两端点即可。

(53) 高架路：分为高架路面和条形支柱两部分。高架路面采集其中一条边线上各点，可通过在对边上选取一点或输入宽度方法绘制对边。如图3.1.38所示，条形支柱可采用三种方式绘制：一是采集1、2两点，再输入支柱宽度；二是采集1、2、3点，系统计算出点4，自动完成绘制；三是采集1、2、3、4点。三种方式采点的顺序应连续，可以是顺时针也可以是逆时针。系统以矩形边较短方向作为路的通行方向。

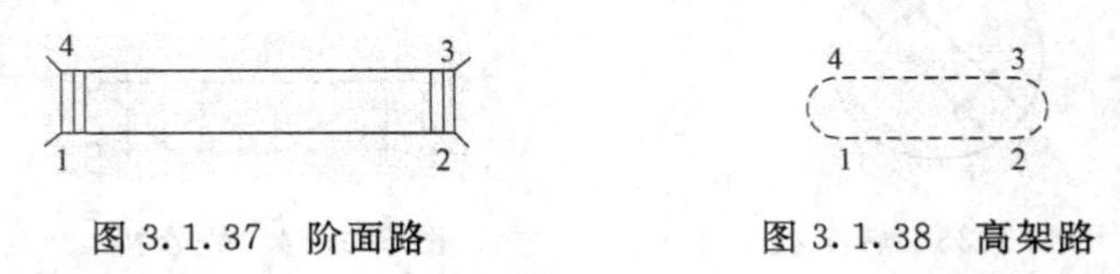

图3.1.37 阶面路　　图3.1.38 高架路

(54) 隧道路段：采集隧道一条边线上各点，通过在对边上选取一点或输入宽度方法绘制对边。

3.1.5 管线及附属

(1) 上水检修井：为不依比例尺独立符号，采集符号注记位置即可。

(2) 下水检修井：为不依比例尺独立符号，采集符号注记位置即可。

(3) 不明用途检修井：为不依比例尺独立符号，采集符号注记位置即可。

(4) 变电室：分为依比例尺变电室符号和不依比例尺变电室符号。不依比例尺独立符号，采集符号注记位置即可。变电室按房屋方法表示。

(5) 圆污水篦子：为不依比例尺独立符号，采集符号注记位置即可。

(6) 天然气检修井：为不依比例尺独立符号，采集符号注记位置即可。

(7) 地下管线：顺序采集管线的各拐点。

(8) 地面管线：顺序采集管线的各拐点。

(9) 工业检修井：为不依比例尺独立符号，采集符号注记位置即可。

(10) 方污水篦子：为不依比例尺变向符号。采集污水篦子中心点，再指定一个方向点。

(11) 有堤管道：顺序采集管道中心线各点。堤采用地貌要素方法绘制。

(12) 水龙头：为不依比例尺独立符号，采集符号注记位置即可。

(13) 消防栓：为不依比例尺独立符号，采集符号注记位置即可。

(14) 热力检修井：为不依比例尺独立符号，采集符号注记位置即可。

(15) 电讯人孔：为不依比例尺独立符号，采集符号注记位置即可。

(16) 架空管线：分为依比例尺管道墩、不依比例尺管道墩、管道连线几部分。依比例尺管道墩（图3.1.39）可采用三种方式绘制：一是采集1、2两点，再输入道墩宽度；二是采集1、2、3点，系统计算出点4，自动完成绘制；三是采集1、2、3、4点。三种方式采点的顺序应连续，可以是顺时针也可以是逆时针。不依比例尺管道墩为变向独立符号，需采集墩位中心点，再指定一个方向点。管线连线绘制时顺序采集各拐点即可。

（17）电讯手孔：为不依比例尺独立符号，采集符号注记位置即可。

（18）电力检修井：为不依比例尺独立符号，采集符号注记位置即可。

（19）电杆：为不依比例尺独立符号，采集符号注记位置即可。

（20）电杆变压器：分为依比例尺和不依比例尺两种。依比例尺电杆变压器绘制时，如图3.1.40所示首先采集1、2两个电杆位置，再指定高压线连接方向点3，可以有多个高压连接方向，按ESC键终止高压方向的绘制，开始低压连线绘制，指定低压连接方向点4、5，按ESC键终止。不依比例尺电杆变压器绘制时，如图3.1.41所示，首先采集变压器与电杆结合点1，再采集一个方向点2，绘制出电杆和变压器，采集高压方向点3，绘制高压连接方向，可以有多个高压连接方向，按按ESC键终止高压方向的绘制，开始低压连线绘制，指定低压连接方向点4、5，按ESC键终止。

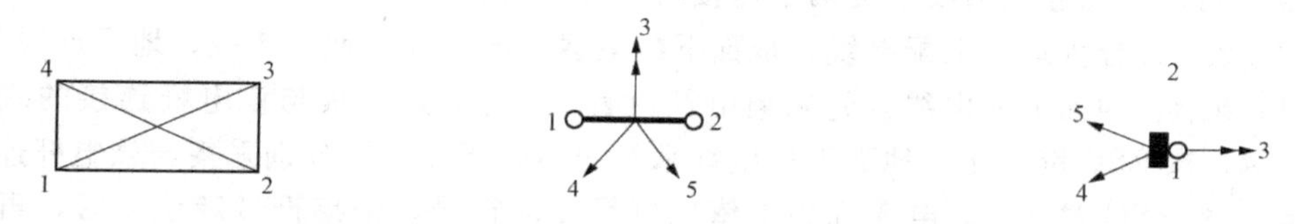

图3.1.39　依比例管道墩　图3.1.40　依比例尺电杆变压器　图3.1.41　不依比例尺电杆变压器

（21）电缆入地口：为不依比例尺变向符号，先采集电缆入地口位置，再指定一个方向点。

（22）阀门：为不依比例尺独立符号，采集符号注记位置即可。

（23）通讯线：分为地面上通讯线、地面下通讯线、电缆标、地上连线、地下连线几部分。如图3.1.42所示，绘制地面上通讯线时先采集电杆位置1，再分别采集线路连接方向点2、3、4，按ESC键完成。地面下通讯线绘制先采集符号定位点1（图3.1.43），再指定符号的方向点2、3，按ESC键终止。通讯线连线绘制，需要捕捉两个连接的符号。电缆标为不依比例尺变向符号，需采集一个定位点，再指定一个方向点。

（24）电线及箭头：分为地上电线、地下电线、高压箭头、低压箭头。如图3.1.44所示，电线绘制需要捕捉线路符号箭头连接位置。箭头符号绘制时需要先采集电杆位置1，再采集符号的定向点2。

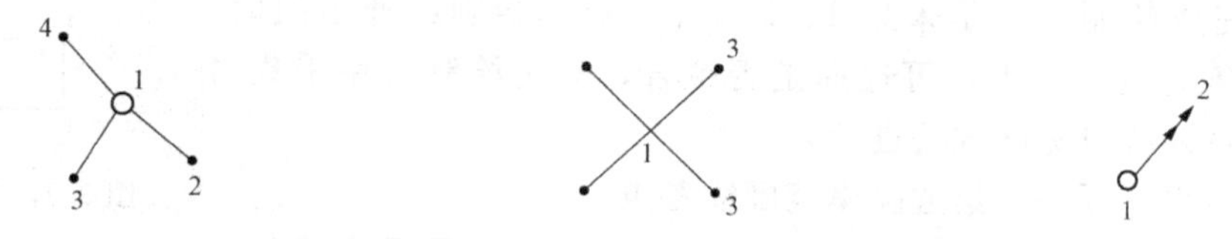

图3.1.42　地面上通讯线　图3.1.43　地面下通讯线　图3.1.44　电线及箭头

（25）电线塔：分为依比例尺和不依比例尺两种。绘制依比例尺电线塔时，首先采集塔位，可采用三种方式绘制：一是采集1、2两点，再输入塔宽度；二是采集1、2、3点，系统计算出点4，自动完成绘制；三是采集1、2、3、4点。三种方式采点的顺序应连续，可以是顺时针也可以是逆时针，如图3.1.45所示。箭头绘制方法为先单击某塔边中心附近点5，系统依据距离最小准则选择欲绘箭头的边，再采集箭头符号的定向点6，即可绘制一个箭头。采用同样方法可绘制其他箭头，按ESC键终止。绘制不依比例尺电线塔时，如图3.1.46所示首先采集塔中心位置1，再分别采集各线路连接方向的定向点2、3、4。

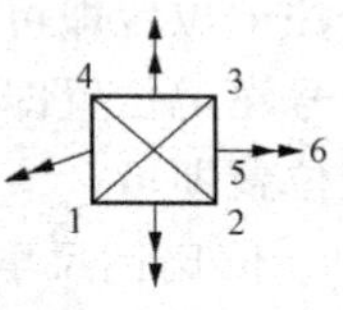

图3.1.45　依比例尺电线塔 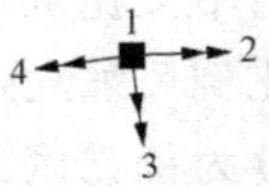　　　图3.1.46　不依比例尺电线塔

(26) 输电线：分为地面上输电线、地面下输电线、电缆标、地上连线、地下连线几种。如图3.1.47所示，地面上输电线首先采集电杆位置1，再分别采集与该电杆连接的线路方向点2、3、4，按ESC键终止。地面下输电线采集线路转折点，再分别采集与该电杆连接的线路方向点，按ESC键终止。电缆标为不依比例尺变向符号，采集符号定位点后，再指定一个定向点即可。线路连线需要捕捉两个连接的符号箭头。

(27) 配电线：分为地面上配电线、地面下配电线、电缆标、地上连线、地下连线几种。如图3.1.48所示，地面上配电线首先采集电杆位置1，再分别采集与该电杆连接的线路方向点2、3、4，按ESC键终止。地面下输电线采集线路转折点，再分别采集与该电杆连接的线路方向点，按ESC键终止。电缆标为不依比例尺变向符号，采集符号定位点后，再指定一个定向点即可。线路连线需要捕捉两个连接的符号箭头。

(28) 石油井：为不依比例尺符号，采集符号定位点。

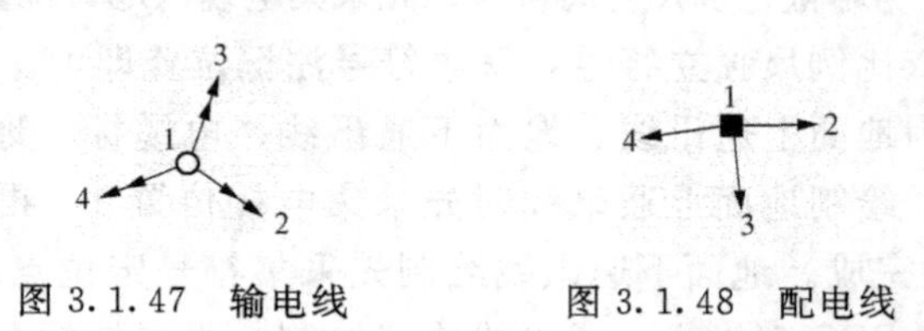

图3.1.47　输电线　　　图3.1.48　配电线

3.1.6　水系及附属

(1) 倒虹吸：分为倒虹吸口、虹通道。虹吸口为矩形，如图3.1.49所示，可采用三种方式绘制：一是采集1、2两点，再输入倒虹吸宽度；二是采集1、2、3点，系统计算出点4，自动完成绘制；三是采集1、2、3、4点。绘制虹通道线时，顺序采集一条边线上各点，可选择是否拟合，对边绘制可用采集对边上一点或输入虹道宽度方法进行。

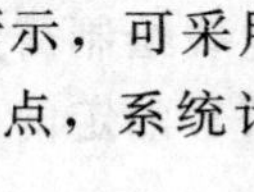

图3.1.49　倒虹吸

(2) 危险岸：顺序采集危险岸范围线各点。

(3) 土堤：分为双线土堤和单线土堤。双线土堤需顺序采集一条堤线上沿各点，齿线方向可通过换向变换，对边可用采集对边上一点或输入堤上沿宽度方法绘制。单线土堤为半依比例尺符号，采集堤中心线上各点。土堤可以是折线或拟合曲线。

(4) 地下灌渠：分为地下渠线和出水口。绘制渠线时采集其各转点。出水口为不依比例尺符号，采集符号定位点即可。

(5) 坎儿井：分为暗渠线和坎儿井。绘制暗渠线采集渠线各拐点；坎儿井为不依比例尺变向符号，采集符号定位点和一个方向点。

（6）塘：塘为面状符号，绘制时顺序采集其边线各点，并指定“塘”字注记位置。

（7）常年河：分为水涯线、高水位线、流向标、涨潮流向、落潮流向几个要素。绘制河水涯线时，顺序采集一边线上各点，若两边水涯线平行时，可通过采集对边上一点或输入河宽方法绘制另一边水涯线。绘制高水位线时，顺序采集水位线各点即可。流向标、涨潮流向、落潮流向均为不依比例尺变向符号，采集一个定位点和一个方向点即可。

（8）常年湖：为面状符号，顺序采集湖边线各点即可。

（9）干出滩：分为干出滩边界、沙滩、砾石、淤泥、岩滩、贝类滩、红树滩几种。绘制干出滩边界采集边线上各点即可。沙滩、砾石、淤泥、岩滩、贝类滩、红树滩均为面状配置符号，顺序采集配置符号区域边界各点。

（10）干出礁：分为依比例尺干出礁、不依比例尺干出礁、危险区域线。依比例尺干出礁采集其边界各点；不依比例尺干出礁为独立符号，采集其定位点即可；危险区域采集其边线各点。

（11）干出线：顺序采集线上各点。

（12）干沟：分为双线干沟和单线干沟。双线干沟采集其一条边线各点，若干沟两边线平行，可采用对边采集一点或输入干沟宽度方法绘制另一边；单线干沟顺序采集其中心线上各点即可。

（13）拦水坝：采集其一条坝沿上边线各点，若坝两边线平行，可采用对边采集一点或输入坝宽度方法绘制另一边。

（14）时令河：采集其一条时令水涯线各点，若两边水涯线平行，可采用对边采集一点或输入宽度方法绘制另一边。

（15）时令湖：为面状符号，顺序采集其边线各点即可。

（16）明礁：分为依比例尺明礁、不依比例尺明礁、危险区域、不依比例尺丛礁。依比例尺明礁采集其边界各点；不依比例尺明礁和丛礁为独立符号，采集其定位点即可；危险区域采集其边线各点。

（17）暗礁：分为依比例尺暗礁、不依比例尺暗礁、危险区域线。依比例尺暗礁采集其边界各点；不依比例尺暗礁为独立符号，采集其定位点即可；危险区域采集其边线各点。

（18）水井：分为依比例尺水井和不依比例尺水井。依比例尺水井为圆形，如图 3.1.50 所示，可采集其对径两点 1、2，或采集圆上任意三点 1、2、3；不依比例尺水井为独立符号，采集水井中心点。

（19）泉：为不依比例尺变向独立符号。如图 3.1.51 所示，首先采集泉中心位置 1，再指定泉流向定向点 2。

图 3.1.50　依比例尺水井　　　图 3.1.51　泉

（20）滚水坝：分为滚水坝岸线和虚线两个要素。绘制时顺序采集线上拐点和端点。

（21）水库：分为水库水涯线和引水孔两个要素。绘制水涯线顺序采集崖线各转点；绘制引水孔时采集一条边线上各点，若对边与该边平行时，可采用选择对边上一点或输入宽度方法绘制。

(22) 海岸线：顺序采集岸线上各点。

(23) 消失河段：采集河段一条边线上各点，若两边线平行，可采用选择对边一点或输入河段宽度方法绘制另一边线。

(24) 水闸：分为依比例尺能通车水闸、依比例尺不能通车水闸、不依比例尺能走人水闸、不依比例尺不能走人水闸、水闸房几种。依比例尺水闸箭头指向进水方向，如图3.1.52所示，可以使用如下几种采点方式绘制：一是采集1、2两点，输入宽度并指示桥对边绘制方向点，进水方向总是在1、2点连线的左侧；二是采集三点1、2、3，或点4、1、2；三是采集四点1、2、3、4或4、3、2、1。采点顺序反向时，绘制的进水箭头方向改变。不依比例尺水闸为变向独立符号，采集一个定位点，再指定一个进水方向点即可。水闸房与四点房屋绘制方法相同。

(25) 沟渠：分为双线沟渠、单线沟渠、流向标几种。双线沟渠采集一条边线上各点，若两边线平行，可采用选择对边一点或输入沟渠宽度方法绘制另一边线；单线沟渠顺序采集中心线上各点；流向标为变向独立符号，采集一个定位点，再采集一个水流方向定向点。

(26) 适淹礁：分为依比例尺适淹礁、不依比例尺适淹礁、危险区域线。依比例尺适淹礁采集其边界各点；不依比例尺适淹礁为独立符号，采集其定位点即可；危险区域采集其边线各点。

(27) 防洪堤：分为斜坡式、直立式、石垄式。顺序采集沿线各点即可，坡向可通过换向变换。

(28) 陡岸：分为土质陡岸、石质陡岸。顺序采集沿线各点即可，坡向可通过换向变换。

(29) 防洪墙：分为斜坡式防洪墙、栏杆斜坡式防洪墙、直立式防洪墙、栏杆直立式防洪墙、栅栏坡、栅栏坎。绘制斜坡式、栏杆斜坡式防洪墙时，如图3.1.53所示，首先输入墙体宽度，采集墙体各转点1、2、3，再采集坡底线上各点4、5、6、7；绘制直立式、栏杆直立式防洪墙时，首先输入墙体宽度，再顺序采集墙体各拐点，并指示坡向；绘制栅栏坡、栅栏坎顺序采集坡坎上沿各拐点，齿向可通过换向变换。

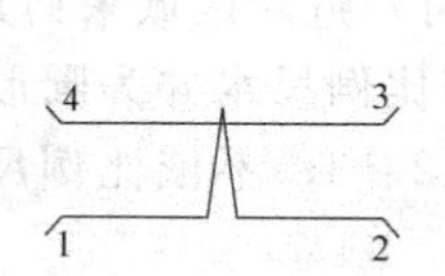

图3.1.52 依比例尺水闸

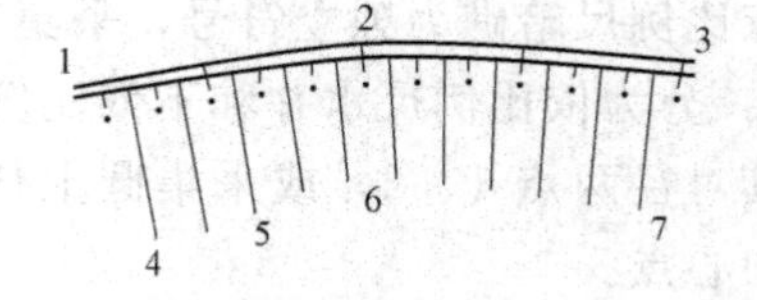

图3.1.53 防洪墙

(30) 等深线：根据测定的深度离散点，目估等深线通过点，依次采集各通过点。

3.1.7 境 界

境界包括特殊地区界、乡界、县界、地市界、村界、国界、省界和自然保护区界。各种境界绘制方法相同，均为顺序采集各界限点，可绘制折线或拟合成曲线。

3.1.8 地貌和土质

(1) 高程注记前置：在图形编辑完成后，可能会出现高程点注记压盖图形的情况，如图

3.1.54（a）所示，高程注记前置功能可使图中高程注记置于图形最上层，如右图 3.1.54（b）所示，被压盖图形数据结构仍保持完整性。

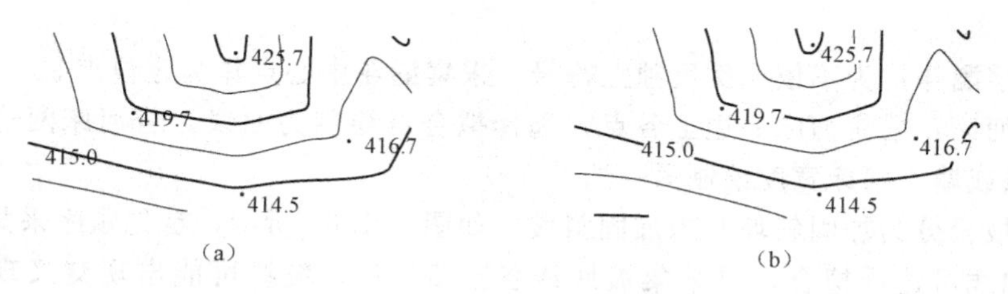

图 3.1.54　高程注记前置

（2）等高线注记：等高线绘制完成后，需要在适当的位置添加一定数量的等高线注记，逐个添加。首先选择一条等高线及注记位置，单击 AutoCAD 2008 软件捕捉工具条中的【捕捉到最近点】选项，捕捉等高线和注记点，再移动光标旋转文字注记方向，方向合适后点鼠标左键确定。如图 3.1.55 所示，注记压盖等高线，但等高线数据保持完整。

（3）陡坎：分为未加固陡坎和加固陡坎。如图 3.1.56 所示，顺序采集陡坎上沿各点1～8，选择换向可变换齿线方向，选择拟合可绘制曲线陡坎。

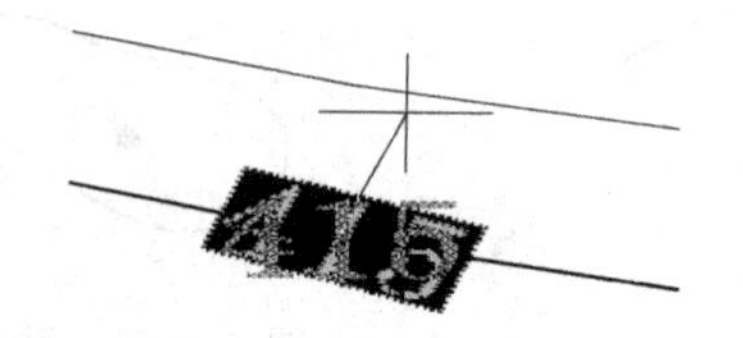

图 3.1.55　等高线注记

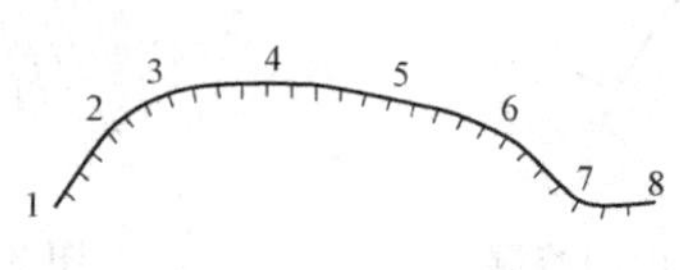

图 3.1.56　陡坎

（4）土堆：分为依比例尺土堆范围线、依比例尺土堆、不依比例尺土堆。绘制土堆范围线顺序采集线上各点即可；绘制依比例尺土堆顺序采集土堆上沿各点，选择换向可变换齿线方向，选择拟合可绘制曲线；不依比例尺土堆为独立符号，采集土堆中心点作为符号定位点。

（5）土崖：与绘制陡坎方法相同，顺序采集崖上沿各点，选择换向可变换齿线方向，选择拟合可绘制曲线。

（6）地裂缝：如图 3.1.57 所示，沿裂缝周边采集其各个转点 1～8，再选择 1 点闭合，在裂缝中间合适位置注记“裂”字。

（7）坑穴：分为依比例尺坑穴和不依比例尺坑穴。依比例尺坑穴顺序采集其周边各点，形成闭合区域；不依比例尺坑穴为独立符号，采集坑穴中心点作为定位点。

（8）小草丘地：分为依比例尺和不依比例尺两种。绘制依比例尺小草丘地时，如图 3.1.58 所示，沿草丘地周边采集其各个转点 1～7，再选择 1 点闭合，在中间合适位置指定独立符号注记位置；不依比例尺草丘地为独立符号，采集一个定位点即可。

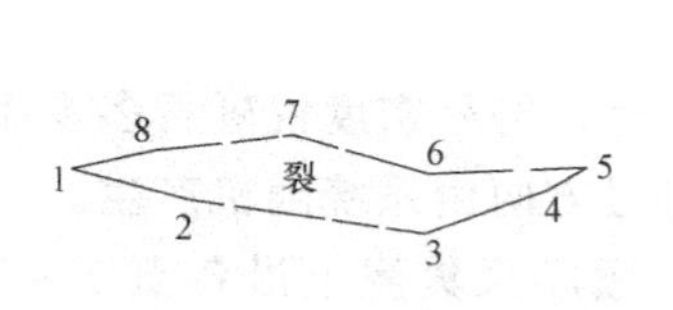

图 3.1.57　地裂缝

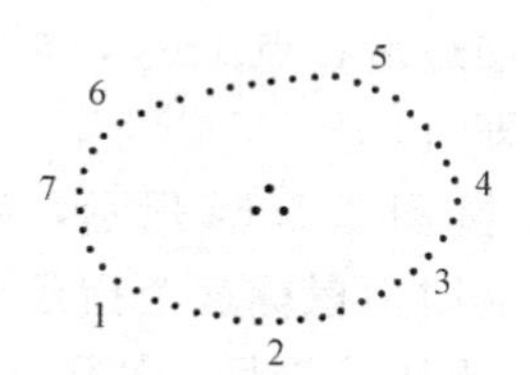

图 3.1.58　小草丘地

(9) 山洞溶洞：分为依比例尺和不依比例尺两种。不依比例尺山洞溶洞采集一个定位点即可；绘制依比例尺山洞溶洞时，如图 3.1.59 所示，首先采集洞口两端点 1、2，再指定一个概略方向点 3。

(10) 岩溶漏斗：为不依比例尺独立符号，采集漏斗中心点作为定位点。

(11) 干河床：采集河床一边上各点，选择拟合可绘制为曲线，若河床两边线平行，可选择对边一点或输入河床宽度绘制另一边。

(12) 斜坡：分为加固斜坡和未加固斜坡。如图 3.1.60 所示，首先顺序采集坡上沿各点 1～5，若为曲线可选择拟合，再采集坡底线各点 6～10。坡线可能出现交叉现象，可利用 AutoCAD 2008 软件图形编辑的打断或删除功能予以修正。

(13) 沙地：为面状配置符号，绘制时顺序采集配置区域边界各点。

(14) 滑坡范围：顺序采集滑坡边界上各点。

(15) 独立石：分为依比例尺和不依比例尺两种。如图 3.1.61 所示，绘制依比例尺独立石时，首先采集石边沿各点 1～7，再指定独立符号注记位置；不依比例尺独立石为独立符号，采集符号定位点即可。

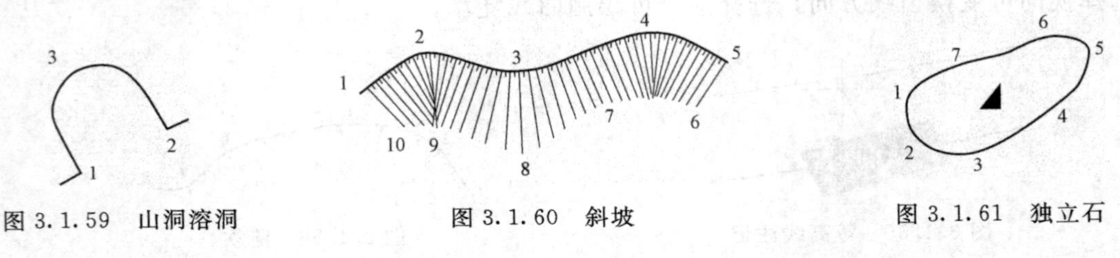

图 3.1.59 山洞溶洞　　图 3.1.60 斜坡　　图 3.1.61 独立石

(16) 盐碱地：为面状配置符号，绘制时顺序采集配置区域边界各点。

(17) 石垄：分为依比例尺和不依比例尺两种。如图 3.1.62 所示，绘制依比例尺石垄时，首先顺序采集石垄范围线上各点 1～10，再顺序采集石垄沿线各点 11～15；绘制不依比例尺石垄时不采集范围线，仅采集石垄沿线各点。

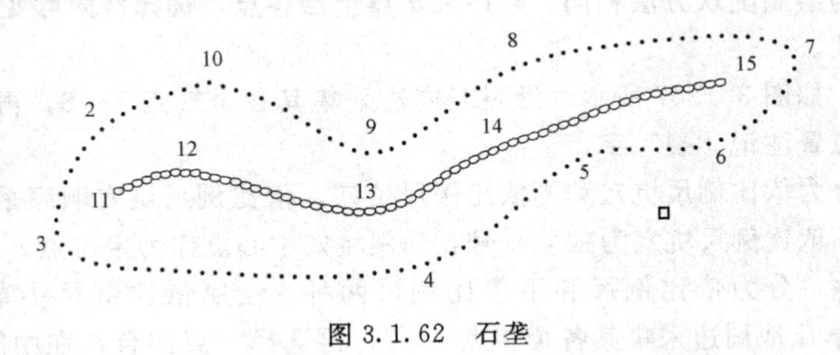

图 3.1.62 石垄

(18) 石堆：分为依比例尺和不依比例尺两种。如图 3.1.63 所示，绘制依比例尺石堆时，首先采集石堆边沿各点 1～7，再指定独立符号注记位置；不依比例尺石堆为独立符号，采集符号定位点即可。

(19) 砾石：如图 3.1.64 所示，砾石为配置符号，符号密度视砾石多少而定，符号方向具有随机性。绘制时由鼠标逐个指定符号位置，符号方向由系统随机产生。

(20) 石崖：为线状符号，如图 3.1.65 所示，顺序采集崖上沿各点 1～9，可通过拟合绘制为曲线，通过换向变换崖齿线方向。

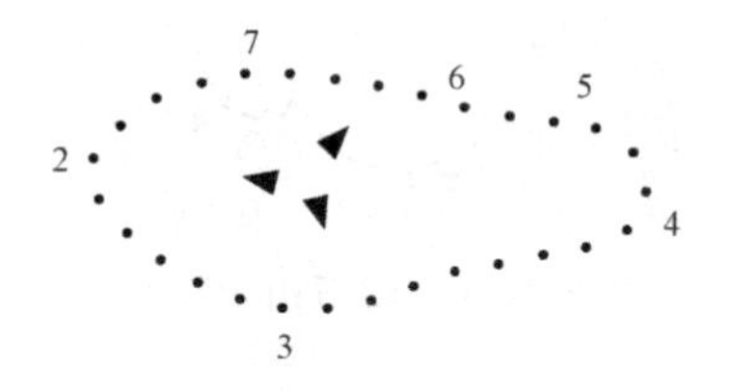

图 3.1.63　依比例尺石堆

图 3.1.64　砾石

(21) 示坡线：为不依比例尺变向符号。绘制时利用 AutoCAD 2008 软件的【捕捉到最近点】选项功能捕捉等高线与示坡线的交点位置 1，再指定一个坡线方向点 2，如图 3.1.66 所示。

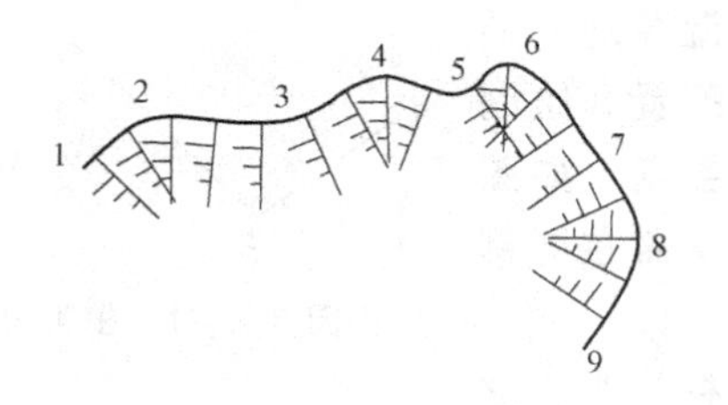

图 3.1.65　石崖

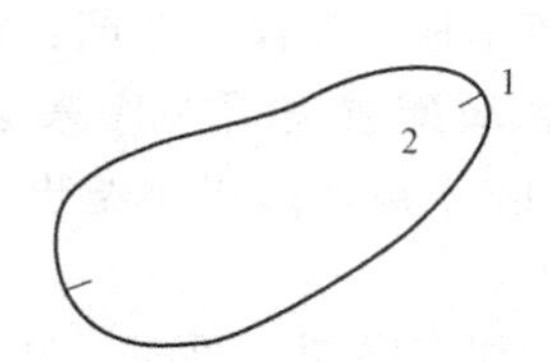

图 3.1.66　示坡线

(22) 等高线：分为计曲线、首曲线和间曲线。该功能实现等高线的手工绘制，首先输入等高线的高程值，根据图上展绘的地貌特征点高程，目估出等高线通过点位置，利用鼠标依次选定各通过点，系统自动拟合出等高线。

(23) 冲沟：为线状符号，逐边绘制。如图 3.1.67 所示，顺序采集一边线上各点 1～4，可拟合为曲线，通过换向可变换齿线方向。

(24) 高程注记点：实现手工添加高程注记点的功能，注记点高程键盘输入，注记点位置在屏幕上指定。

(25) 台田：为线状符号，台田边线逐条绘制。如图 3.1.68 所示，采集边线上两点 1、2 即可，选择拟合可绘制曲线。

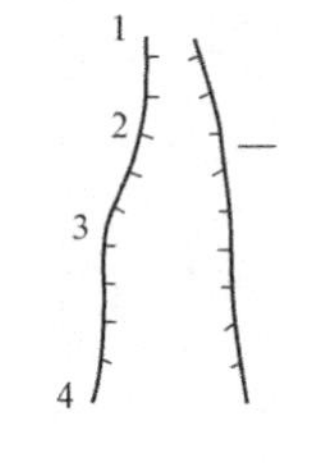

图 3.1.67　冲沟

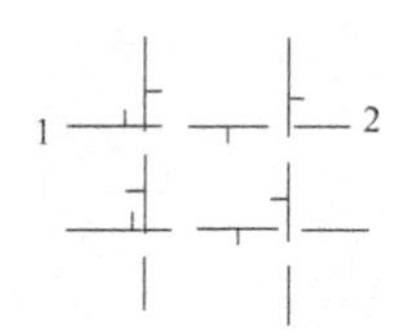

图 3.1.68　台田

(26) 龟裂地：为面状区域配置符号。顺序采集区域边线各点即可。

(27) 乱掘地：为线状符号，如图 3.1.69 所示，顺序采集范围边线各点，可拟合为曲线，最后在屏幕指定“掘”字注记位置。

(28) 陡石山：为线状符号，依次采集山体沿线各点，可拟合为曲线，如图 3.1.70 所示。

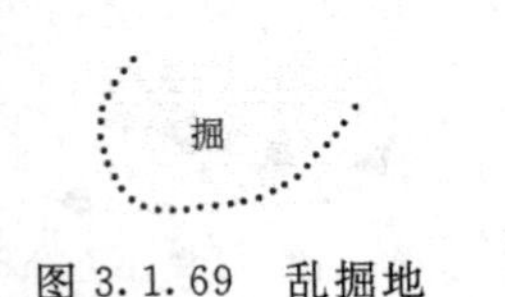

图 3.1.69 乱掘地

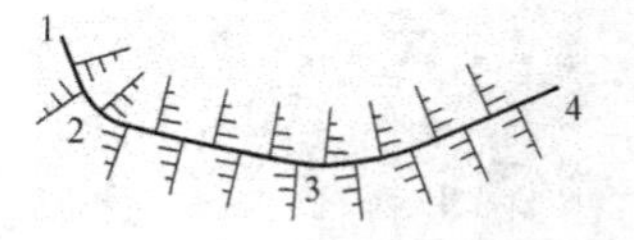

图 3.1.70 陡石山

3.1.9 植 被

植被符号的绘制主要分为在面域内配置、线状配置和单个符号绘制。

(1) 人工草地、其他园地、半荒植物地、灌木林、迹地、旱地、有林地、果园、天然草地、改良草地、未成林、桑园、苗圃、菜地、植物稀少地、疏林、湿草地、稻田、竹林、芦苇地、花园、茶园：可进行区域配置和绘制单个符号。区域配置需要顺序采集区域边线各点，如图3.1.71中的1～6点，边界不绘出，单个符号仅需在屏幕指定位置即可。

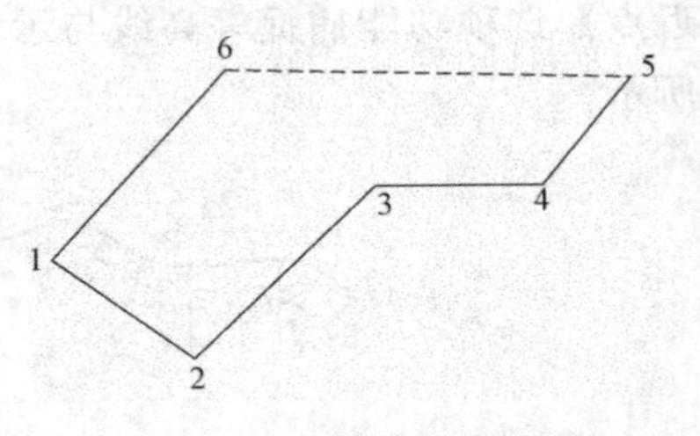

图 3.1.71 植被符号配置

(2) 阔叶树、散树、果树、针叶树、棕榈树：为独立符号，采集符号定位点即可。

(3) 地类界：为线状符号，依次采集界线各点即可，可通过拟合绘制曲线界线。

(4) 狭长灌木、行树、狭长竹林：为线状符号，依次采集界线各点即可，可通过拟合绘制曲线界线。

3.1.10 注 记

注记功能有两种：①直接选定一个常用的字，在屏幕上指定注记位置；②对于其他不常用字采用键盘输入，再在屏幕上指定注记位置。字高和字体采用系统默认值，若需要改变可利用 AutoCAD 2008 软件的对象属性对话框，选定字进行修改。

3.2　数字测图软件应用功能

数字测图软件应用功能主要包含全站仪数据下载、碎部点点号展绘、高程点展绘、等高线自动生成方法、土方量计算、距离查询、图形分幅裁剪、辅助点生成方法、设置测图比例尺等内容，其中全站仪数据下载、碎部点点号展绘、高程点展绘、等高线自动生成方法和设置测图比例尺在相应科目中已有说明。

3.2.1　距离查询

1. 注记

在房产测量、地籍测量等应用中，常需要对两点间的边长进行注记，如图 3.2.1 所示。利用软件【应用功能】→【边长注记】选项功能可实现，方法为依次捕捉各端点，系统自动根据点间方位调整合适的注记方式。

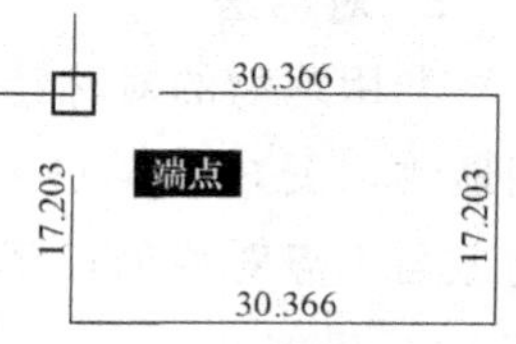

图 3.2.1　边长注记

2. 查询

利用捕捉方式选择待查询的两点，系统自取其坐标计算出两点距离和测量方位角。角度显示为“度分秒”（DMS）方式。

3.2.2　辅助点生成方法

在通视情况差、地物复杂的情况下，通常需要丈量，由丈量数据确定一定数量的辅助点，进行图形绘制，以下为几种常用的方法。

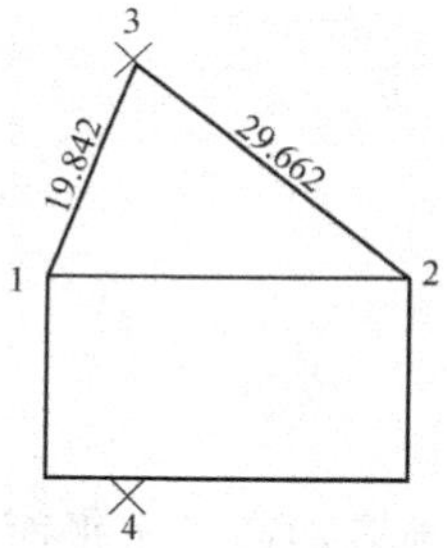

图 3.2.2　距离交会

1. 距离交会法

如图 3.2.2 所示，首先选择第一参考点 1，再选定第二参考点 2，依次输入 1、2 点至待定点的距离，系统计算出两个可能的待定点 3、4。根据现场情况，删除一点。

2. 量距支点 1

该功能适用于直角地物在确定一条边后，通过量边并指定转向确定其他转点。如图 3.2.3 所示，1、2 两点为已经确定的点，3～6 点为待定点，丈量 2～6 点相邻点间距离。进入该功能后，首先指定 1、2 两个参考点，按系统提示输入 2、3 点间距离并同时指定转向，输入格式为：S_{23}＋转向字符（以 1—2 方向为基准，向左转为 l，向右转为 r，向前延伸为 f，向后延伸为 b）。

例如，2、3 点间距离为 5 m，则输入“5＋l”，3 点确定后则 2—3 变为基准方向，输入“S_{34}＋r”即可确定出点 4，如此循环确定后续各点。

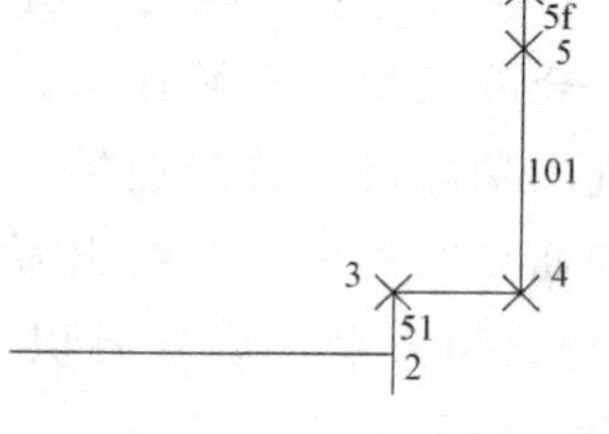

图 3.2.3　量距支点 1

3. 量距支点 2

实现与量距支点 1 相同的功能，仅在支距和转向输入方法上发生了改变。进入功能后，首先指定 1、2 两个参考点，再输入所量所有支距，格式为："S_{23}，S_{34}，S_{45}，S_{56}"，最后利用鼠标概略指定转向方向点，概略方向误差应在±45°以内。

4. 量距支点3

对于由若干直角转向边构成的折线段，在已确定其两个端点后，量取各转向边长度，记录各转角方向，利用无定向导线计算原理，确定出各转点位置。

如图3.2.4所示，设量取的各直角边为S_{13}、S_{34}、S_{45}、S_{56}、S_{67}、S_{72}，各转向符分别为l、r、l、r、l。在进入程序功能后，首先指定参考点1、2，再输入支距串"S_{13}，S_{34}，S_{45}，S_{56}，S_{67}，S_{72}"，输入转向符串"l，r，l，r，l"，系统以1、2点为已知点，首先计算出边长闭合差$W_{S_{12}}$，在确认没有粗差后，继续计算转点3～7的坐标，若闭合差较大应检查边长和转角是否有误。

5. 对称法

利用地物的对称特点，可减少碎部点的数量，快速绘制地物。如图3.2.5 (a) 为已绘制地物，图3.2.5 (b)为对称地物。进入功能后，先捕捉已有地物上一点1，再捕捉对称地物上与1点对称的点2，系统据此建立对称模型，随后便可依次选择需要对称的已有地物，按ESC键终止。

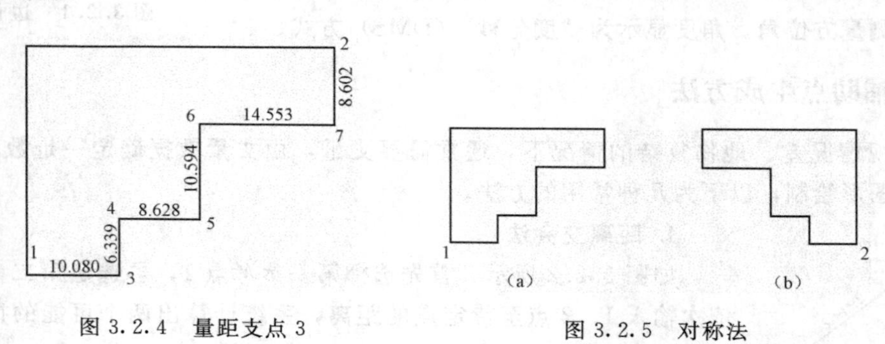

图3.2.4 量距支点3

图3.2.5 对称法

3.2.3 土方量计算

土方是在指定的区域内，地表面与某一水平面所构成空间的体积，地表面高于水平面时为正，低于水平面时为负。

土方计算原理为在区域内利用所测高程点，构建数字地面模型，在区域内按一定的间隔进行插值计算，将区域划分为许多小柱体，小柱体体积之和即为区域土方量。

土方计算步骤为：首先构建三角网，用多段线绘制出需要计算土方的区域，若需要对全部三角网区域计算，则构建三角网的多段线区域可以与计算土方的多段线区域重合。进入功能后，首先选择三角网构建区域，再选择土方计算多段线区域，输入起算面高程和插点间隔后，系统开始计算，计算结果包括挖方量、挖方面积（显示为红色晕点部分)、填方量、填方面积（显示为蓝色晕点部分)、总土方量、总面积、区域挖填平衡高程，如图3.2.6所示。

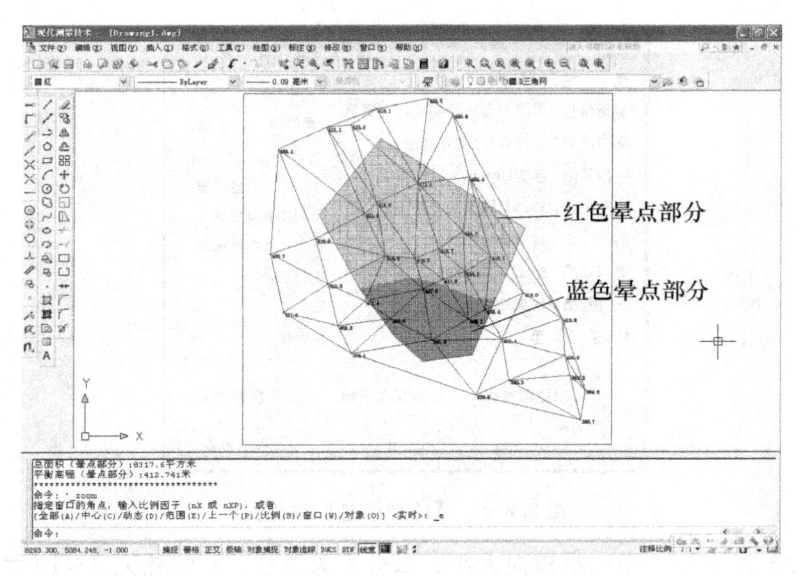

图 3.2.6　土方计算

3.2.4　图形合并

图形编辑完成后，便可进行图形裁剪分幅，若有多个小组作业，则在分幅前需要将各组图形整合在一起。将各组图形文件拷贝到同一台机器，执行 AutoCAD 2008 插入图块命令 (insert) 出现图 3.2.7 所示对话框。选中【分解】选框和【统一比例】选框，【插入点】组合框中不选【在屏幕指定】选框，X=0.000、Y=0.000、Z=0.000；在【比例】组合框中，不选【在屏幕指定】选框，X=1.000；在【旋转】组合框中不选【在屏幕指定】选框，角度=90d0′0″。单击【浏览】按钮打开插入的文件后，单击【确定】按钮图形插入完成。采用同样方法可完成其他图形的插入。

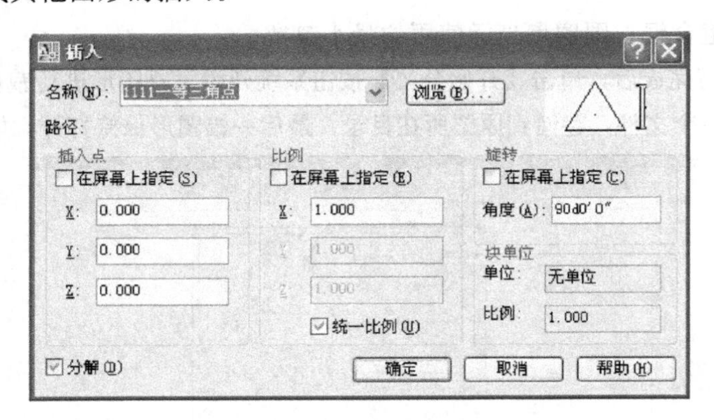

图 3.2.7　图形插入

3.2.5　图形分幅

进入图形分幅功能后，出现图 3.2.8 所示对话框，各组合框说明如下：

【说明信息】组合框：每幅图生成时所要添加的默认图廓说明。

图廓信息
说明信息
图　名 图 名
测量单位 解放军测绘学院现代测量抄
测图日期 2006年4月数字测图。
坐标系统 西安80坐标系。
高程系统 1985年国家高程基准。
图　式 1996年版图式。
测 量 员 杨玉海 黄有亮
绘 图 员 赵夫来
检 查 员 西 勤
幅面尺寸
北X 5 dm
东Y 5 dm
编号方法
⊙左下角坐标法
○顺序编号法
○行列编号法
坐标偏移
北X 0 m
东Y 0 m
分幅方法
⊙指定图廓点　○测区左下角　○测区居中
坐标取整
⊙0.1km　○0.01km　开始分幅

图 3.2.8　【图廓信息】对话框

【幅面尺寸】组合框：图廓纵横向大小，以分米为单位，只能输入 2～10 之间整数。

【编号方法】组合框：图式附录提供的三种编号方法，选择其中之一。

【坐标偏移】组合框：受全站仪坐标输入位数的限制或为了减少键入坐标位数过多的麻烦，通常全站仪使用的坐标是除去前面几位大数的坐标值，即对坐标系进行了偏移。为使图廓坐标注记完整，在此需要输入偏移值。

【分幅方法】组合框：有指定图廓点法、测区左下角法和测区居中法三种方案。指定图廓点法需要人工在屏幕上选择或键盘输入任意一个图廓点，由此点开始系统自动根据图形范围推求各幅图的位置。测区左下角法为系统根据图形范围找出西南角点，据此点推求出各幅图的位置。测区居中法为系统根据图形的范围大小，计算出所需的最少图幅数，并将图形尽量置于所有图幅的中心位置。

【坐标取整】组合框：图廓点坐标使用的最小整数。

对话框信息填写完成后，单击【开始分幅】按钮系统开始对原图形进行裁剪，生成若干分幅图形文件，每幅图一个文件，存储到原图所在目录，最后一幅图形保持打开，如图 3.2.9 所示。

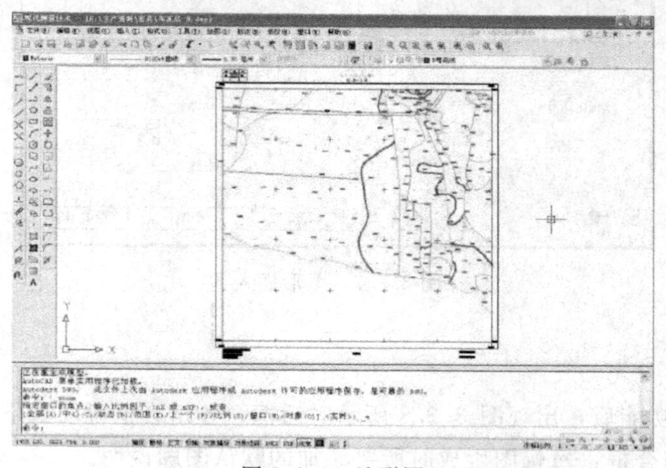

图 3.2.9　地形图

3.2.6 图形输出

打开所要输出的图形，执行【文件】→【打印】菜单命令出现如图 3.2.10 所示【打印】对话框，在其中设置以下项目。

（1）在对话框中选择连接的绘图机、图纸尺寸。

（2）在【打印范围】列表框中选择“范围”，将打印所有图形，选择“窗口”需在图形区域指定一个矩形打印范围，选择“显示”将打印当前图形区域显示内容，选择“图形界限”将打印图形界限以内内容。

（3）在【打印偏移】组合框中选中【居中打印】选框。

（4）不选【布满图纸】选框，根据测图比例尺设置图上 1 mm 对应的实地距离（单位为米）。

（5）若需要输出黑白图形，单击绘图仪【特性】按钮，出现【绘图仪配置编辑器】对话框，如图 3.2.11 所示。

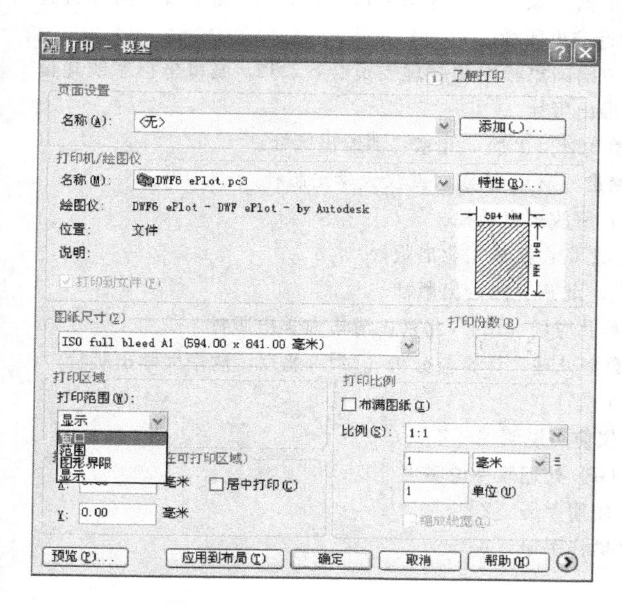

图 3.2.10 【打印】对话框

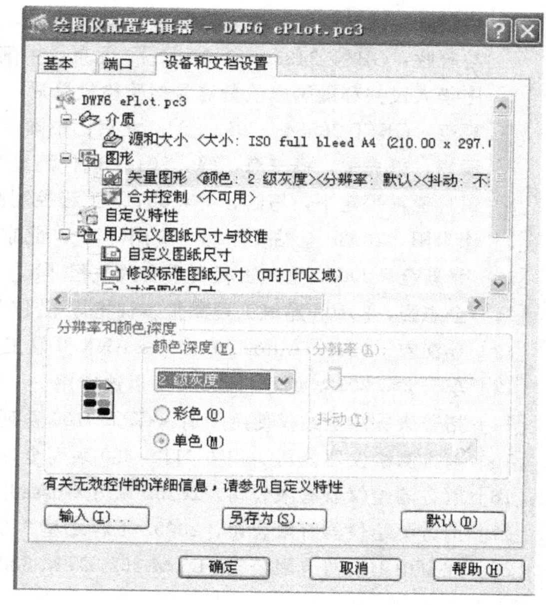

图 3.2.11 【绘图仪配置编辑器】对话框

在【设备与文档设置】标签页中，展开“图形”节点，选择“矢量图形”，在【分辨率与颜色深度】组合框中，设置为“2 级灰度”“单色”即可。

上述各项设置完成后，单击【预览】按钮可查看打印效果，单击【确定】按钮开始打印输出。

参考文献

[1] 中华人民共和国住房和城乡建设部，2011. 城市测量规范：GJJ/T 8—2011 [S]. 北京：中国建筑工业出版社.

[2] 中华人民共和国国家质量监督检验检疫总局，中国国家标准化管理委员会，2008. 国家基本比例尺地图图式　第一部分：1∶500 1∶1000 1∶2000 地形图图式：GB/T 20257.1—2007 [S]. 北京：中国标准出版社.

[3] 中华人民共和国国家质量监督检验检疫总局，中国国家标准化管理委员会，2005. 1∶500 1∶1000 1∶2000 外业数字测图技术规程：GB/T 14912—2005 [S]. 北京：中国标准出版社.

[4] 中华人民共和国国家质量监督检验检疫总局，中国国家标准化管理委员会，2009. 全球定位系统 (GPS) 测量规范：GB/T 18314—2009 [S]. 北京：中国标准出版社.

[5] 中华人民共和国国家质量监督检验检疫总局，中国国家标准化管理委员会，2009. 测绘成果质量检查与验收：GB/T 24356—2009 [S]. 北京：中国标准出版社.

[6] 中华人民共和国国家质量监督检验检疫总局，中国国家标准化管理委员会，2012. 城市坐标系统建设规范：GB/T 28584—2012 [S]. 北京：中国标准出版社.

[7] 翟翊，赵夫来，杨玉海，等，2016. 现代测量学 [M]. 2 版 . 北京：测绘出版社.

[8] 田林亚，岳建平，梅红，等，2011. 工程控制测量 [M]. 武汉：武汉大学出版社.

[9] 徐忠阳，2003. 全站仪原理与应用 [M]. 北京：解放军出版社.

[10] 张新全，2008. 土木工程测量实践教程 [M]. 北京：机械工业出版社.

[11] 全志强，2010. 建筑工程测量实训指导书 [M]. 北京：测绘出版社.

[12] 孙江宏，1999. AutoCAD ObjectARX 开发工具及应用 [M]. 北京：清华大学出版社.

[13] 李云龙，2013. 绝了！Excel 可以这样用——数据处理、计算与分析 [M]. 北京：清华大学出版社.

[14] 拓普康脉冲全站仪使用手册（GPT-3100 系列）[Z].

[15] 南方测绘仪器公司 . 南方 NTS-360 系列全站仪使用说明书 [Z].

[16] 南方测绘仪器有限公司，2015. 南方 Gnssadj GPS 处理软件说明书 [Z].

[17] 南方测绘仪器有限公司，2005. 工程之星 3.0 使用手册 [Z].

[18] 北京中翰仪器有限公司 . DTM-352/DTM-332 操作手册 [Z].